Gaosu Gonglu Zonghe Xingzheng Zhifa Shiwu

高速公路综合行政执法实务

本书编委会 编著

内 容 提 要

本书立足于重庆市高速公路"综合执法、统一管理"的改革实践，从交通执法的基本理论、基本知识和基本技能出发，分别对高速公路与管理体制、行政执法、道路交通与安全、交通执法实务、交通事故处理、行政证据调查、执法规范与考核等方面进行了比较全面、系统、详细地论述，并加入了大量生动的新闻报道素材。

本书可作为高速公路综合行政执法人员的培训教材，亦可供高速公路相关路政人员学习借鉴。

图书在版编目（CIP）数据

高速公路综合行政执法实务 / 本书编委会编著 .—北京：人民交通出版社，2009.3

ISBN 978-7-114-07646-6

Ⅰ.高… Ⅱ.高… Ⅲ.高速公路—交通运输管理—行政执法—基本知识—中国 Ⅳ.D922.14

中国版本图书馆 CIP 数据核字（2009）第 028773 号

书　　名：高速公路综合行政执法实务
著 作 者：本书编委会
责任编辑：岑　瑜
出版发行：人民交通出版社
地　　址：（100011）北京市朝阳区安定门外外馆斜街3号
网　　址：http：//www.ccpress.com.cn
销售电话：（010）59757969，59757973
总 经 销：北京中交盛世书刊有限公司
经　　销：各地新华书店
印　　刷：北京交通印务实业公司
开　　本：787×960　1/16
印　　张：21.75
字　　数：308千
版　　次：2009年3月第1版
印　　次：2009年3月第1次印刷
书　　号：ISBN 978-7-114-07646-6
印　　数：0001～3000册
定　　价：45.00元

推进交通综合行政执法改革试点工作

——李盛霖部长在2008年全国交通工作会议上的讲话

《高速公路综合行政执法实务》
编写委员会

主　编：李望斌

副主编：明　萌　李正林　潘震宇　孔祥志

编　委：（按姓氏拼音为序）

曹　海　方箴清　华　超　万新荣

杨行健　张永亮

contents 目录

第一章

高速公路与管理体制

本章摘要

高速公路已逐步发展为强大的运输通道和衡量国民经济水平的重要标志。与高速公路建设的迅猛发展相比，由于各地在高速公路的建设体制、筹资方式、经营模式不同，高速公路管理的问题也越来越突出。管理职责交叉，多头管理，管理效率低等问题已阻碍了高速公路优势的发挥。重庆市高速公路试行“统一管理，综合执法”的模式，正以其良好的示范效应，影响着其他省市的高速公路管理体制改革。

第一节

高速公路概念

世界各国的高速公路尚没有统一的标准，命名也不尽相同，但都是指在道路中央设置一定宽度的分隔带，两侧各配备两条或两条以上的车道，供上下行汽车分隔行驶，并完全控制出入口，全部采用立体交叉，对最低速度有所限定的高等级公路。如图 1-1 所示。

图 1-1　高速公路图示

1962 年 11 月，在日内瓦召开的联合国欧洲经济委员会运输部会议，将高速公路定义为：利用分隔的车行道，往返行驶交通的道路。它的两个车行道用中央分隔带分开，与其他任何铁路、公路不允许有平面交叉，禁止从路侧的任何地方直接进入公路，禁止汽车以外的任何交通工具出入。

我国 1999 年版《辞海》对高速公路解释为：高速公路是指供汽车分道高速行驶的公路；能适应 120km/h 或更高的速度，要求路线顺滑，纵坡较小，路面有 4 ~ 6 车道的宽度，中间设分隔带，采用沥青混凝土或水泥混凝土路面,在必要处设坚韧的路栏。为了保证行车安全,应有必要的标志、信号及照明设备。禁止在路上行人和行驶非机动车。与铁路或其他公路相交时采用立体交叉,行人则经跨线桥跨越或地下通道通过。

中华人民共和国行业标准《公路工程技术标准》(JTG B01—2003)规定:高速公路为专供汽车分向、分车道行驶并应全部控制出入的多车道公路。

国内根据交通量的多少一般将高速公路划分为3种情况:

(1)四车道高速公路应能适应将各种汽车折合成小客车的年平均日交通量25 000~55 000辆;

(2)六车道高速公路应能适应将各种汽车折合成小客车的年平均日交通量45 000~80 000辆;

(3)八车道高速公路应能适应将各种汽车折合成小客车的年平均日交通量60 000~100 000辆;

另外,美国高速公路一小时最高通过车辆数达1.95万辆,平均每天通过车辆数最高达24.5万辆。

一、高速公路的特点

从上述定义可以看出,高速公路一般具有以下特点。

1. 高速公路实行交通限制,规定汽车专用

交通限制主要指对车辆和车速加以限制。高速公路规定,凡是由于车速低,可能形成危险和妨碍交通的车辆(包括非机动车、拖拉机以及装载特别货物的车辆等),均不得上高速公路行驶。为减少车速相差过大,减少超车次数,在高速公路上还对最高和最低车速加以限制,一般规定60km/h以下的车辆不得上路,最高车速不能超过120km/h。按照现行《公路工程技术标准》(JTG B01—2003)规定,车辆在高速公路上行驶,一般为80~120km/h。对在特别困难地区修建的高速公路,行车速度允许为60km/h。另外,公路设计速度与车道数也存在一定关系,如表1-1所示。

公路设计速度与车道数关系表　　表 1-1

公路等级	高速公路、一级公路								
设计速度(km/h)	120			100			80		60
车道数(条)	8	6	4	8	6	4	6	4	4

2. 高速公路实行分隔行驶

高速公路实行分隔行驶,包括两个方面:一是对向车道间设有中央分隔带,实行往返车道分离,从而避免对向撞车。据有关资料表明,有中央分隔带的四车道公路事故率要比没有中央分隔带的降低 45% ~65%;二是对于同一方向的车辆,至少设有两个以上车行道,并用画线的方式来划分车道。对于行驶中需超车行驶的车辆,设有专门的超车车道,以减少超车和同向车速差造成的干扰,同时还在一些特殊地点设置爬坡车道,加、减速车道等,以适应一些车辆在局部路段分离。

3. 高速公路沿线封闭、控制出入

在高速公路的沿线用护栏和路栏把高速公路与外界隔开,以控制车辆出入。所谓控制出入从狭义上讲有两个含义:一是只准汽车在规定的一些出入口进出高速公路,不准任何单位或个人将道路接入高速公路;二是在高速公路主线上不允许有平面交叉口存在。

从广义上讲,控制出入还应包括另外两个含义:

第一,只准符合规定要求的汽车进入高速公路,其他车辆、行人和牲畜都不允许进入高速公路;行人、非机动车、拖拉机、电瓶车、轮式专用机械车,以及设计最大时速小于 70km 的机动车辆,不得进入高速公路。

当然,这些条件也不是绝对的,例如,有些国家的高速公路考虑到战时需要,在一些路段不设中央分隔带,以便紧急时可充当飞机跑道。

第二,不准高速公路沿线两侧的任何单位和个人发出有害气体或光线等进入高速公路,影响车辆正常运行。

这里所说的是“完全控制出入”,其基本特点是安全排除横向干扰。但在人口稀少、横向干扰很少的地区,且高速公路上交通量不大的路段,为节省投资,有的也在高速公路上设置少量的平面交叉,这就叫“部分控制出入”。

4. 高速公路设施完善

高速公路交通设施配置属于 A 级，其设施主要包括：沿线交通设施和附属服务设施齐全，配置有系统、完善的标志标线、视线诱导标、隔离栅防护网；中间带连续设置中央分隔带护栏和必需的防眩设施；桥梁与高路堤路段设置路侧护栏；互通式立体交叉及其周边地区路网连续设置预告、指路标志；车道边缘线分合流路段连续设置反光突起路标；出口分流三角端设置防撞设施；连续长陡下坡路段设置有避险车道。

高速公路沿线每隔一定距离（平均间距应为 50km）设置加油站、停车场、汽车修理和旅馆等服务设施。在高速公路交通繁忙地区，设置电子监控系统，据以指挥交通，还可利用电子显示屏将信息传送给驾驶员。当路上发生交通事故，监控中心可及时派巡查车到现场进行处理。

二、高速公路的平面布置

高速公路通常采用沥青混凝土路面或水泥混凝土路面，一般为 4 个或 6 个车道，在城市和市郊大多为 6 个或 8 个，甚至更多的车道。在车行道外侧为停车带。

从高速公路的布置来看：目前尚没有统一的形式，各国都是因地制宜，根据具体情况安排，主要有路堑式、高架式、地平式等。按其横断面结构，如图 1-2 所示。高速公路主要由以下几个部分组成。

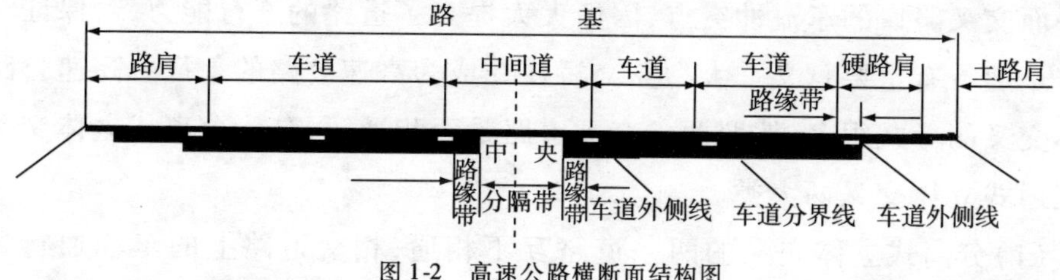

图 1-2 高速公路横断面结构图

1. 中央分隔带

中央分隔带是高速公路中央起分隔作用的一条长条型隔离带，用以分隔上行车道和下行车道，防止车辆闯入对向车道。

2. 行车道

对于同一方向的两个以上车行道，用画线的办法，划分车道。以沿机动车行驶方向左侧算起，第一条车道为超车道，第二、三条和其他车道均为行车道。同时还在一些特殊地点设置爬坡车道等。

3. 路肩和应急停车道

路肩是路幅的一部分，与车道衔接。紧急情况时硬路肩可作为临时停车之用。当右侧硬路肩的宽度小于2.5m时，为使发生故障的车辆避让其他车辆以尽快离开行车道，应当设置应急停车带。

4. 加速车道

加速车道是紧接主车道入口处最右侧车道，供机动车驶入高速公路前加速时使用。

5. 减速车道

减速车道是紧接主车道出口处最右侧的车道，供机动车驶离高速公路减速时使用。

6. 爬坡车道

爬坡车道是在高速公路坡道的路段，为了保持车流的稳定性，设置专供速度较慢的载重货车、大客车等使用的车道。

7. 立体交叉

高速公路与普通公路或其他高速公路相交时，全部采用立体交叉，消除了平面交叉路口的车流冲突点，因而大大提高了道路的通行能力，对保证车辆安全通行有重要意义。大型立交桥往往成为高速公路的象征。高速公路立体交叉的形式很多，按照两条交叉道路是否相通，可分为分离式立体交叉和互通式立体交叉两大类。

(1)分离式立体交叉的两条道路互不相通，相交道路上的车辆通行通过上跨在高速公路上的跨线桥或下穿高速公路的地下通道通行。分离式立体交叉由于两条道路互不相通，也就不存在驾驶员迷路的问题。

(2)互通式立体交叉的两条(或两条以上)相交的道路可以互相出入。互通式立体交叉的结构和层次很复杂，对初次在该立体交叉桥行驶的驾驶员来说,很容易迷失方向。

第二节 高速公路的主要交通设施

高速公路的主要交通设施主要包括护栏、隔离栅、防眩板、照明设施、防噪声设施、视线诱导设施、交通监控及信息诱导系统。

1. 护栏

护栏直接承受失控车辆的撞击,防止失控车辆驶出路外和越过中央分隔带闯入对向车道造成事故。它是一种吸能结构,在阻止车辆越出路外的同时,还需通过变形来吸收碰撞能量,改变车辆方向,最大限度地减少对乘员的损伤。

护栏形式按力学性能分为:刚性护栏如混凝土护栏、半刚性护栏(如波形梁护栏)和柔性护栏(如缆索护栏)3 种。

在公路上设置护栏并不是为了减少一般事故的发生。护栏的防撞机理是通过护栏和车辆的弹、塑性变形,摩擦,车体变位来吸收车辆碰撞能量,从而达到保护乘员生命安全的目的。护栏与其他安全设施的显著区别是以护栏和车辆自身的破坏(变形)来防止更严重的伤害事故发生。在设置护栏避免车辆与其他危险物碰撞时,应把护栏当成危险物看待。也就是说,如果是某一车辆,以一定碰撞条件碰撞某一危险物的事故严重度,比相同条件下车辆碰撞护栏的事故严重度小,那么就不能用护栏保护该危险物。

2. 隔离栅

隔离栅是防止人和动物随意进入或横穿,排除横向干扰,避免由此产生的交通延误或交通事故的封闭设施。目前我国采用的隔离栅有刺丝和钢板两种。

3. 防眩板

防眩板就是指防止夜间行车时对向车辆前照灯眩目的人工构造物。防眩设备有植树防眩、防眩板和金属式防眩栅等。需要说明的是,中央分隔带植树原则上不属于防眩设施,但植树除具有美化路容的功能外,同时还可起着防眩的作用,故植树也可作为防眩设施的一种类型。

4. 照明设施

照明标准是以水平照度和不均匀度来衡量的。水平照度是指接受光面的照度,以勒克斯(Lx)表示,即每平方米上的光通量。照明标准应依照道路等级、交通量大小、路面类型等情况而定。对于高速公路,建议车道水平照度应大于25Lx。为了取得较高的路面亮度、满意的均匀度,应注意照明的配光特性、减少眩光的干扰,以提高行车的可见度和视觉的舒适度。

5. 防噪声设施

噪声损害听觉,危及健康,影响正常的工作和生活,并对建筑物、仪器也产生损害。因此,控制及减少噪声的危害,是高速公路设计任务之一。通常采用的防噪声措施有如下3类:

(1)隔音墙,通常墙高3~5m,多用隔声水泥板或混凝土托架。

(2)遮音堤,路两旁设土堤,便于绿化。两侧坡度为1:2,顶宽2~3cm,高度以能挡住最高受音点为宜,堤上进行植被和绿化。

(3)遮音林带,植树林带一般为10~20cm,隔音效果较好。

6. 视线诱导设施

视线诱导设施按功能分为轮廓标,分、合流诱导标,指示性及警告性线性诱导标志3类。

(1)轮廓标以指示道路线形轮廓为主要目标,在公路前进方向左、右侧对称设置,左侧为黄色,右侧为白色。在直线段及半径在200m以上的路段上设置间隔为48m。

(2)分、合流诱导标以指示交通流分合为主要目标,原则上应在有分

流、合流的互通立交进出口匝道附近设置。分流诱导标设在减速车道起点和分流端部;合流诱导标设在加速车道终点和合流端部。

(3)线性诱导标以指示或警告改变行驶方向为主要目标,其中,指示性线性诱导标一般在改变行车方向的曲线路段设置,如曲线半径在一般最小半径之下,曲线路段有下坡等对行车安全不利的地方,其颜色为白底蓝色图案。警告性线性诱导标志是一种前方有危险需改变行车方向的警戒设施。警告性线性诱导标一般在局部地段施工或维修作业,需要行驶车辆改变方向,提醒注意前方作业的路段设置,其颜色为白底红色图案。

目前在高速公路上广泛使用的视线诱导设施有轮廓标、道钉、线形诱导标(导向标)等。

7. 交通监控及信息诱导系统(EMAS)

当前,随着计算机、通信、自动化技术的大量引进,高速公路交通秩序的维护,也开始更多地依赖于计算机系统的控制。一些交通安全基础设施,包括交通控制系统、监视系统、通信系统等(其投资约占高速公路总造价的10% ~15%),从一开始就纳入到道路建设规划之中。一些道路交通流量的控制手段,如可变情报板、交通标志、行车指示信息等,也在高速公路监控中心里实现了计算机的智能化和网络化管理。例如,日本(大)阪神(户)高速公路全长140km,就有253块可变情报板,可随时告知驾驶员各种行车信息;80台摄像机能监控70%的道路交通情况;除此之外,还有紧急电话、车辆检测器、气象检测器等。因此,建立一个完善的、现代化的交通监控及信息诱导系统是高速公路管理的必然要求和趋势。根据国内外高速公路的现行做法和当前对高速公路交通监控及信息诱导系统的需求,这一系统应包括以下子系统:

(1)交通管理系统(ATMS)

交通管理系统采用先进的通信、计算机、自动控制、视频检测/监控技术,按照系统工程的原理进行系统集成,将交通工程规划、交通信号控制、交通检测、交通电视监控、交通事故救援以及信息系统有机地结合在一起,通过计算机网络系统,实现对交通的实时控制和指挥管理。

ATMS根据高速公路上检测到的交通流量、速度、道路占有率等实时交通信息，采用先进的计算方法，处理检测到的交通数据，判断是否有交通事故以及道路拥挤情况和程度；同时，通过可变电子情报板发布各种动态交通信息，也可发布道路施工等交通静态信息。先进交通管理系统主要任务是接收交通数据/信息，运用复杂算法进行事故检测分析并产生报警信号，对高速公路做各种路段行驶时间计算，为分析决策系统提供历史数据，发布交通信息等。

(2)车辆检测系统(VDS)

VDS包括若干个图像处理系统和视频检测点，安置在高速公路和隧道的关键位置。主要完成交通数据采集(如车辆总数、车辆分类、速度、车辆出现排队的长度等)、切换视频检测电视图像到中央控制中心，便于证实交通情况以及交通事故检测(回放事故前12个画面)等功能。

(3)自动事故检测系统(AIDS)

AIDS采用两层检测方法来检测交通事故。第一层运用设在现场的视频检测设备，根据检测到的区域交通情况进行判断；第二层设在中央控制室，通过交通数据分析，运用人工智能算法，对视频检测区域外的道路情况进行判断，分析是否有交通事故发生。那么，来自视频检测和电视监控的数据和图像通过传输网络送到中央控制中心，系统对交通事故报警信号自动检测。交通控制中心管理人员只需关心受到交通突发事件影响的路段，在派遣处警人员到达事故现场之前，控制中心可事先利用闭路电视监控系统确认事故性质，从而在规定时间内拖走事故车辆或救护伤员。

(4)交通信息诱导系统(VMS)

VMS的可变情报板设置在位于高速公路进口周围，可以显示文字和图形。情报板每分钟可修改一次，通知驾驶员前方的交通情况和行驶时间。交通信息从中央设备通过无线网络传输到可变电子情报板，实时通知驾驶员前面的交通拥挤状况；同时，公众可以通过因特网观察到实时监控系统视频图像。除此，应急电话系统(ETS)、闭路电视监控系统(CCTV)、隧道机电管理系统(PMCS)等也是高速公路监控及信息诱导系统的重要组成部分。

从实际需要来看,高速公路监控及信息诱导系统主要有以下功能:

(1)提供实时的交通信息。用可变电子情报板、交通广播、移动电话等形式提供前进方向的交通状况或者事故警告。在进入高速公路之前,以及在高速公路出口前的路段,驾驶员能够接收到实时前方的最新交通数据,允许在必要时改变行驶路线。如果不改变路线,至少能掌握所选择路线上延误的原因和情况。一个完整的交通信息提供系统至少应当具备如图1-3所示的功能。

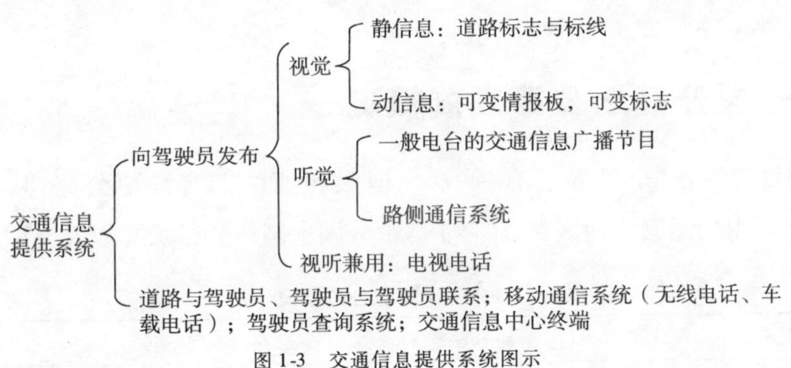

图1-3 交通信息提供系统图示

(2)对交通事故的快速响应。EMAS对监控的道路进行24h检测,可以对交通事故地点进行快速定位并报警,交通控制中心可以快速派出处警人员到达事故现场,在最短时间内使交通恢复正常通行。

(3)将交通拥挤减少到最低限度。因为该系统能在交通事故发生的初期就有响应,大大缩短从事故检测到事故处理完的时间,使交通拥挤减少至最低限度;同时,电子信息板及时提供交通信息,使驾驶员有机会避开事故地点,选择其他道路行驶,从而进一步降低交通拥挤。

(4)提高道路安全性。汽车驾驶员在道路上遭遇困难时即可引起系统的注意,可以用最快的方法移去道路上的障碍并清理事故现场,直到保持交通自由畅通,享有更安全的行驶环境。

第三节

高速公路的发展概况

一、国外高速公路发展概况

到目前为止，全世界已有近60个国家和地区拥有高速公路，其中拥有1 000km以上的国家和地区有20多个。部分国家高速公路状况如表1-2所示。

部分国家高速公路状况 表1-2

国别	统计年份	公路总里程(km)	高速公路(km)	高速公路占总里程比(%)
美 国	1997	6 348 227	88 727	1.4
加拿大	1995	901 902	16 571	1.84
德 国	1998	656 140	11 400	1.74
法 国	1998	893 300	10 300	1.15
意大利	1997	654 676	6 957	1.06
日 本	1997	1 152 207	6 114	0.53
英 国	1998	371 603	3 303	0.89
西班牙	1997	346 858	9 063	2.61

1. 德国

德国是世界上最早修建高速公路的国家。1932年建成通车的波恩至科隆的高速公路，是世界上最早的高速公路。到1939年第二次世界大战前，德国已建成高速公路3 440km。1985年，仅原联邦德国高速公路通车里程就达8 198km，全部5万人以上的城市及90%的5万人以下的城市通了高速公路。1990 年,德国实现统一后,制定了 1991 ~ 2010 年洲际高速公路发展计划。计划期内,新建高速公路总里程将达到 1.2 万公里。

2. 美国

美国是高速公路最发达的国家,而且是世界上拥有高速公路密度最大的国家。美国的公路运输量有 51% 集中于大城市,纽约是世界上高速公路最多的城市,有 1 287km 高速公路(1982 年资料),拥有汽车 163.3 万辆,其密度为 1.64km/km^2。从 1954 年起,美国制定国防和洲际高速公路网的 13 年规划,并从 1956 年开始执行高速公路 13 年计划,修建洲际国防公路,以后又提出了凡 5 万人以上城镇都用高速公路网联系起来的目标。截至 1997 年底,美国已修建了 8.8 万公里的高速公路,约占世界高速公路一半以上,连接了所有 5 万人以上的城市。所有这些高速公路为 65% 的城市人口,45% 的农村人口提供了交通便利,高速公路网已经将 43 个州首府及 90% 的 5 万人以上的城镇连接起来。

3. 意大利

意大利是高速公路发展最早的国家,其高速公路建设始于 20 世纪 20 年代,而真正大规模建设和发展则是从 20 世纪 50 年代开始。1956 年,意大利开始投入 1 000 亿里拉,用 10 年时间建成了 1 000km 高速公路,此后仍保持这个投资额。到 1970 年前后,意大利已基本形成了全国高速公路框架。到 1990 年前后,高速公路网纵贯南北,连接全国各大主要城市,并且较密集地覆盖北方工业发达地区。目前意大利已拥有高速公路 6 377km,其中收费高速公路 5 443km,不收费高速公路 894km。意大利 80% 国土是山地丘陵,为保证高速公路的技术标准和有利于环境保护,高速公路大量采用高架桥和隧道通过,其工程量之大,耗资之多,在世界上是少见的。据不完全统计,平均每 1km 就有一座桥梁式高架桥,每 10km 就有一座隧道,每 12km 就建有互通式立交。由于意大利的高速公路建造标准高,运转了四十多年,至今仍能适应需要。

4. 日本

日本高速公路兴建于 20 世纪 60 年代初,起步虽晚,但发展速度较快。

日本是从 1943 年提出了 5 490km 的国道网规划,1958 年开始修建第一条高速公路——名神(名古屋—神户)高速公路。截至 1994 年底,日本已修建高速公路 5 600km。到 2015 年,日本计划建成高速公路 14 万公里,在全国形成从城市、农村各地 1h 内可达高速公路的干线网络,以便实现高速公路"一日之国"的夙愿。

在 20 世纪 70 年代以来,一些高速公路比较发达的国家逐步开始把主要高速公路连接起来,形成国际高速公路网。如横贯、纵贯欧洲的高速公路总长超过 5 300km。

二、我国高速公路的发展情况

中国大陆第一条高速公路沪嘉高速公路(20.4km)在 1988 年建成通车。此后,又相继建成全长 375km 的沈大高速公路和 143km 的京津塘高速公路。到 2007 年底,全国公路通车总里程达 358 万公里(包括纳入统计的 162 万公里村道),其中,高速公路达 5.39 万公里,仅次于美国,名列世界第二。

根据原交通部《公路、水路交通发展三阶段战略目标(基础设施部分)》,到 2010 年,全国公路总里程将达到 230 万公里,其中高速公路 6.5 万公里。届时,首都北京与所有直辖市、省会和自治区首府、目前所有 100 万以上人口特大城市和超过 90% 的 50 万以上人口大城市由以高速公路为主的高等级公路相贯通,使贯通和连接的城市总数超过 200 个,覆盖人口约 6 亿。到 2040 年,公路总里程超过 300 万公里,高速公路总里程将达到 8 万公里,高速公路密度达到 0.83km/100km^2,接近目前美国的水平。

高速公路的发展,大多数从大城市的环形和辐射式路线以及城市之间交通量较大的路段开始,随即连成一整条路线,最后形成高速公路网。到 2007 年底,规划中"五纵七横"国道主干线网中最后的 2 385km 将建设完成。"五纵七横"国道主干线网中的"五纵"指的是:黑龙江同江至海南三亚长约 5 200km;北京至福州长约 2 500km;北京至珠海长约 2 400km;二连浩特至河口长约 3 600km;重庆至湛江西南出海快速大通道长 1 314km。七横”指的是:绥芬河至满洲里长约1 300km;丹东至拉萨长约4 600km;青岛至银川长约4 400km;连云港至霍尔果斯长约4 400km;上海至成都长约2 500km;上海至瑞丽长约2 500km;衡阳至昆明长约2 000km。

2004年12月17日,国务院又通过《国家高速公路网规划》,确定了我国约8.5万公里的高速公路总规模,将形成“东部地区平均30min上高速,中部地区平均1h上高速,西部地区平均2h上高速”的全国高速公路网络。参见我国2020年高速公路网规划布局方案,如图1-4所示。

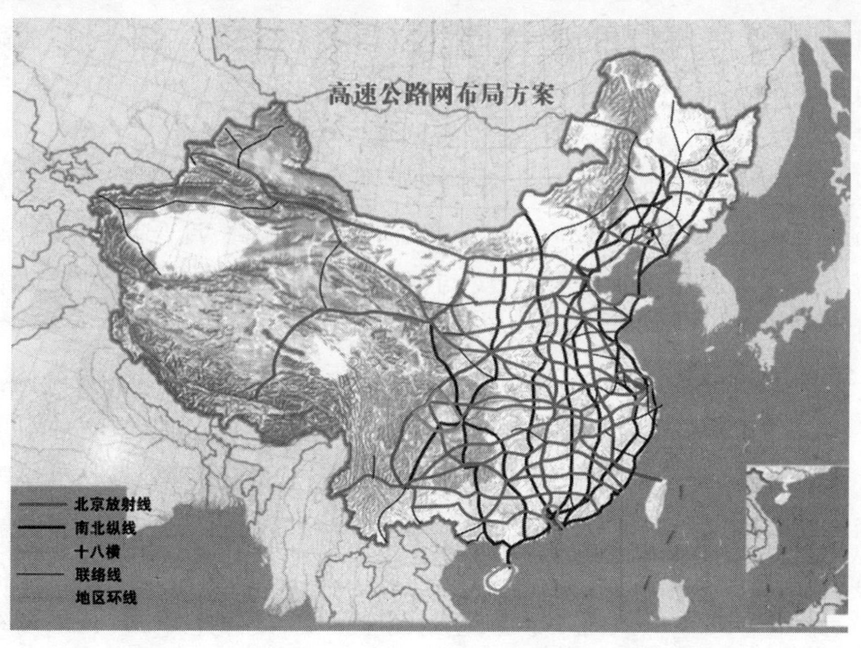

图1-4 我国2020年高速公路网规划布局方案图

国家高速公路网是我国公路网中层次最高的公路主通道,其目标是:连接全国所有的省会级城市、目前城镇人口超过50万的大城市以及城镇人口超过20万的中等城市,覆盖全国10多亿人口,形成高效运输网络,要求做到:一是连接省会城市,形成国家安全保障网络;二是连接各大经济区,形成省际高速公路网络;三是连接大中城市,形成城际高速公路网络;四是连接周边国家,形成国际高速公路通道;五是连接交通枢纽,形成高速集疏运公路网络。

可以预见，今后10～20年，我国高速公路的建设仍将会保持较高的增长速度。

三、重庆市高速公路路网概况

重庆的第一条高速公路是1994年建成通车的成渝高速公路，连接西南两个重要城市——成都与重庆，全长340km。目前，重庆现建成的高速公路网络是以重庆主城区为中心的"一环五射"，现正在实施"三环十射"的高速公路建设蓝图，计划在2010年建成"二环八射"，最终在2020年建成"三环十射"高速公路网，将连接重庆全部所辖县区。

目前，重庆已建成以重庆主城区为中心的"一环五射"，一环指重庆内环高速公路，五射分别为成渝高速公路、渝万高速公路、渝合高速公路、渝邻高速公路、渝黔高速公路，另有长寿与涪陵间长涪高速公路和綦江与万盛间綦万高速公路。

重庆内环高速公路为一条围绕重庆主城区的高速公路，由三段组成，分别是渝长高速公路上桥至童家院子段，渝涪高速公路童家院子至界石段和上界高速公路。最初这条高速公路被命名为重庆外环高速公路，后来随着重庆高速公路规划的出台，重庆围绕中心城区将建设三条高速公路环线，于是这条高速最终被命名为重庆内环高速公路。重庆内环高速公路全长75km，路基宽31.5m，双向六车道，全封闭全立交，设计速度80km/h，驾车跑完环线仅需40min。

成都至重庆的高速公路，于1995年7月1日全线贯通，全长340km，起于成都五桂桥，止于重庆陈家坪。

渝万高速公路是原交通部九五规划两纵两横中沪蓉公路在重庆境内的一段，起点为重庆上桥，终点至万州区青杠磅，全长266km，设计时速80km，其中32km为六车道，其余234km为四车道。渝万高速公路途经长寿区、垫江县、梁平县，基本沿长江方向，沿线设有杨公桥、余家湾、人和、童家院子、晏家、桃花街、合兴、云台、澄溪、垫江、周嘉、云龙、梁平、孙家、分水和青杠磅等十多座互通式立交。工程建设分两期:一期工程从上桥到长寿区桃花街,共85km,于2000年4月28日建成通车;二期工程从长寿区桃花街到万州区青杠磅,长181km,于2003年12月26日建成通车。

渝合高速公路起于渝北区余家湾,在此接渝长高速公路,止于合川涪江二桥,与在建的合川至南充高速公路相连,全长58km。渝合高速公路为国家高速公路规划7918网中兰海高速公路的一段。渝合高速公路设计路基宽度24.5m,行车速度80km/h。全线在余家湾、三溪口、梅花山、东阳镇、盐井、上什字设六处互通式立交,在渝北礼嘉和合川东津沱预留2处立交,路线三跨嘉陵江,有5座隧道。工程总投资为31亿元。

渝邻高速公路重庆段起于渝川交界处邻水县的邱家河,止于重庆市江北区黑石子,全线长53.6km,双向4车道,设计时速80km/h,总投资为19.14亿元。渝邻高速公路全线有大桥17座;互通式立交桥5处、收费站6个、服务区1个。渝邻高速公路重庆段开工时间为2001年12月,于2003年12月正式建成通车。

渝黔高速公路由重庆至贵州,全长380km,是国家高速公路规划7918网兰州到海口的一段,也是西南出海大通道的组成部分。在重庆境内分两期建设:一期工程童家院子至綦江的雷神店,长86.97km,于2001年10月1日建成通车;二期工程从綦江的雷神店到贵州接壤的崇溪河47.4km,2004年12月29日正式通车。全路段设计车速80km/h。

长涪高速公路是重庆主城区通往三峡库区的高速公路,起点与渝长高速公路在长寿桃花街相接,止于涪陵长江大桥北桥头,全长33km,投资16亿元,2000年12月正式通车。

按照2000~2010重庆高速公路建设发展规划,到2010年,重庆市将建成"二环八射"2 000km高速公路。"二环"即内环高速公路(75km)和外环高速公路(190km),"八射"是指从主城区向四周发散出去的8条高速公路,即重庆至成都高速公路(重庆段114km)、重庆至遂宁高速公路(重庆段111km)、重庆至武胜高速公路(重庆段92km)、重庆至邻水高速公路(重庆段53km)、重庆至宜昌高速公路(重庆段388km)、重庆至长沙高速公路(重庆段 423km)、重庆至贵州高速公路(重庆段 135km)、重庆至泸州高速公路(重庆段 48km),如图 1-5 所示。

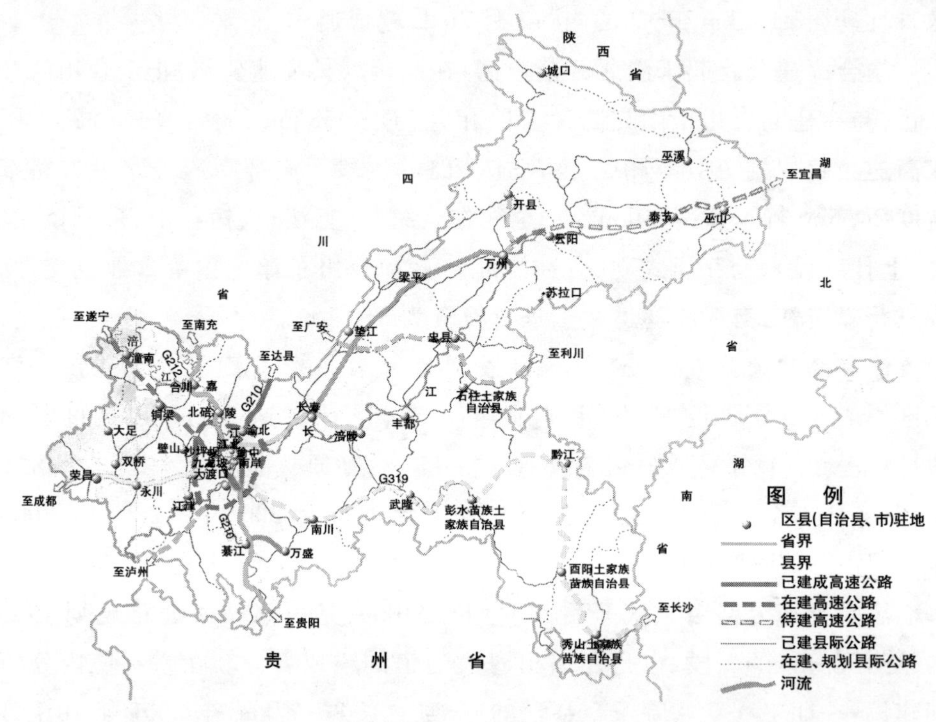

图 1-5　重庆市“二环八射”高速公路规划示意图

四、高速公路的作用

世界银行东亚与太平洋地区可持续发展总局局长狄福安在 2007 年“中国高速公路绩效评估与跟踪”研讨会上说:“中国 15 年来高速公路网的快速发展令人震惊,与 50 年前美国州际公路网的发展速度相仿。高速公路的建设发展降低了运输成本,缩短了运输时间,提高了中国的市场竞争力。”从世界范围来看,高速公路对经济和社会发展起到了“推进器”的作用。

高速公路的作用具体表现在以下几方面:

高速公路较好地解决了交通运输问题。高速公路提高了运输速度，增加了车流量。各国高速公路里程一般只占公路总里程的1%～2%，但其所担负的运输量占公路总运输量的20%～25%。原交通部委托世界银行所作的专题研究报告《中国的高速公路：连接公众与市场，实现公平发展》中称，高速公路网快速发展改变了中国国内的出行状况，正在对物流业产生重大影响。驾驶员们从一个主要中心城市前往另一个城市时甚至能够选择不同的高速公路，这对近年来迅速增长的长途货运业尤其重要。

高速公路减少了运输时间，降低了运输费用。据美国政府估计，从1956～1990年之间，汽车运输仅因减少在路口紧急制动、停车及加速而减少消耗汽油费用就达58亿美元。

高速公路还改善了公路路网结构，增强了其安全性。在中国，很多高速公路吸引了其他公路多达70%的交通量，而这些低等级公路的事故率通常比高速公路要高得多，交通分流大量降低了现有公路的事故件数。以京珠高速公路的部分路段为例，根据世界银行的竣工报告显示，湖南和湖北省原有公路的事故件数下降了三分之二，广州段的原有公路事故件数则下降了40%。

高速公路对国防战备也有很大作用。例如，美国州际与国防高速公路网连接各州首府、工业中心以及5万以上人口的城镇，路旁设有安全区，有专用公路连接，一旦发生战争，半小时内即可将城市居民疏散到安全区。这些高速公路还能通行重载的军事装备，某些路段还可作为临时军用飞机跑道。

此外，高速公路的发展还带动了一系列非交通方面的发展，包括国土开发、产业布局、劳动就业和旅游事业等。例如，日本名古屋至神户高速公路建成后，沿线14个互通式立体交叉周围建立了900多个工厂，促进了集装箱运输；意大利“太阳道”高速公路建成后，沿线布置了许多工厂企业，居民收入平均增加3%。

虽然，高速公路在综合运输体系中的作用越来越明显，但是高速公路造价高[①]、用地多、汽车废气、噪声污染以及居民被隔离等问题，也对当地产生了一些副作用[②]。

第四节

我国高速公路管理模式

一、我国的道路交通管理体制

所谓交通管理体制是指交通管理职责权限划分及管理活动赖以进行的物质存在形式（机构设置、人员配备）和一系列应遵循的规则、规范所构成的制度体系。交通管理体制的形成与国家的政策、法规以及我国道路交通管理体制的沿革密切相关。其中，交通安全管理权在公安和交通部门间的分配方式决定着道路交通管理体制的特点。我国的交通管理体制框架，如图1-6所示。

我国道路交通管理体制经历了三个发展阶段。

---

① 2005年到2009年，重庆市新建的1200多公里高速公路，平均每公里造价近7 000万元，与建成通车高速公路相比造价涨幅超过六成。重庆市已通车的成渝、渝邻、渝万、渝涪等高速公路每公里造价4 300余万元，而在建的外环、渝湘、渝宜等高速公路每公里造价近7 000万元，其中渝湘高速白马至武隆段路造价更是每公里突破1亿元，这在全国都是罕有的。

② 1992年11月，王某与拆迁人北京市综合投资公司签订拆迁安置协议，约定安置其到丰台区六里桥10号院7号楼居住。1994年5月，王某入住后发现该楼邻近京石高速公路，噪声污染十分严重，日常生活和学习受到严重干扰。王某多次要求解决噪声污染问题，均没有结果。为此，王某于2000年8月向法院提起诉讼，请求判令投资公司、北京市公路局、北京市首都公路发展有限公司限期采取减轻噪声污染的措施，将住房内噪声值降低到标准值以下，赔偿从入住以来的噪声扰民补偿费每月60元，总计4 500元。

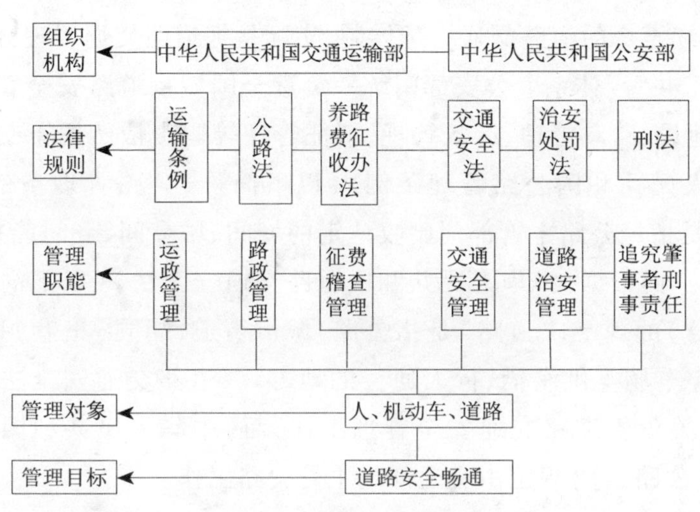

图 1-6 我国交通管理体制框架

第一阶段:"两家分管"(1949～1984 年)。全国的道路交通管理由交通部门负责,仅有 18 个大中城市的交通管理(车辆管理、驾驶员管理与交通秩序管理)由公安部门管理。

第二阶段:"三家分管"(1984～1986 年)。全国各省、自治区人民政府驻地城市和一些对外开放的旅游城市(共计 105 个城市)市区的交通管理改由公安部门负责,其他地区由交通部门管理,农村实行农机部门为主的管理体制,即三家分别管理的道路交通管理体制。

第三阶段:"两家共管"(1986 年至今)。

1986 年《国务院关于改革道路交通管理体制的通知》决定:"全国城乡道路交通由公安机关负责统一管理"。《通知》规定公安机关三项主要职责是:一是全国道路交通安全管理法规,由公安部起草,经批准后由公安机关负责实施。二是负责交通安全宣传教育、交通指挥、维护交通秩序、处理交通事故和车辆检验、驾驶员考核和发牌发证、路障管理以及交通标志、标线等安全设施的设置与管理等;三是占用、挖掘道路与道路施工作业(日常维修、养护作业除外),须与公安机关协商后进行。

这一延续至今的道路交通管理体制,实际是把道路交通管理分割开来,形成了"两家共管"体系。公安部门统一负责全国城乡道路安全管理;道路规划、道路建设、路政管理、运政管理、稽征管理等职责依然属于交通部门。根据《中华人民共和国公路管理条例》(以下简称《公路管理条例》)的规定:"公路"是指经公路主管部门验收认定的城间、城乡间、乡间能行驶汽车的公共道路。而根据《中华人民共和国道路交通安全法》(以下简称《道路交通安全法》)的规定,"道路"是指公路、城市街道、胡同(里巷)以及公共广场、公共停车场等供车辆、行人通行的地方。《道路交通安全法》规定由各级公安机关负责道路交通安全管理工作,而《中华人民共和国公路法》(以下简称《公路法》)规定由交通部门主管公路工作。

为了解决实际存在的道路交通管理中交通与公安两部门的职责交叉,国务院对道路交通管理的职责分工又做了若干次调整。其中一次调整是为了适应高速公路的发展要求进行的。国务院办公厅于1992年3月发布的《关于交通部门在道路上设置检查站及高速公路管理问题的通知》(国办发[1992]16号)(以下简称《通知》)指出:根据国务院有关规定,在高速公路管理中,公路及公路设施的修建、养护和路政、运政管理及稽征等,由交通部门负责;同时将公安部门负责的"交通管理"的内涵界定为"维持交通秩序、保障交通安全和畅通等"。《通知》强调指出:"我国高速公路正在起步阶段,如何管好高速公路,需要有一个积累经验的过程。因此,各地对高速公路管理的组织机构形式,由省、自治区、直辖市人民政府根据当地实际情况确定,暂不作全国统一规定。"这就为高速公路管理体制的改革和实践提供了广阔空间。根据这一文件精神,部分省、自治区、直辖市在高速公路交通管理方面进行了多种积极改革试验。

二、高速公路管理的特征

(一)高速公路的经济特性

1. 高速公路具有公益性

即高速公路的受益范围不仅限于车辆、船舶所有者和使用者自身,还具有广泛的外部性,主要表现在:任何一个人,无论其是否拥有汽车,他都可以享受到公路设施带来的出行便利,也都可以间接享受到交通发展为社会带来的繁荣。

2. 高速公路的网络性

公路必须建设成网,通车里程达到适当规模,不同功能的公路衔接协调,桥梁、隧道建设配套,运营管理科学、先进,与其他交通方式有效衔接,才可能发挥公路整体功能与效益。

3. 网络性基础设施往往具有自然垄断性

高速公路往往要求在网络规划、建设和监督管理的各个环节保持唯一性和一致性,才能保证标准的统一及建设规划实施的协调;否则很可能造成运输设施的重复,从而浪费资源①。

高速公路的基本属性是公益性基础设施,应由政府为主投资建设和管理。作为一个发展中国家,由于拿不出大量资金用于高速公路建设,在一定条件下,通过银行贷款、吸收民营资金和外资、转让收费权等多种方式筹集建设资金,是弥补政府投资能力不足的有效途径。目前,96%的高速公路是依靠收费公路政策建设起来的。因此,收费公路政策仍是今后相当长时期内,交通部门筹集公路基础设施建设资金的主要渠道。实际上,《公路法》对收费公路进行了严格的规定,可以收取通行费的公路只有还贷型收费公路和经营型收费公路两种:

(1)还贷型收费公路

还贷型收费公路由县级以上地方人民政府交通主管部门利用贷款或者向企业、个人集资建成,还清贷款即停止收费,成为非收费公路,政府投资没有财务盈利目的。其中国家投资应视为行政拨款,银行贷款为政府所有债务,基础设施产权完整,为国家所有。公路收费为事业性收费,收费收入只能用于偿还贷款和维护公路运行,没有收益权问题,各级公路交通管理部门作为产权代表。

① 见李玉涛、徐丽:《交通基础设施的特性及其对管理的要求》,《中国交通报》,2005年7月11日B7版。

(2)经营型收费公路

经营型收费公路包括国内外经济组织依法受让收费权的交通主管部门建成的收费公路和国内外经济组织依法投资建成的收费公路。在特许收费期内,公路基础设施的产权发生分割,所有权和收费经营权暂时分离,所有权仍为国家拥有。收费经营权作为吸引社会资金的条件,由国家特许给出资购买的公司(公司的性质也可以是国有的,也可以是私人的,如法国获得特许收费权的高速公路公司多为国有或国有控股公司),特定年限的收费权是公司暂时拥有的无形资产,能够给公司带来财务收益;而公路本身实物资产的行政性国有资产的基本属性也没有变化。

对经营型收费公路的管理,《公路法》做了比较明确的规定,受让公路收费权和投资建设公路的国内外经济组织应当依法成立开发、经营的企业,可按《中华人民共和国公司法》(以下简称《公司法》)严格意义上的公司对收费权进行经营管理。对还贷型收费公路的管理,《公路法》没有做出明确规定,但对其收费使用明确为"用于偿还贷款、集资款",是对高速公路收费权管理的重要规定。

不管是经营型收费公路还是还贷型收费公路,其收费的法律基础都是公路收费权。公路收费权(假定 20 年)是政府特许给私人公司(现阶段也可以是国有企业,如高速公路公司、高速公路集团公司)可以在公路上设站并对高速公路使用者按标准收取一定费用的一种权利,它既不是所有权也不包含处置权,而是一种依附在高速公路这种特定实物资产上的无形资产,其资产价值体现在:其在一定时期按照一定标准对使用者收费。获得特许收费权的企业只获得"收费权"这个无形资产,因此必须在收费期间保持公路实物资产的完好。一定年限后,特许经营权到期,其无形资产自动消失,特定的实物资产必须完好并无偿转交国家。

从以上分析不难看出,高速公路收费权是国家特许的收取车辆通行费的权力,是在国家财力不足而又需要加快发展的情况下采取的筹资方式,社会资本的投入并不改变高速公路具有的公益性社会基础设施的性质,也不会改变高速公路服务对象的公共性和服务效益的社会性,路产路权仍归国家所有。因此,必须由交通主管部门统一实施行业管理,保证路网的完整统一。

(二)高速公路管理的法律属性

《公路法》第八条规定:“国务院交通主管部门主管全国公路工作。县级以上地方人民政府交通主管部门主管本行政区内的公路工作。”其中第八条第四款规定:“县级以上地方人民政府交通主管部门可以决定由公路管理机构依照本法规定行使公路行政管理职责”。而《公路法》第五十七条又规定:“本章规定由交通主管部门行使的路政管理职责,可以依照本法第八条第四款的规定,由公路管理机构行使。”显然,公路管理机构是法律授权的组织,可以行使公路行政管理职责,具有行政属性。

同时,《公路法》第三十五条规定:“公路管理机构应当按照国务院交通主管部门规定的技术规范和操作规程对公路进行养护,保证公路经常处于良好的技术状态。”可见,公路管理机构对高速公路还有维修保养和采取措施保障公路畅通,保障行驶车辆安全的义务,与通行者之间是平等的民事主体,具有民事属性。

所以,无论是哪一种管理模式,归纳起来不外乎两种情况:一种是高速公路管理机构对公路的路产路权进行管理,而养护和收取通行费由高速公路公司负责;另一种是高速公路管理机构既负责养护和管理,又收取通行费。对于前一种情况,高速公路管理机构是行政管理主体,而高速公路公司是民事主体;对后一种情况,高速公路管理机构既是行政管理主体又是民事主体。

高速公路服务的对象是广大用路人,高速公路管理的根本目的是通过提高高速公路的公共服务能力为用路人提供优质的服务。但是,“近几年来,随着我国高速公路里程的快速增长,管理工作中的问题越来越多,体制性和机构性问题十分突出,以盘活存量资产、加强优良资产管理、国有资产重组、建立现代企业制度等种种理由,把高速公路管理等同于其他常规企业,进行改组、改革。有的高速公路管理公司或集团,已独立于地方交通主管部门的行政管理之外,人为地分割了公路网的管理。部分经营型高速公路管理公司也拒不接受交通部门的行业管理，严重降低了高速公路的服务水平①。"一些地方的高速公路收费站服务能力不足，形成瓶颈。高速公路养护中封闭车道，造成交通拥堵，用路者难以享受到快速、安全、舒适的服务。高速公路收费标准不与其实际服务质量挂钩，养护投入不足，降质不降费。近年来，由高速公路服务质量和服务标准降低引发的诉讼呈上升趋势②。

三、高速公路管理现行模式概述

高速公路管理涉及行政管理、经营管理、行业管理和交通管理等方面，从职能和性质上可以分为行政管理和经营管理两类。行政管理的职能是政府对有关高速公路的法律、法规政策和行业标准的制订、执行和监督活动，包括研究制定有关高速公路的行业政策和技术标准；保护高速公路路产路权；维护高速公路交通秩序，管理交通安全；监督高速公路养护、服务质量等。这些职能应由交通行政主管部门或由其决定的公路管理机构行使。经营管理是高速公路经营企业对营运过程进行调控以获得合理利润的活动，主要是高速公路收费、维护保养和广告经营等。

与高速公路建设的迅猛发展相比，由于各地在高速公路的建设体制、筹资方式、经营模式不同，高速公路管理的问题随着高速公路里程的增长而增多，管理体制和管理机构问题比较突出。

---

① 参见张继顺：《高速公路管理的法律基础》，《中国交通报》，2003年2月25日。

② 2004年7月30日上午，中国人民大学法学院在读博士宋德新驾车从荥阳站入口处进入连霍高速公路，缴费30元。然而，从荥阳至中牟不足60km的路上有6处维修，长约10km。由于车速基本都在每小时40km以下，导致他取消了原定的调研计划。宋德新认为，河南省高速公路公司收取的通行费与其提供的服务不对等，只能按普通公路标准收费。8月4日，宋德新诉至法院，要求比照普通公路收费标准，退赔多收的10元钱。本案不久后，《河南省高速公路条例》出台规定："高速公路出现严重质量问题，或者高速公路经营管理单位未履行管理、养护义务，致使车辆不能正常行驶的，省交通主管部门应当责令其限期修复，严重影响车辆正常通行的，省交通主管部门应当责令其暂停收取车辆通行费。"2007年1月修改的《江苏省高速公路条例》则规定，因未开足收费道口而造成平均10台以上车辆等待交费，或者开足道口后，待交费车辆排队超过200m，收费站要免费放行。

高速公路管理问题的产生,主要有两个方面的原因:一是对高速公路的属性认识不一,高速公路产权界限不清晰;二是在高速公路交通安全管理上实行与普通道路同样的办法,公安和交通两部门存在职责交叉,多头管理。如何对收费高速公路建立有效的政府监管体系,遏制部分省区高速公路脱离行业管理的不良倾向,改变"一路多制"、路网分割的局面是当前亟待解决的问题。

据原交通部2003年的调查,全国27个省、市共有路段管理机构(公司)239个,平均每省8.85个。这些路段管理机构(公司)又分属于89个管理单位。在239个路段管理公司(处)中,管辖里程超过100km的只有56个;89个管理单位中管理里程超过300km的只有16个,超过500km的只有4个。

不仅如此,一些高速公路经营企业还以自主经营、自负盈亏为由,游离于交通主管部门的行业管理之外,忽视高速公路的公益性,降低了高速公路的服务水平,使社会公共利益受到损害。

各地高速公路管理概括起来主要有以下4种模式:

(1)交通主管部门统一领导,公路管理机构实施行业管理,路段公司或事业管理处具体负责经营管理。在这种模式下,省级交通主管部门对全省所有高速公路实施宏观管理、路政管理、养护质量考核、收费经营等行业管理职能,由省公路局全面承担,各路段由企业性质的公司或省交通厅设立的事业管理单位负责管理。

(2)交通厅下设高速公路管理局直接管理。在这种管理模式下,省交通厅下设省高速公路管理局(简称高管局)对全省绝大部分的高速公路进行管理,高管局根据路段下设高速公路管理处,全面负责收费、经营、养护、路政和管理工作;其余路段由企业负责经营,高管局负责行业管理。

(3)由集团公司统一管理。这种模式又可分为两种情况:一种是集团公司直属于省级人民政府管理;一种是集团公司直属于交通主管部门。

(4)省级交通主管部门统一管理,按高速公路的不同片区或者不同项目分别成立公司或管理段(一路一公司)负责经营,相互独立。

目前，全国高速公路行政管理的模式也相当复杂，即使是同一省内的不同路段也有不同的做法。归纳起来大致有以下6种模式：一是明确由省公路局负责业务管理；二是由省高速公路管理局负责；三是交通厅直接派驻；四是由高速公路管理企业负责；五是实行属地管理，由当地的交通局或公路分局负责业务管理；六是实行路政、运政和交通安全统一管理、综合行政执法制度。

那么，涉及高速公路交通安全管理体制的有以下两种类型：

(1)交通公安分管模式。指交通和公安两个部门，按各自的职责分工，设置两个甚至三个高速公路管理机构，行政上互不隶属，分别负责路政、运政和交通安全管理。现在大部分高速公路都是采取此种模式。

(2)交通部门统一管理模式。指将公安部门的交通安全职责与交通部门的路政、运政、征费稽查等职能纳入到高速公路管理体制之中，建立一个由交通部门领导的高速公路综合行政执法机构，独立承担高速公路行政管理职责。这种模式以重庆市高速公路管理最具代表性。

第五节
重庆高速公路管理的改革和实践

一、高速公路管理体制的沿革

1986年，道路交通管理体制改革基本实现了道路交通安全的统一管理，做到了道路交通安全执法主体的统一。但1986年的道路交通管理体制在突出强调道路交通安全管理职责的同时，实际上削弱了交通部门所负责的路政、运政等管理职能在道路交通管理体制中的重要地位，在一定意义上形成公安与交通两部门的职责交叉，造成了道路交通管理领域的多头管理。

特别是在高速公路管理中，由于高速公路管理范围相对封闭，管理对象同一，管理职责具有高度相关性，所以，无论怎样界定，高速公路上交通部门和公安部门之间的管辖权重叠和职能延伸都不能避免，因此，这种公安交通管理体制的弊端显得更加明显，主要体现在以下三个方面：

(1)公安、交通两个部门共同管理，机构重叠，政出多门，加大成本，抑制了管理效率。依据现行法律、法规，交通与公安两部门都有上路巡查执法权，需要设立两个机构，两套人马，相应也要配备两套管理设施。条块交叉，多头执法，管理效率低、成本高，不符合我国"精简、统一、高效"的体制改革原则。

(2)公安、交通两个部门因职能定位不清，职能竞合，导致严重的"路内扯皮"的问题。依据有关法律法规，在高速公路清障上，公路管理部门和公安交警部门都有职责，常常发生矛盾。高速公路上的交通事故大多数都并发路产损失，但公路交警只管理事故处理，事故处理结束后就将当事车辆和当事人放走，路政部门无法正常履行路产损失的现场勘查、询问笔录等程序，给路产索赔造成了困难。

(3)公安、交通两个部门共同管理，破坏了高速公路交通管理的系统性和综合性，使得有关信息不能及时沟通，交警只能被动地进行事故处理。而交通部门不通管交通安全，又无法及时获得足够的高速公路交通事故的信息，难以研究分析其特点和规律，减小了从道路交通设施等方面以及利用工程技术手段进行事故预防，降低事故发生的可能性。

根据中国道路交通管理体制改革研究课题组提供的资料表明①，公安、交通部门在道路交通管理中的"依法打架"现象时有发生。1997 年 10 月 28 日，交通部门与公安部门在西(西安)临(临潼)高速公路上因事故处理发生

① 参见：国家行政学院中国道路交通管理体制改革研究课题组，《中国道路交通管理体制改革研究》。

纠纷，导致3 000余辆车辆被堵塞30多个小时。2001年6月4日，交通部门与公安部门在京珠高速公路湖南路段因争夺故障车的施救权发生纠纷，导致了严重的伤人事件，京珠高速湖南路段被中断长达14个多小时。湖南省长潭高速公路开通的半年内，公安交警与交通部门发生冲突26起，平均约一周一起；其中严重冲突3起，造成交通堵塞169个小时。

交通与公安部门之间的矛盾和冲突，不但引起双方对现行体制的不满，而且严重地损害了政府形象，引起了政府的高度重视，在政府内部形成了改革现行体制的共识。在社会上，由于现行的交通和公安"两家共管"的高速公路交通管理体制所造成的管理的高成本、低效率、执法主体不一、执法标准不一、"路内扯皮"等，给广大的高速公路使用者带来了诸多的不便，导致了诸多的高速公路使用者对现行体制颇有怨言，要求改革的呼声越来越高。尽管在"如何改"的问题上没有达成共识（实际上也很难达成共识），但在改革的大方向上已达成一定的共识。

基于寻求解决现行的道路交通管理体制存在的职能重复和管辖交叉问题，部分省（自治区、直辖市）在高速公路交通管理方面进行了一些改革试验。重庆市高速公路试行"统一管理，综合执法"模式被看作是改革的典范，在其向全国的推广过程中，以其良好的示范效应影响了其他省市的高速公路管理体制改革。

二、"重庆模式"的基本做法

"统一管理，综合执法"是指将公安部门与交通部门有关高速公路管理方面的行政执法职能提取出来，纳入到高速公路综合行政执法机构之中，由交通部门统一管理。高速公路综合行政执法机构承担高速公路路政管理、运政管理、交通稽查和道路交通安全管理等职责。高速公路综合行政执法机构既执行《道路交通安全法》、《交通事故处理程序规定》等公安法规，又执行《公路法》、《道路运输条例》等交通法规。涉及交通肇事刑事案件，移交公安机关处理。参见重庆市高速公路管理组织系统，如图1-7所示。

从图中可看出，在重庆的高速公路管理中，综合到高速公路综合行政执

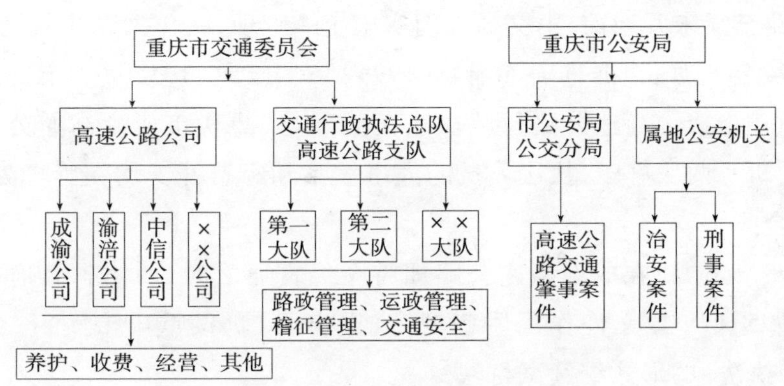

图 1-7 重庆市高速公路管理组织系统图

法机构的职能包括路政、运政、交通稽查及交通安全管理等四项，而且高速公路综合行政执法机构行使的不是这四项职能的全部，其范围仅限于行政强制和行政处罚，行政许可等行政管理权仍然保留在原部门。

三、高速公路综合行政执法的发展过程

重庆市高速公路综合行政执法自 1994 年至今，大体经历了三个阶段。

1. 地方探索阶段(1994 年到 1997 年)

根据 1992 年国务院关于“各地对高速公路管理的组织机构形式，由省、自治区、直辖市人民政府根据当地实际情况确定，暂不作全国统一规定”的授权精神(国办发[1992]16 号)，重庆市结合实际开始了高速公路试行“统一管理，综合执法”的体制创新和探索。

1993 年 4 月，成渝高速公路尚在建设之中，原重庆市交通局根据国办发[1992]16 号文的精神，邀请市委和市政府研究室、市法制局、市经委、重庆公路科研所的领导和专家，共同组成“成渝高速公路重庆段管理体制”课题研究组。课题组收集了国内外高速公路管理工作的大量资料，并对一些高速公路的管理工作进行了实地考察。经过对各地现行管理体制的认真分析比较，提出了关于实行“统一管理，综合执法”管理体制的报告。

1994 年 4 月，重庆市政府决定采纳专家们的意见，以重办函[1994]32 号文件，就成渝高速公路重庆段试运行期间的管理体制做了规定，“在成渝

高速公路全线未开通前，由交通部门实施统一管理，综合执法试点”。

1994 年 4 月，根据重庆市编委[1994]56 号文件批复，重庆市交通局成立了“重庆市成渝高速公路行政执法大队”，与“重庆市成渝高速公路管理处”一套班子两块牌子，执法人员的人事关系和经费开支均在管理处，执法与管理合一。

1995 年 6 月，在成渝高速公路即将全线贯通之时，四川省政府又以川府函[1995]171 号文件作了明确规定，重庆段“仍按重庆市实行‘统一管理，综合执法’的形式继续试行”。

2. 地方试点阶段(1997 年到 2002 年)

这一阶段的特点是包括《中华人民共和国行政处罚法》等在内的一些法律、地方性法规和规范性文件的出台，为综合行政执法改革工作提供了最基本的法律制度保障，使得重庆高速公路在管理体制上的探索工作能够有法律制度作为支撑，并在相关法律制度的保障下稳步开展。

1998 年，重庆成为直辖市后，重庆市人民政府第 18 次常务会议同意对高速公路继续实行“统一管理，综合执法”的方案。同年 3 月，重庆市第一届人民代表大会常务委员会第八次会议通过了《关于加快高等级公路建设和加强高等级公路管理的决议》，在全国率先以地方立法的形式确立了“统一管理，综合执法”的管理体制。

2001 年 5 月，根据重庆市人大的决议，重庆市人民政府发布了《关于加强高速公路管理的通告》(渝府发[2001]25 号)，以政府规范性文件形式，进一步完善了高速公路综合行政执法试点工作。

2002 年 6 月，经市编[2002]52 号文件批复设立了“重庆市高速公路行政执法总队”，为市交委直属处级事业单位，经费在高速公路通行费中开支。

3. 中央试点阶段(2002 年至今)

这一阶段开始的标志为 2002 年 10 月《国务院办公厅转发中央编办关于清理整顿行政执法队伍实行综合行政执法试点工作意见的通知》的出台，其正式把重庆和广东作为综合行政执法试点的地区。

在此基础上,2005 年 6 月,经市机构编制委员会第 8 次全体会议研究,市政府第 54 次常务会议审议,市委二届第 99 次常委会议审定,最后下发了《重庆市人民政府关于在全市交通领域实行综合行政执法试点工作的意见》(渝府发[2005]61 号)文件,决定在重庆市交通领域实行综合行政执法试点工作,原市高速公路行政执法总队成建制划入市交通行政执法总队,更名为高速公路支队,使用行政执法专项编制,经费由财政保障,参照公务员管理。

四、"重庆模式"的主要成效

与其他地方的管理体制相比,重庆高速公路综合行政执法体制的创新效果主要体现在三个方面。

1. 机构人员精简,降低了执法成本

高速公路综合行政执法机构履行四项职责,相对于四支执法队伍分别行使四项职责,其机构、人员实现了大幅度精简,实现了组织变迁的规模效益。按照编制,重庆市的高速公路每公里配备综合行政执法人员 0.7 人,每 10km 装备 1 辆车。而根据公安部[1989]200 号文件规定,高速公路交通安全管理按每公里编制 1.5 人,每 5km 装备 1 辆车(且交警仅行使交通安全管理一项职能)。从成渝高速公路重庆段和四川段的两种管理模式的比较来看,实施综合行政执法的重庆段管理成本比四川段低 20%。

2. 强化行政责任,规范了执法行为

对高速公路的管理来说,交通与公安两个部门的决策与执行都是合一的。决策对执行的监督陷入"自己监督自己"的境地。两个对等职能部门之间的横向监督,也可能因职责交叉而导致相互扯皮。决策与执行分离后,高速公路综合行政执法机构只负责有关高速公路行政管理方面的行政检查权和行政处罚权,行政决策、许可、收费等职能仍归属原行政部门,从而改变了那种行政机关自批自管自查自罚的模式,使执法权在纵向上的自我监督变成了两个对等职能部门之间的横向监督,铲除了部门利益的组织基础,强化了权力约束机制。同时也改变了高速公路上原来交通、公安四支执法队伍人员、经费来源不一,执法标准、方式各异的状态,能够有效防止公路"三乱",极大地改善了政府的形象。

3. 增强了管理的协调性,提高了执法效率

多头管理的一个突出问题是外部行政协调难度大,协作过程复杂。"综合行政执法"最大好处不仅体现在综合行使多部门的职能上,而且体现在"一次行政行为行使多项行政职能"上[①],因此能够一次进行各种检查,将多项违法行为合并处罚,既减少了工作量,又强化了执法力度。同时,由于"几个大盖帽合为一个大盖帽",一支队伍上路巡逻和处理问题,避免了由交通、公安4支执法队伍上路执法而造成同一事件要多个部门分别处理而产生的政出多门、推诿扯皮、轮番检查与重复处罚等问题,也提高了高速公路管理的有效性。从1994年4月至今,在车流量逐年大幅上升和通车里程不断增加的情况下,重庆高速公路平均交通事故发生率和死亡率低于全国平均水平,充分发挥了高速公路综合行政执法模式在交通安全管理方面的优势。

---

① 从一起交通事故的处理,就可以看出综合行政执法一次行为行使多项行政职能的优势:2007年08月30日17时10分许,驾驶员苟某驾驶重庆市某运输公司所属渝B×××××号中型自卸货车由雷神店往重庆方向行驶。行至渝黔高速公路L21km+914m处,与由驾驶员霍某驾驶的渝BE××××号小型客车发生碰撞,造成1人死亡、7人受伤、两车受损的重大交通事故。在案件调查过程中,重庆市高速公路第六大队办案人员发现渝B×××××号车有超载、超限违法行为;渝BE××××号车有从事非法营运及超过核定人数的违法行为;另外,渝B×××××号车所载货物由重庆某有限公司为其配载,存在超载配载并放行出站的违法行为。

通过调查取证,第六大队作出了交通事故认定,认定由驾驶人苟某承担事故主要责任,驾驶人霍某承担事故次要责任,并依据《行政执法机关移送涉嫌犯罪案件的规定》相关规定将案件移送公安机关追究驾驶人苟某的刑事责任。

对渝B×××××号中型自卸货车超载的违法行为,依据《中华人民共和国道路交通安全法》第九十二条第二款之规定对驾驶人苟某给予罚款2 000元的行政处罚;对渝B×××××号中型自卸货车超限的违法行为,依据《中华人民共和国公路法》第七十六条第五项之规定,对承运人重庆市某运输有限责任公司给予罚款10 000元的行政处罚;对渝BE××××号车从事非法营运的违法行为,依据《中华人民共和国道路运输管理条例》第六十四条之规定对驾驶人霍某给予罚款30 000元的行政处罚;对渝BE××××号车超过核定人数的违法行为,依据《中华人民共和国道路交通安全法》第九十条之规定对驾驶人霍某给予罚款200元的行政处罚;对重庆某有限公司为渝B×××××号中型自卸货车超载配载,并放行出站的违法行为,依据《道路货物运输及站场管理规定》第七十一条的规定给予罚款20 000元的行政处罚。

不仅如此，在重庆交通综合行政执法体制下，把市场竞争机制引入到政府管理中，在高速公路上打破了警察部门垄断安全执法的局面，允许道路交通安全这样的公益物品由两个生产者（公安部门和交通部门）提供，根据现行《行政处罚法》第十六条的授权，人民或者政府就能够在两个（将来可能更多）提供者之间进行选择，部门执法的垄断地位被打破，部门之间因此产生竞争压力，促进政府职能的转变，从而能够避免政府行为低效率，提供更好的公共服务。

实践表明，重庆高速公路实行综合行政执法试点改革，符合党中央和国务院关于深化行政管理体制和机构改革的精神，“对于解决行政管理中长期存在的多头执法、职权交叉重复和行政执法机构膨胀等问题，提高行政执法水平和效率，降低行政执法成本，建立“精简、统一、效能”的行政管理体制，具有重要意义①”。

五、高速公路综合行政执法实践中存在的主要问题

在推进高速公路“统一管理，综合执法”改革试点和体制创新的过程中，重庆历届市委、市人大和市政府对“统一管理，综合执法”试点工作始终给予了积极支持。市人大为此专门向全国人大常委会作了报告。新华社多次以《国内动态清样》对重庆高速公路“统一管理，综合执法”试点给予了肯定。国务院法制办、中央编办和全国人大法工委也派人来渝调研。全国25个省、自治区、直辖市的人大、政府先后组团来重庆考察，均认为综合行政执法成效明显。

综合行政执法体制改革试点工作也得到了交通运输部领导的高度关注和有力支持。交通运输部领导多次到重庆调研高速公路综合行政执法体制改革的情况，要求认真总结和积极推广重庆市高速公路执法改革的经验。原交通部副部长黄先耀在重庆市交通行政执法总队成立仪式上讲到，“近

① 参见《国务院办公厅关于继续做好相对集中行政处罚权试点工作的通知》（国办发［2000］63号）。

年来,在重庆市委市政府的直接领导下,在各有关部门的大力支持下,重庆交通事业取得了显著的成绩,交通改革和其他各项工作都走到了交通系统的前列。尤其是重庆市高速公路综合行政执法体制,经过10多年的努力探索和成功实践,得到了社会各界的广泛关注和充分肯定"。

在现行的道路交通体制下,公安部门是交通安全的执法主体。但在重庆高速公路管理综合行政执法的试点中,隶属于交通部门的高速公路执法机构成为了高速公路上的交通安全执法主体,因此出现了交通安全主体与法律不一致的问题。

虽然《道路交通安全法》第五条规定处理道路交通事故的法定机构是公安机关,但将法律、法规授权一个行政机关行使的行政权交给另外一个行政机关行使,不违背职权法定原则。

《行政处罚法》第十六条规定"国务院或者经国务院授权的省、自治区、直辖市人民政府可以决定一个行政机关行使有关行政机关的行政处罚权,但限制人身自由的行政处罚权只能由公安机关行使"。这是对综合行政执法作出的法律肯定性规定。根据该法律授权,国务院2002年8月22日发布了《关于进一步推进相对集中行政处罚权的决定》(国发[2002]17号),"授权省、自治区、直辖市人民政府可以决定在本行政区域内有计划、有步骤地开展相对集中行政处罚权工作"。

《国务院办公厅转发中央编办关于清理整顿行政执法队伍实行综合行政执法试点工作意见的通知》(国办发[2002]56号)中进一步明确规定:"按有关规定,经批准成立的综合行政执法机构,具有行政执法主体资格"。

重庆和广东是中央编办确定的综合行政执法试点地区。按国办发[2002]56号文件的精神,"允许试点单位对涉及职能、机构设置的有关规定有所突破"。

重庆市高速公路综合行政执法试点工作是市人大常委会和市政府按照《行政处罚法》和国务院的授权进行的,高速公路综合行政执法机构是经市编委批准成立的,完全符合国办发[2002]56号文件的规定,具有行政执法主体资格。

按中央编办的部署,重庆高速公路管理体制目前仍处于改革和试点阶段。在这个渐进式的改革过程中,虽然高速公路管理体制在实践中有明显的效率优势,但只是对高速公路管理这一特定领域的突出问题作出了一个相对的解决方案,从整体而论,公安交通管理体制作为道路交通管理的基础性制度的格局并没有一次性打破。新的高速公路综合执法体制并不能完全脱离现行体制独立运行,必然和现行体制发生工作联系。但由于现行的道路交通管理体制合法地具有强制力,当高速公路综合行政执法改革的需要与现行体制发生抵触时,现行体制不会为其提供有效的支持。就连国发[2002]17号文件也丝毫不回避这样的事实,"……有的部门原则上赞成相对集中行政处罚权,到涉及本部门的职权调整时就以种种理由表示反对;有的部门对集中行使行政处罚权的行政机关的执法活动不支持、不配合,甚至设置障碍"。譬如,重庆高速公路综合执法机构扣留交通违法驾驶员驾驶证需要由公安车辆管理部门执行,但由于高速公路执法机构和公安交通管理部门没有建立可以共享的管理信息平台和工作机制,使高速公路上的这一行政强制措施权得不到公安交通管理部门的有力支持。

从一定程度上说,行政检查和相应的行政强制措施权是附属于行政处罚权的。行政处罚权集中以后,原有关行政机关为履行行政处罚权而具有的行政监督检查权和行政强制措施权也随之转移,不可能也不应当将行政处罚权和与此直接相关的行政监督检查权、行政强制措施权人为地割裂开来。没有行政检查、行政调查、暂扣等行政强制措施权,行政处罚将是空中楼阁,行政综合执法机关必将无法履行其法定职责。但在重庆高速公路综合执法的具体实践中,对高速公路综合执法机构是否拥有扣留交通违法驾驶员驾驶证等强制措施权仍然存在争议①。

为了继续推进和深化高速公路综合执法改革试点,应该在《国务院办公厅转发中央编办关于清理整顿行政执法队伍实行综合行政执法试点工作意见的通知》等规范性文件和综合执法改革实践经验的基础上,促进综合

① 《道路交通安全法》第十九条,"公安机关交通管理部门以外的任何单位或者个人,不得收缴、扣留机动车驾驶证"。

行政执法改革成果的法制化，这既是现代法治行政原则的要求，也是对综合行政执法改革进行规范和引导的重要方式，更是巩固改革成果的必要途径。有学者提出了比较可行的建议①：一是在正在制定的行政强制法等行政行为法中对有关综合执法改革的问题作出规定，这有助于统一部门行政职权相对集中在法律层面上的依据，也可为消除某些适用依据上的困惑扫清障碍；二是制定统一规范综合执法改革的专门性法律或行政法规，这样有助于切实解决当前行政综合执法实践中法制不统一的问题；三是清理和修订现行的部门色彩浓厚的法律、法规，实现法制的统一。例如，在立法中可以将"行政执法（管理）权由某某行政主管部门行使"的表述改为"行政执法（管理）权由负责某某方面监督管理的行政机关行使"，这样有利于减少和消除综合执法改革过程中的"依法打架"现象。

此外，高速公路综合执法机构的执法人员素质也是影响综合执法改革试点实效的重要因素。综合行政执法工作是一项行政工作，但又不同于一般行政工作的专门工作，除应具备我国公务员所要求的政治素质和业务水平外，其特殊性、法律性和职业化的要求更高。以高速公路为例，在许多情况下，执法工作通常是在高速公路现场发现违法行为，当场处理，而且地点往往不固定，具有即时性和应急性的特点。这就决定了行政执法人员不同于"朝九晚五"的行政机关办公人员。虽然《中华人民共和国公务员法》（以下简称《公务员法》）第十四条规定，公务员实施分类管理，分为综合管理类、专业技术类和行政执法等类别，但行政执法类公务员的产生、地位、职责和法律责任等在《公务员法》中缺乏明确的规范，仍然是按照综合管理类公务员管理。为适应综合行政执法工作的要求，应当按照行政执法的要求和特点配备执法人员，对行政执法人员的管理，除适用对一般公务员的管理规则外，还要在行政执法人员的任用、考核、培训、晋升、工资福利、奖惩、监督等方面确立一些特殊规则，使其成为具有相对独立性的职业人员。也就是说，执法人员职业化能够提高执法人员的素质，保证他们把实现法律的价

---

① 参见石佑启、黄学俊：《中国部门行政职权相对集中初论》，《江苏行政学院学报》，2008 年第 1 期。

值、维护法律的权威作为自己的人生取向和崇高职业，并且具有无比崇高的职业荣誉感。只有当法律被执行者提升到一种价值的高度，法律就更具权威，执法者的行为也就更具合理性，执法者也就更加珍视自己的职业。

六、大部制改革形势下的综合行政执法前景

十七大报告提出，“要加大机构整合力度，探索实行职能有机统一的大部门体制，健全部门间协调配合机制。”十一届全国人大一次会议审议通过了《国务院机构改革方案》，包括交通运输部在内的多个国务院组成部门开始按“大部制”组建。这一改革方案无疑迈出了我国大部制改革极为重要的一步。同时也标志着，大部制改革也正逐步成为我国未来行政管理体制改革的一个的重点。

所谓“大部制”就是“大部门体制”，是指在政府的部门设置中，将那些职能相近、业务范围趋同的事项相对集中，由一个部门统一管理，首先指向的就是解决部门多头管理的问题。大部制改革，有利于减少政府部门间的摩擦协调成本，提高行政效能，变部门之间“扯皮”为部门内部协调，可以大大减少政府部门之间职能的交叉重叠，改“九龙治水”为“一龙治水”，更好地落实科学发展观的要求。

“大部制”的特点是在横向上把多种内容有联系的事务交由一个部门管辖，部门职能领域随之变大，部门权限随之扩充。在大部门体制下，如何对部门实施有效监督是个关键。因而，在纵向上实行决策、执行和监督相互分离、相互制衡变得十分重要。没有决策权、执行权、监督权的相对分离与制约，就没有真正的大部制。因此，十七大报告还提出要“建立健全决策权、执行权、监督权既相互制约又相互协调的权力结构和运行机制”。

国家行政学院汪玉凯教授认为，大部制可以有两种模式：一是在部与部之间，让有些部专门行使决策权，有些部专门行使执行权，有些部专门行使监督权。二是大部制内部机构的分工，有些机构专门行使决策权，有些机构专门行使执行权，有些机构专门行使监督权。更多倾向是在大部的内部实现权力的分离，形成良性有效的运行机制。

大部制改革作为未来行政管理体制改革的一项重要任务，它的实施既为我们继续进行综合行政执法体制改革坚定了信心，同时也给如何深化综合行政执法体制改革提供了重要参考和导向。基于"大部制"的背景和"重庆模式"的实践，按照"决策、执行与监督相分离"的原则，一种全新的思路就是建立高速公路法定机构。

法定机构一般是指依照特定程序设立的，不在政府职能机构序列内，承担具体执行性职能的行政机构。早在1998年，国务院机构改革后新成立了国家出入境检验检疫机构，成为主管"出入境卫生检疫、动植物检疫和商品检验的行政执法机构"。改革以前，卫生部负责卫生检疫，农业部负责动植物检疫，海关负责商品检疫。这样的执责分工，必然设立三支执法队伍，对同一个管理对象进行的重复执法与重复收费难以避免。改革后，由国家出入境检验检疫局一个执法机构进行综合执法，但执行的法仍然是卫生部、农业部、与海关三家负责起草的法规。可见，对执法职能进行合理综合，建立法定机构，是解决多头执法的一条有效途径。这对建立高速公路交通执法法定机构有很大的启示。

根据"大部制"下"相同或相似的事情交给一个部门来管理"的体制改革精神，高速公路交通管理体制应该在已有的综合执法的基础上再向前迈进一步，设立统一管理高速公路交通的法定机构。即在高速公路交通管理的执法领域，将公安部门与交通部门有关高速公路方面的职能分别提取出来，加以内在整合（不是外部形式联合）之后，通过一定程序授权给新成立的法定机构。这样由一个法定机构统一负责高速公路的交通管理，并承担相应的职责，可以从管理体制上根本解决长期以来在高速公路管理中存在的公安与交通等部门职责交叉问题。

第二章

行政执法概述

本章摘要

行政执法有着多种不同的定义，一般习惯于将监督检查、实施行政处罚和采取行政强制措施一类行为方式称为“行政执法”。随着行政管理和行政执法体制改革的不断深入，综合行政执法机构已经成为行政管理和行政执法的重要力量。综合行政执法改革只是执法主体的调整，综合行政执法机构仍遵循行政执法有关主体、依据、管辖和程序的规范。

第一节

行政执法概念

一、行政执法定义

据有关统计,在我国,80%以上的法律,90%以上的法规和规章是由行政机关负责执行的①。

孟子说:“徒法不足以行。”亚里士多德在《政治学》中也指出:“邦国虽有良法,要是人们不能遵守,仍然不能实现法治。”只有法,没有人去执行,法永远仅仅是写在纸上的文字符号,起不到任何作用。只有通过执行,法律才能进入社会生活,转化为人们日常生活的一部分,人们才能真实感受到法律的规范性,法律才能获得应有的效果。孙中山先生曾深刻指出:“国人性习,多以定章程为办事,章程定而万事毕,以是事多不举。异日制定宪法,万不可蹈此覆辙。英国无成文宪法,然有实行之精神,吾人如不能实行,则宪法犹废纸也。”可见,执法在整个法治中所占的重要位置和所起的重大作用。

何谓“行政执法”?在理论界有着多种不同的定义,在行政实务界也存在着不同的认识和理解。

有的认为凡是行政机关执行法律(广义的法律)的行为,包括具体行政行为和抽象行政行为都属于行政执法行为,其中有行政决策行为、行政立法

① 参见《法制日报》1996年6月9日《贯彻实施<行政处罚法>切实提高依法行政水平》一文。

行为以及执行法律和实施国家行政管理的行政执行行为。有的认为行政执法有各种各样的方式,行政许可、行政处罚、行政征收、行政检查、行政确认、行政裁决和行政强制等都属行政执法范畴。

在行政实务界,人们一般习惯于将监督检查、实施行政处罚和采取行政强制措施一类行为方式称为"行政执法"。至于某种行政行为方式是否被确定为"行政执法"?并无完全统一的标准,大致的依据有①:

(1)对行政执法的主体、权限、依据、程序以及对行政相对人的行为规范和违法责任通常有比较明确的法律规定,便于理解和适用;而行政许可、行政征收等方面的规定则相对笼统。

(2)行政执法在许多情况下是当场发现违法行为(如治安、交通、城管等),当场处理,具有即时性的特点;而行政机关实施许可、征收等行为虽然也有时效的要求,但往往需要更长的时间。

(3)行政执法通常由一个相对独立的专门机构(如执法局、执法处、执法队等)行使;而行政许可等通常由一般的行政主管部门或者其内设的机构办理,专业技术要求相对较高。

(4)实施行政执法行为通常在现场进行,具有应急的特点,而且地点往往不固定,一般要求统一着装和佩戴专门标志;而行政许可、行政征收等行为通常在行政机关办公室内进行,办公地点相对固定,一般不要求统一着装。

(5)行政执法与行政相对人的关系最直接、最经常、最广泛,执法对象主要由自然人构成,最容易侵害相对人权益,社会争议也最大;而行政许可、行政征收等并不直接涉及行政管理秩序,管理对象一般以社会法人居多,更多地是为了强调国家、社会公共利益与私人利益的关系。

国务院办公厅2002年10月11日转发中央编办的《关于清理整顿行政执法队伍,实行综合行政执法试点工作的意见》中使用的"行政执法"显然仅指政府部门监督检查、实施行政处罚等职能。该文件指出,"要改变政府

---

① 参见姜明安:《论行政执法》,《行政法学研究》,2003年第4期。

部门既管审批又管监督的体制，将制定政策、审查审批等职能与监督检查、实施处罚等职能相对分开。要改变行政执法机构既管查处又管检验的体制，将监督处罚职能与技术检验职能相对分开。将承担技术检测、检验、检疫职能的单位逐步与政府部门脱钩，不再承担行政执法任务，其职责转变为面向全社会，依法独立地为政府部门、行政执法机构和企事业单位提供客观公正的技术检测、检验、检疫服务。”也就是说，行政执法不包括制定政策、审查审批和技术检验，而仅指监督检查和实施处罚。

在行政执法实践中，通常把检查、勘验、即时强制、查封、扣押和其他行政强制措施也纳入“行政执法”的范围。可见，行政执法只是行政主体实施行政行为的一种特定方式，它有不同于行政立法和行政司法的特征，具体表现为以下三个方面：

1. 从属性

行政执法是执行法律的活动，因此，行政执法必须从属于法律，应依法执法，不能对相对人任意发号施令，也不能唯长官意志是从。即使是行政执法机关享有的行政裁量权也不是行政执法机关的任意裁量，而是在法律规定的原则和精神之下的裁量。总之，行政执法必须依法进行，体现“没有法律便没有行政”的原则精神。

2. 单方性

行政执法是行政行为的一种，它是国家行政机关依法实施行政管理，直接产生法律效果的单方行为。就是说，在行政执法中，行政机关是直接同相对人之间形成法律关系的行为，如果行政管理相对人违反行政法律规范或不履行行政法律规范中所规定的义务时，就会受到行政处罚或者行政强制。尽管现代社会的行政相对人已能广泛地参与行政执法程序或行政执法行为的实施，即参与意思表示，但这种意思表示仍然取决于行政执法主体的接受和采纳。因此，行政相对人的行政参与并没有改变行政执法行为的单方性。

3. 具体性

行政执法是行政机关对特定人或特定事项予以处置的具体行政行为，不是针对一般人和一般的事，而是特定人和特定事，相对人是确定的。与行政立法的抽象性和普遍性特征相比较，行政执法具有具体性和个案性等特征。

二、行政执法的效力

(一)行政行为法律效力的内容

行政行为一经成立就有推定的合法有效性。行政执法行为的法律效力包括行政执法行为有效成立之后所产生的确定力、约束力和执行力三个方面。

1. 行政执法行为的确定力

行政执法行为的确定力，又称不可变更力，是指行政执法行为一成立，非依法律、法规、规章规定并经法定程序，不得随意变更或撤销。这种确定力又分为形式上的确定力和实质上的确定力。形式上的确定力即行政执法行为告知或受领之后一定时期内，行政相对人未表示异议，即可视为生效，不能变更。例如，对某当事人进行处罚，该当事人在接到处罚决定书之日起15 日内，既不申请行政复议，又不依法向人民法院起诉，发出处罚决定便发生法律效力。实质上的确定力，即行政执法行为生效后，其内容非依法不得改变。

行政执法行为的确定力不仅适用于行政管理相对人，而且对做出该行为的行政机关也适用。对于管理相对人，确定力意味着行政执法行为已客观存在，不可随意理解，更不可否定。对于行政执法机关，确定力意味着非依法定理由和程序，不得随意改变行为内容，或就同一事物重新做出新的行为。需要说明的是，我们强调行政执法行为的不可变更，是对做出行政执法行为的行政机关和行政相对人而言的。对于行政执法监督机关和司法机关，则可以基于法定的理由，经过法定程序予以变更。行政执法行为依法可以改变的情况主要有：

(1)由于行政管理相对人申请复议，复议机关依法做出行政复议决定，予以撤销或变更。

(2)由于行政执法行为确属违法或不当，上级行政执法监督机关可以主动依法撤销或者变更。

(3)由于违法的行政执法行为或者显失公正的行政处罚行为,人民法院可依法予以撤销或变更。

2. 行政执法行为的约束力

行政执法行为的约束力是指行政执法行为生效后对行政机关和行政相对人所产生的法律上的服从力和不可抗拒力,体现在两个方面:

(1)对于行政机关的约束力。行政执法行为生效后,只要该行政执法行为未被合法撤销或者合法变更,做出该行政执法行为的机关本身、他的下级机关也受该行为的约束,即使是做出该行政执法行为的上级机关,也同样受约束,不能因为是上级机关就对下级机关的行政执法行为拒绝承认或随意改变。

(2)对行政管理相对人的约束力。行政管理相对人是行政管理的对象,对于有效的行政执法行为必须严格遵守和执行。对于有效的行政执法行为所确定的义务,应当积极履行;对行政执法行为赋予的权力不能随便放弃,否则,就要承担相应的法律后果。

3. 行政执法行为的执行力

行政执法行为的执行力,是指行政相对人不履行行政执法行为设定的义务时,行政执法机关采取的法律赋予的强制手段,迫使行政相对人履行的效力。

行政执法行为具有执行力,并不意味着所有部门都有强制执行权。一般情况下,以申请人民法院强制执行为主,只有法律法规明确授权的情况下,行政机关可以自行执行。

(二)行政执法行为效力的要件

行政执法行为是行政执法机关依法行使职权的行为。合法有效的行政执法行为即对行政相对人产生相对的法律后果。但是,按照依法行政的原则,只有合法的行政执法行为才能产生法律效力。违法的行为是无效的行为,并要承担违法后果,当然不产生法律效力。行政执法行为有效要件有实体要件和形式要件两个方面。

1. 实体要件

实体要件也称实质要件,是指行政执法行为内容上具备的条件,主要包括主体合法、权限合法、内容合法适当等。

(1)主体合法

这是行政执法行为有效的主要要件。所谓主体合法是指实施行政执法行为的机关产生和存在以及运用权力都要有合法的根据,并具备法定的其他要件。任何行政执法行为都是一定的行政执法主体所为,行为的合法与否首先表现在主体资格上。只有具备行政主体资格的机关做出的行政执法行为才是有效的,没有行政主体资格的机关做出的行政执法行为是无效的。谁有资格或权力实施行政执法行为,只能由法律、法规予以确定。

(2)权限合法

权限合法是指行政执法主体必须在法定的职权内履行职责、行使权力,不得越权。这是行政执法行为合法有效的权限要件。由于行政执法行为是行政机关行使职权的行为,而职权的行使是有条件的,它要受职能范围、地域范围和级别、手段等方面的限制。超出了这种权限上的约束,行政执法行为就不具有法律效力。越权成为一个非常重要的概念,越权无效也是行政执法的重要原则。越权无效意味着凡越权实施的行政执法行为自始至终不产生法律效力。

越权主要包括范围意义上的越权、幅度意义上的越权和管辖权意义上的越权。管辖越权又包括越级管辖和越界管辖。越界管辖又包括区域越界管辖和领域(事务)越界管辖,主要表现为:一是超出管理领域或区域实施行政处罚,如环保机关实施吊销企业营业执照的行政处罚;甲地工商行政管理机关超出管辖区域对乙地违反行政法规范的行政相对人实施罚款的行政处罚。二是超出法定权限范围和幅度,如执法机关只能依法对违反行政法规范的行政相对人进行警告、罚款、没收违法所得等行政处罚,如果超出法定范围,实施责令停产停业、吊销执照等行政处罚,即构成越权;执法机关尽管可以实施罚款的行政处罚,但罚款限额为 3 万元以下,如果超出 3 万元,即构成越权。三是法定组织和受委托组织超出法律授权范围和行政机关委托范围实施行政处罚，如法定组织实施人身罚，受委托的组织不以委托的行政机关的名义而以自己的名义实施行政处罚等。

(3)内容合法适当

行政执法行为的内容合法，是指行政执法行为所包含的权利义务以及对这些权利、义务的影响或处理，均应合乎法律的规定，符合法律所指示的目的。行政行为的内容适当是指行政执法行为所包含的内容要明确、公正、合理。行政执法行为内容合法适当具体包括以下几个要求：

一是行政执法行为内容合法首先表现在"法无明文不罚"上，即法律、法规或者规章未规定的，任何公民、法人和其他组织不受处罚。从另一个角度讲，行政执法机关实施行政执法行为必须有法定依据，没有法定依据的行政执法行为无效。

二是行政执法行为必须符合法定的种类和幅度。羁束行政执法行为内容必须完全符合法律、法规或规章的规定。自由裁量的行政执法行为的内容必须在法定的幅度、范围和种类之内；否则，其行政执法行为属无效行为。

三是行政执法行为必须符合合理性原则，违法行为的事实、情节、危害后果必须与所受处罚相适应，即过罚相当。违反合理原则的执法行为也不具有法律效力。

2. 形式要件

所谓形式要件，是指行政执法行为应当符合法定程序和具体的法定形式。包括如下：

(1)行政行为应当符合法定程序

法律规范在赋予行政机关执法权时，也给行政机关规定运用这些职权的顺序、方法和步骤。因此，按照法定的程序实施行政执法行为，即是按照法律、法规、规章规定的顺序、方法、步骤实施行政执法行为。例如，行政处罚必须先调查，告知权利，然后再决定，不能颠倒，这就是行政处罚应遵循的顺序；按照一般程序实施行政处罚必须先责令停止违法行为，调查取证，告知权利，听取申辩或举行听证，最后作出处罚决定，这就是步骤。

(2)执法行为应当符合法定形式

行政执法行为要符合法定形式，是指实施行政执法行为要以法律、法规或规章规定的形式表现出来。行政执法行为分为要式行为和不要式行为。其中绝大多数属于要式行为。例如，行政处罚要作告知书、处罚决定书等。对于违法行为极简单轻微，未造成危害后果的，可以采用口头形式加以制止，不必采用要式行为。

第二节 行政执法主体

一、行政执法主体概念

行政执法活动，几乎涉及整个行政管理部门，包括公安、工商、税务、交通、民政、卫生、教育等。几乎所有的行政机关都在依法开展行政执法工作，并且随着行政管理和行政执法体制改革的不断深入，综合行政执法机构已经成为行政管理和行政执法的重要力量。此外，一些具有管理公共事务职能的组织，经法律或法规授权在行政管理的某些领域从事行政执法工作，但并不是任何一个行政机关或组织都可从事行政执法的。所谓行政执法主体，即通常而言的行政执法主体，是指依法享有行政职权，能以自己的名义实施行政职权，并能独立地承担相应法律责任的特定机关或组织。

行政执法主体主要包含以下特征：

(1)行政执法主体是一种组织，而不是个人。行政执法权是一种公共权力，行政执法权的公权属性体现在行政执法主体方面的一个特点，就是主体必须是公法人，个人不能成为主体，行政执法责任必须是执法机关的责任而不能是个人责任。个人只能在一定条件下以某个行政执法主体的名义去行使执法权。公务人员也不是行政执法主体。公务人员依法行使行政职权,与行政机关有法律上的行政职务关系,他们只是以行政机关的名义具体行使行政执法权,是行政执法行为主体。

(2)不是任何组织都享有行政执法权。行政执法权原则上应当由行政机关行使,但这并不意味着所有的行政机关都有行政执法权,都可以成为行政执法的主体,换句话说,有了行政权并不意味着就有行政执法权。不拥有行政职权的国家立法机关、审判机关、检察机关和企业事业组织也不能成为行政执法主体。行政执法主体必须是依法享有行政执法权的组织。那种任何行政机构或组织都可以自己的名义从事行政执法工作的做法是错误的。

(3)行政执法主体是能以自己的名义行使行政职权的组织。行政执法主体必须具有行政执法权,而且能够以自己的名义从事行政执法。行政机关中的内部行政机构在一般情况下不能成为行政执法主体,只能以行政执法主体的名义行使行政执法权。但行政机关中的内部行政机构有法律、法规的授权,也可以成为行政执法主体。

(4)行政执法主体是能够独立承担法律责任的组织。行政执法主体不仅是一个行政管理组织,更重要的是一个法律主体,依法拥有行政职权与职责,对自己作出任何行政行为,能够独立承担法律责任;否则,便不能成为行政执法主体。

二、行政执法主体类型

行政执法是一种行使公权力的活动,是一种法律制裁活动,对该种行为的主体必须有严格的资格和条件要求。判定某一组织是否是行政执法主体,不但要看其是否可以在法定职权范围内从事行政执法工作,而且要看其是否能够以自己的名义行使行政执法权。行政执法的主体主要有以下两种。

1. 具有行政执法权的行政机关

国家行政机关具备行政主体资格,这是毫无疑问的,因为它享有并行使行政权力,承担相应的行政职责。但并不是所有的国家行政机关都享有并行使行政执法实施权这一特殊的行政权力,因此并不是所有的国家行政机关都具有行政执法主体资格。行政机关的行政主体资格是由宪法和组织法确定的,但它未必有权进行行政执法。也就是说,行政机关要获得行政执法实施主体资格,还必须有法律的明确授权。行政机关的行政执法实施权来源于单行法,如《中华人民共和国道路交通安全法》、《中华人民共和国公路法》(以下简称《公路法》)、《中华人民共和国食品卫生法》等。也就是说,只有特定的行政机关或特定的行政主体才是行政执法主体。行政机关或行政主体取得行政执法主体资格,必须有法律明确授权。

2. 法律、法规授权的组织

法律授权组织是指根据法律法规的规定,行使一定行政执法权的非行政机关组织。法律授权组织必定是非行政机关组织,这是法律授权组织的首要特征。行政机关是根据宪法和组织法设置的管理国家和社会事务的公共性组织,一经成立即拥有特定的行政权力,是当然的行政主体,无须其他法律特别授权。而非行政机关组织则不同,只有在法律或者法规明确授权后,方能获得行政主体资格。法律、法规授权的组织应当符合以下条件:

(1)有法律、法规的明确授权。法律授权组织的行政执法权来源于法律或者法规的明文规定,授权者是法律或者法规,而不是什么其他的主体,这是授权主体取得行政执法主体资格的前提条件。如《公路法》第八条第四款规定:"县级以上地方人民政府交通主管部门可以决定由公路管理机构依照本法规定行使公路行政管理职责。"《重庆市公路路政管理条例》第八条规定:"市交通主管部门设置的市公路路政管理机构,负责全市的公路路政管理工作。区、县(市)交通主管部门设置的公路路政管理机构,负责本行政区域的公路路政管理工作。高速公路的路政管理职责,由市交通主管部门设置的管理机构行使"。

可见,作为交通主管机关所属的公路管理机构本身应无行政执法主体资格,但由于有法律、法规的授权,从而享有行政执法主体资格。

(2)应当授予具备一定条件的组织。被授权的组织应当具备什么条件？法律没有作明确、统一规定。从《中华人民共和国行政处罚法》(以下简称《行政处罚法》)来看,就对被授权的组织作了一定限制,即该法第十七条规定:“法律、法规授权的具有管理公共事务职能的组织可以在法定授权范围内实施行政处罚。”法律、法规只能授给一定组织以行政处罚权,而不能授予公民个人,也不能随意将行政处罚权授予不具备相应条件的组织去行使。一般认为,被授权的组织应当具备下列条件:依法成立的有一定机构和人员编制的组织;有办公场所和条件;有一定的财产和经费;具有管理公共事务的职能;具有熟悉有关法律、法规和业务的工作人员;具有相应的检查、鉴定等技术条件等。

(3)授权组织在授权的范围内取得主体资格,独立承担法律责任。法律授权组织从法律或者法规的明确授权中不仅获得了一定的行政执法权,同时相应地承受了法律责任,体现在法律授权组织身上,职权与职责是统一的。法律授权组织既要行使被授予的职权,又要承担一定的职责。当法律授权组织作出的具体行政行为引起行政争议而被申请复议时,它是被申请人;被提起诉讼时,它将成为行政诉讼的被告;当它作出的具体行政行为违法侵犯公民,法人或者其他组织的合法权益造成损害时,将成为赔偿义务机关。这与受委托的组织只能在委托的范围内以委托机关的名义实施行政执法权,其行为后果也由委托的行政机关承担不同。

除此之外,依据《行政处罚法》的规定,行政机关可以依照法律、法规和规章的规定,在其权限范围内委托符合条件的组织实施行政处罚。因此,行政委托组织不具有独立的行政执法主体资格,主要表现在如下几个方面:

(1)行政委托组织不能以自己的名义独立行使职权,它行使职权称为代行职权,即以委托的国家行政机关的名义行使职权。行政委托组织以本组织的名义行使委托的行政职权,其职权行为无效。

(2)行政委托组织必须在委托权限范围内行使职权,也就是说,行政委托组织行使行政机关委托的职权不得超越具体的委托权限,超出委托权限范围行使职权,其职权行为无效。

(3)行政委托组织不得再行委托。不得再行委托是行政委托的重要原则,行政委托组织违反该项原则再行委托其他组织或个人从事行政执法,即使以委托的行政机关的名义,也应视为无效。

(4)行政委托组织代行职权的法律后果由委托的行政机关承受。如果行政委托组织在行使职权过程中,存在着故意或者重大过失的违法,委托的行政机关应当对违法的职权行为负责,然后追究行政委托组织的违法责任。

从严格意义上讲,受委托实施行政执法的组织不能算是行政执法主体。因为它既不以自己的名义作出行政执法行为,也不承担由此产生的后果责任,因此它只是行政执法的具体实施机关。

三、综合行政执法机关

1. 综合行政执法定义

综合行政执法①最初是指"相对集中行政处罚权制度",具体是指国务院或者经国务院授权的省、自治区、直辖市人民政府可以根据实际需要将若干个有关行政机关的行政处罚权集中起来,交由一个行政机关统一行使;相对集中行政处罚权后,原来的机构不得再行使由一个行政机关统一行使的行政处罚权。这个统一行政处罚权的机关称为综合行政执法机构。

综合行政执法制度的正式建立源于《行政处罚法》第十六条的规定。同时,《国务院办公厅关于继续做好相对集中行政处罚权试点工作的通知》(国办发[2000]63号)对这一制度安排作了清晰的阐述:"《行政处罚法》确立的相对集中行政处罚权制度,也是对现行行政管理体制的重大改革。目前,政府职能转变和行政管理体制改革尚未完全到位,行政机关仍在管着许多不该管、管不了、实际上也管不好的事情,机构臃肿、职责不清、执法不规范的问题相当严重。往往是制定一部法律、法规后,就要设置一支执法队伍。一方面,行政执法机构多,行政执法权分散;另一方面,部门之间职权交

① 2000年7月,国务院法制办在深圳召开了"全国相对集中行政处罚权试点工作座谈会",会议决定,国务院法制办在今后复函中不再使用"城市管理综合执法"概念,统一使用"相对集中行政处罚权"概念。2002年9月发布的《国务院办公厅转发中央编办关于清理整顿行政执法队伍实施综合行政执法试点工作意见的通知》又使用了"综合行政执法"的提法。

叉重复,执法效率低,不仅造成执法扰民,也容易滋生腐败。实行相对集中行政处罚权制度,对于解决行政管理中长期存在的多头执法、职权交叉重复和行政执法机构膨胀等问题,提高行政执法水平和效率,降低行政执法成本,建立'精简、统一、效能'的行政管理体制,都有重要意义"。

从《行政处罚法》第十六条来看,相对集中行政处罚权是有严格法定条件的:

第一,综合行政主体必须经国务院批准或国务院授权的省级政府批准才能成立,除此之外的其他任何机关或组织均无决定权。

第二,必须是具有职能的相关性和管理领域的相关性,如城市管理,市场管理,交通运输管理等。不是所有领域都适合集中,也不是所有的职能都适合集中,而是应以该领域是否存在较为突出的多头执法、职权交叉重复和行政执法机构膨胀等问题为参照标准。只有将那些具有"相关性"或"相近性"的项目综合在一起,才比较符合提高行政执法效率的要求。很明显,将食品卫生、旅游和计划生育等毫不相关的职能综合在一起,反而会影响行政效率。

第三,不得违背处罚权专属的规定。如限制人身自由的行政处罚权只能由公安机关行使。人身自由是宪法规定的公民的基本权利,公民的人身自由是公民享受其他自由和权利的基础,没有人身自由,其他自由和权利都成了一句空话。

综合行政执法中的"综合"既有区域型的行政处罚权的相对集中(重庆高速公路综合执法属于此类),又有职能型的行政处罚权的相对集中(交通运输、文化领域的综合执法比较典型)。但无论是前者还是后者,在目前的法律规范包括《行政处罚法》都没有给综合行政执法机关的资格一个明确的说法。如综合行政执法机关有没有法律上的人格,综合行政执法机关有没有独立的法律地位,综合行政执法机关以谁的名义作出行政行为等。有学者认为《行政处罚法》和《道路交通安全法》、《公路法》、《城市规划法》等单行法律的法律效力是等同的,不应以《行政处罚法》否定其他的单行法律的规定,国务院及其授权的省级政府决定一个行政机关行使有关行政机关的行政处罚权违背了"职权法定"、"越权无效"等法治行政原则。有的则认为,根据《地方各级人民代表大会和地方各级人民政府组织法》第六十四条的规定,省、自治区、直辖市的人民政府的厅、局、委员会等工作部门的设立、增加、减少或者合并,由本级人民政府报请国务院批准,并报本级人大常委会备案。因此,科学、合理设置和划分政府部门,对政府部门职能进行调整,是各级政府的职权。只要按照法定的权限和程序进行,就不违法。省、自治区、直辖市人民政府既可以决定设置或者撤销哪些政府部门,也可以调整现有的政府部门的职能。决定一个行政机关行使有关行政机关的行政权力,属于调整其政府部门的职能,是其权限范围内的事,经国务院批准,履行了相应的法律程序,符合地方组织法的规定,不违背职权法定原则。

2. 综合行政执法与行政管理的关系界定

综合行政执法是在横向上调整行政职权结构,是对行政执法权的"第二次"分配,是将政府职能部门的相关行政职权剥离出来划转给综合行政执法机关行使的一种行为。在权力与利益尚未完全脱钩的整体格局下,对相关部门行政职权的剥离与划转无疑会触及整个行政职权结构所依附的利益分配格局。因此,综合行政执法改革不可能只调整执法主体就能解决全部问题。当前,我国还处于由传统的计划经济体制向社会主义市场经济体制转型时期,在这样一种情况下,对一些行政管理领域采取综合执法的形式,作为对该领域行政管理必要的和重要的补充,实际上是对该领域行政管理的强化①。但是,综合行政执法毕竟不能代替行政管理。那么,行政处罚权从行政管理权中剥离出来之后,需要重新建立行政管理权与行政处罚权之间的"链条",因而需要行政综合执法机关向行政管理机关及时反馈相关消息;同时,综合行政执法机关对违法行为的纠正和处罚有赖于对行政管理信息的获知。

据介绍②,在德国很多城市也设置了类似于综合执法的秩序局,除了警察,能上街实施处罚权的就是秩序局的执法人员。例如,在汉堡市的7个大

① 参见王卓君、张治宇:《双服务理念下的行政执法》,《行政法学研究》,2004年第3期。

② 参见青锋:《深化行政执法体制改革的几点思考和论析》,《行政法学研究》,2006年第4期。

区下都设了秩序局(市里没有设秩序局),秩序局没有对口的上级主管部门(但工作受市内政部指导),主要负责居民身份登记、养老与医疗保险、消防、交通、兽医与食品监督、环保等方面的有关事务,集中行使规划、卫生、建设、交通、工商等方面的行政处罚权。有关行政执法部门发现违法行为后,可以调查有关事实,获取相关证据;但是,最终都应当将案件移送到秩序局,由秩序局统一作出行政处罚决定。这种制度设计对建立行政管理机关的行政许可权和综合行政执法机关行政处罚权之间的联系是很有借鉴意义的。

为了弥补行政管理机关的行政许可权和综合行政执法机关行政处罚权之间链接环节的缺失,在界定部门之间配合内容的基础上重建以下4种制度是必要的:

(1)抄告制度。行政管理部门在依法实施涉及综合行政执法机关管辖的事项时,应当在相关文件下发后,限定在合理的工作日内抄送综合行政执法机关。

(2)后续处理告知制度。行政处罚后可以补办相关手续的,综合行政执法机关应当在限定的时间通知行政管理部门。

(3)征询制度。作出重大行政许可或行政处罚时,行政管理部门和综合行政执法机关应当互相征求意见。

(4)监督反馈制度。行政管理部门和综合行政执法机关发现不当处罚或不当许可应当及时通知对方,以达到行政行为的有效执行。

3. 交通综合行政执法改革的实践

自1997年以来,按照国务院有关文件的规定,包括广东、重庆在内的23个省、自治区的79个城市和3个直辖市进行了综合行政执法试点,特别是重庆高速公路“统一管理,综合执法”试点,在相对集中行使行政处罚实施权方面取得了很好的经验;此外,广东交通综合行政执法的经验也值得借鉴。

广东2006年正式启动了交通综合行政执法改革,其核心内容是:将目前交通行政执法的道路运政、公路路政、公路规费征稽、水路运政、航道行政和港口行政等六支队伍归并为一支,在省、市、县交通行政机关加挂“交通综合执法局”的牌子,统一行使公路水路运政、公路路政、航道港口行政、交通规费稽查等方面的行政检查、行政强制和行政处罚职能。

交通执法门类多,队伍规模大,力量分散,成本过高,与民不便,但又不能没有交通执法,因此,交通综合行政执法改革的呼声越来越高。到目前为止,部分省积极开展了综合行政执法的改革工作,不少省市已开始进行调研和探索实施方案。总的来看,交通综合执法体制改革的内容主要着眼于以下五个方面①:

一是建立交通综合行政执法机构。改革要按照《国务院办公厅转发中央编办关于清理整顿行政执法队伍实行综合行政执法试点工作意见的通知》(国办发[2002]56 号)文件的要求,组建交通综合行政执法机构,相对集中行使有关交通法律、法规、规章赋予交通主管部门、交通业务管理机构的检查处罚职能。

二是明确交通综合行政执法的职能。开展交通综合行政执法改革,要按照决策指导职能和检查处罚职能相对分离的原则,合理划分交通主管部门、交通管理机构与交通综合行政执法机构的职责权限。

三是明确交通综合行政执法机构的性质和编制。根据国办发[2002]56 号文件的规定,新组建的交通综合行政执法机构的性质应定为行政机构,由交通主管部门归口管理,其编制使用行政执法专项编制,经依法批准成立的交通综合行政执法机构,具有交通行政执法主体资格,对其作出的行政行为独立承担法律责任。

四是明确建立交通综合行政执法机构的经费渠道。交通综合行政执法机构的经费,按照《国务院关于进一步推进相对集中行政处罚权工作的决定》(国发[2002]17 号)文件的规定,由财政予以保障。交通综合行政执法机构严格实行“罚缴分离”、“收支两条线”制度,罚没收入统一使用财政部门制定的票据,并全额上缴。

五是加强交通行政执法队伍建设。交通综合行政执法人员按照公务员

---

① 参见原交通部黄先耀副部长在交通行政执法体制改革试点工作座谈会上的讲话。

和交通行政执法职业特点进行管理。交通综合行政执法机构的行政执法人员主要从现有交通行政执法人员中选用,也可以适当向社会公开招录。所有被录用的交通行政执法人员,都应当按规定参加岗前培训,经省级交通主管部门组织考核合格,取得交通行政执法证后,方可上岗执法。

第三节 行政执法依据

在行政执法中,执法的依据是至关重要的。判断行政执法行为是否合法、有效,一个重要的标准就是看执法行为所适用的依据是否正确。这就要求行政执法机关和执法人员必须做到"有法必依、依法执法"。即是说,行政执法主体、行政执法权力、行政执法程序、行政执法方式、行政执法措施等都必须有法律依据。没有法律依据或者根据违法"依据"的执法是无效的。

那么,什么是行政执法依据呢?通俗地说,行政执法依据就是指行政执法的法律依据,是规定在行政执法方面,可以做什么、必须做什么,或者不准做什么及其相应法律责任的规范。

一、行政执法依据分类

行政执法应当适用的依据有哪些呢?既然行政执法是指各级行政执法单位依据法律、法规和规章赋予的职权作出的行政行为,因而能够作为行政执法依据的就只能是以法定的法律形式表现出来的种种法律规范。这些法律规范主要有宪法、法律、行政法规、地方性法规和规章。

1. 宪法

宪法是由国家权力机关制定的规定国家根本制度、根本任务和基本活动原则的具有最高法律效力的法律规范。宪法作为国家根本法是一切立法、执法活动的最根本依据，也是我国国家机关、社会团体和人民群众最根本的行为准则；因此，在我国法律体系中，宪法地位最高，效力等级最高，“一切法律、行政法规和地方性法规都不得同宪法相抵触”。

我国宪法所包含的行政执法依据主要有：关于行政机关活动原则、行政机关组织和职权，以及公民在法律关系中享有权利和应尽义务的规范等。

2. 法律

法律是由国家立法机关根据宪法制定的规范性文件，包括全国人大制定的基本法律和全国人大常委会制定的一般法律，如我国《行政处罚法》、《道路交通安全法》、《公路法》、《治安管理处罚法》、《突发事件应对法》等。法律在国家法律体系中，其地位和效力等级仅次于宪法，其他一切立法活动不得与之相抵触。

法律是设定行政执法依据的基本形式，也是进行行政执法活动的基本依据。它通常设定行政执法的主体、权限、程序、责任等各方面的内容。

3. 行政法规

行政法规是国务院根据宪法、法律，按法定程序制定和颁布的规范性文件，如我国《道路运输管理条例》、《生产安全事故报告和调查处理条例》等。国务院作为我国最高的行政立法主体，有依职权立法的权力，又有依照最高国家权力机关和法律授权立法的权力。国务院制定和颁布的行政法规，其地位和效力等级低于宪法和法律，除此以外的立法活动不得与之抵触，并据以作为立法和执法的依据。

行政法规作为行政执法活动的主要法律依据，可以根据法律规定行政执法的主要方面。

4. 地方性法规

地方性法规是指特定的地方国家权力机关，依法制定和颁布的规范性文件，包括由省、自治区、直辖市以及省会所在地的市、自治区首府所在地的市和国务院批准的较大市的人大及其常委会制定的地方性规范文件。如《重庆市公路路政管理条例》、《重庆市道路安全条例》等。地方性法规的效力低于行政法规,仅在本行政区域内有法律效力。在国家制定的法律或者行政法规生效后,地方性法规同法律或者行政法规相抵触的规定无效,应以法律或者行政法规为依据。

5. 行政规章

行政规章可以在法律限定的范围内对行政执法活动作具体的规定。行政规章分为部门规章和地方规章(或政府规章)两类:部门规章是国务院部、委等制定的规范性文件;地方规章是由省、自治区、直辖市以及省会、自治区首府所在地的市和经国务院批准的较大市的人民政府根据法律、行政法规和相应的地方性法规制定的规范性文件。

行政规章是有关行政管理的专门性行为规范,在整个行政执法依据中数量比例很大。从效力等级看,部门规章的效力低于宪法、法律和行政法规。而地方规章的效力则低于宪法、法律、行政法规以及上级和同级人大制定的地方性法规。

规章是否能作为判断行政执法行为合法性的标准和尺度呢?《中华人民共和国行政诉讼法》(以下简称《行政诉讼法》)第五十二条规定人民法院审理行政案件以法律和行政法规、地方性法规为依据。同时,第五十三条规定:"人民法院审理行政案件,参照国务院部、委根据法律和国务院的行政法规、决定、命令制定、发布的规章以及省、自治区、直辖市和省、自治区的人民政府所在地的市和经国务院批准的较大的市的人民政府根据法律和国务院的行政法规制定、发布的规章。"何谓"参照"?全国人民代表大会常务委员会《关于中华人民共和国行政诉讼法(草案)的说明》中指出:"对符合法律、行政法规规定的行政规章,法院要参照审理,对不符合或不完全符合法律、行政法规原则精神的行政规章,法院可以有灵活处理的余地。"一般认为,"参照"规章是指法院在审理行政案件时,对符合法律、法规规定的行政规章,应当作为审判依据;对于不符合或者不完全符合法律、法规的行政规章,应当不作为审判的依据。

虽然《行政诉讼法》没有将行政规章列为对行政执法行为进行合法性审查的依据，但这并不意味着可以得出行政规章不属于法的范畴的结论，更不能将行政规章排除在行政执法的依据之外。行政规章是否成为行政执法的依据，不应取决于法院对行政执法行为进行合法性审查的依据范围，而是行政规章本身的实际效力。

6. 法律解释

法律解释是指对法律规范的含义和目的等所进行的阐释。根据效力，可以划分为正式解释和非正式解释两大类：

(1)非正式解释，也称学理解释或任意解释。这是指没有普遍约束力的解释，主要表现为理论研究、教育、案件辩论和法制宣传等。

(2)正式解释，又称法定解释或有效解释。这是由有权的国家机关依照一定的标准和原则，根据法定权限和程序，所作的具有普遍法律效力的解释，正式解释的法律效力由解释主体的性质地位和职能范围所决定。

根据解释的主体地位及其效力，正式解释包括以下几种：

(1)立法解释，包括两种情况：一是由全国人大常委会针对宪法和法律条文本身需要进一步明确界限或补充规定的问题所进行的解释。它在法律解释体系中具有最高法律效力；二是由省、自治区、直辖市人大常委会等针对地方性法规需要进一步明确界限或补充规定而进行的解释。

(2)行政解释，是指国务院及其职能部门和特定的地方政府对行政执法中具体应用法律问题以及自己依法制定的法规规章所进行的解释。

(3)司法解释，是指由最高人民法院和最高人民检察院针对审判和检察工作中，具体应用法律问题所作的解释。

有关行政执法依据方面的立法解释、行政解释，也是行政执法的依据。

行政机关制定的除行政法规、行政规章之外的其他规范性文件（“红头文件”）能不能作为行政执法的依据呢？其他规范性文件在《行政诉讼法》中称为“具有普遍约束力的决定、命令”，《行政处罚法》首次称“其他规范性文件”。《行政诉讼法》并没有对其他规范性文件的法律效力作出规定。但在国家行政管理活动中，其他规范性文件占据十分重要的地位，因此，《最高人民法院关于执行〈中华人民共和国行政诉讼法〉若干问题的解释》第 62 条第 2 款规定,“人民法院审理行政案件,可以在裁判文书中引用合法有效的规章及其他规范性文件。”但“引用”又是什么含义呢?有人认为其他合法有效的规范性文件可以作依据;有的认为只能作证据;有的认为是适用法律、法规的结果。总之,其他规范性文件的效力尚有不同看法。但随着法律、法规越来越健全,其他规范性文件将越来越少。

二、行政执法依据的效力规则

根据《中华人民共和国行政诉讼法》和《中华人民共和国立法法》的规定,行政执法依据的效力规则主要有:

(1)高位阶的法律规范优于低位阶的法律规范。法律、行政法规、地方性法规、地方规章的法律层级排列有序,其法律效力依次递减。高位阶的法律规范优于低位阶的法律规范,低位阶的法律规范不得与高位阶的法律规范相抵触。

(2)位阶相同的法律规范不一致的由有权机关作出解释或裁决。地方人民政府规章与国务院部门规章不一致,以及国务院部门规章之间不一致的由国务院作出裁决。法律之间对同一事项的新的一般规定与旧的特别规定不一致,由全国人民代表大会常务委员会裁决。行政法规之间对同一事项的新的一般规定与旧的特别规定不一致,由国务院裁决。同一机关制定的新的一般规定与旧的特别规定不一致时,由制定机关裁决。地方性法规与部门规章之间对同一事项的规定不一致,由国务院提出意见,国务院认为应当适用地方性法规的,应当决定在该地方适用地方性法规的规定;认为应当适用部门规章的,应当提请全国人民代表大会常务委员会裁决。部门规章之间、部门规章与地方政府规章之间对同一事项的规定不一致时,由国务院裁决。根据授权制定的法规与法律规定不一致,不能确定如何适用时,由全国人民代表大会常务委员会裁决。

(3)特别法优于一般法。特别法是针对特别人、特别事、特别地域或特定时间而制定的专门性行为规范。而一般法是针对某一领域或某一方面普通性的法律规范,如《治安处罚法》与《行政处罚法》在规定行政处罚方面,就是特别法与一般法的关系。一般法与特别法是相对而言的。一般而言,同一制定主体制定的一般法和特别法在同一情况下适用时,优先适用特别法;特别法没有规定的,才适用一般法。如我国《行政处罚法》第二十九条规定:"违法行为在二年内未被发现的,不再给予行政处罚。法律另有规定的除外。"

(4)新法优于旧法。新法优于旧法这一特殊规则也是针对两个具有同等效力层次的法律规范所适用的规则。它包括两种情况:一是当新法颁布后,旧法被废止,失去效力,自然就要适用新法;二是新法颁布生效后,旧法并未被废止,仍继续有效力。如果两部法律规范对于相同或相似内容的规定不一致时,应适用新法。

第四节 行政执法管辖

行政执法管辖是指行政机关体系中不同层级、不同区域的行政执法机关及内部不同部门之间的行政执法权限和职责范围的划分。行政执法的管辖主要是解决某一行政执法行为应当由哪一级、哪一个行政机关作出的问题。行政执法的管辖主要分为以下几种。

1. 级别管辖

级别管辖是指上、下级行政机关之间在开展行政执法工作中的分工。根据内部分工,以及所处理的行政事宜的性质、情节、重要程度、社会影响等因素,行政机关依级别的高低分别行使行政执法的管辖权。

2. 指定管辖

指定管辖是指两个或者两个以上的行政机关,因对同一行政事宜的行政执法权问题发生争议时,由有权机关以决定的方式指定某个行政机关对该事宜行为进行管辖、开展行政执法工作。例如,《行政处罚法》第二十一条就规定:“对管辖发生争议的,报请共同的上一级行政机关指定管辖。”这里的“共同的上一级行政机关”就是有权进行指定的机关,它不能简单地理解为上一级行政机关。因为指定管辖实质上是行政机关依行政领导权所做出的一种决定,在两个涉及管辖争议的行政机关的上一级领导同属于一个行政机关时,由该行政机关依职权作出指定是没有问题的,但当两个行政机关的上一级领导不是同一行政机关时,上一级行政机关显然无权对此作出决定,就必须由对两个行政机关都有行政领导权的行政机关做出决定,这也就是“共同的上一级行政机关”。

3. 职能管辖

职能管辖是指行政机关依据各自不同的行政管理职能对行政执法工作所作的分工。违反了哪个方面的行政管理事项,就应当由对该行政管理事项享有管理权和行政执法权的行政机关依法查处,这是行政管理专业化的要求。

4. 地域管辖

地域管辖是指同种职能的行政机关之间在实施行政执法方面的地域分工。例如,《行政处罚法》就规定,违法行为“由违法行为发生地的县级以上地方人民政府具有行政处罚权的行政机关管辖”,这是地域管辖的一般原则。以违法行为发生地作为确定行政机关管辖的基础,操作起来比较简便,容易判知。对于违法行为有连续性或呈持续状态的,那么每一个阶段所经过的地域,均可视为违法行为的发生地,各地域行政机关都可依法行使行政处罚的管辖权。

以上是行政执法管辖范围和权限的大致划分和确定。在实践中,由于行政管理范围的日益扩大,行政执法部门众多,任何一个行政执法部门都不可能只在法律规范明文规定的范围内行使管辖权,因此难免发生分歧和矛盾,引起管辖争议,出现“不愿管”和“争着管”的情况。一般来说,不同地域之间，上下级之间不至于发生管辖争议。由于行政执法主体的多元化和利益驱动，职能管辖争议则比较普遍。高速公路管理就是一例，公安部门、交通部门在道路交通管理中的管辖争议也时有发生。

随着行政改革的深入，管辖争议数量日益增加，特别是群体性的争议比较突出，妨害了执法的统一性和严肃性，损害了国家行政机关的威信。2006年9月4日，中央办公厅、国务院办公厅印发了《关于预防和化解行政争议健全行政争议解决机制的意见》(中办发[2006]27号)，其中第一条措施就是“坚持依法行政，从源头上预防和减少行政争议。”文件提出，预防和减少行政争议的关键在于各级行政机关坚持依法行政，规范行政决策和行政执法行为，切实维护好人民群众的合法权益。各级行政机关要贯彻落实国务院全面推进依法行政实施纲要，依法进行一切行政管理活动，既要严格执行实体法的规定，又要严格执行程序法的规定，规范行政执法程序。要规范行政执法行为，确保严格执法、公正执法、文明执法，继续开展相对集中行政处罚权的工作，继续推进综合行政执法试点，切实解决多头执法、多层执法、重复执法的问题。

第五节 行政执法程序

行政执法程序是行政程序中的一种具体程序，是行政执法主体在行政执法时所应遵守的方式、步骤、时限和顺序等要素所构成的一个行为的连续过程。尽管目前没有统一的“行政程序法”，但《行政诉讼法》首次以法律规定的形式向行政执法主体提出了行政执法行为在程序上的合法性要求，正当法律程序原则也在《行政处罚法》中得到了比较充分的体现①。行政执法行为必须遵守法定程序，违反了即导致该行为无效，这已成为人们所公认的行政执法行为的要件。

在此，以《行政处罚法》为例，重点介绍行政处罚的基本程序。

行政处罚程序包括处罚决定程序和处罚执行程序。行政处罚决定程序包括简易程序、一般程序和听证程序。简易程序和一般程序是两个独立程序，行政处罚决定适用这样的程序即可完成，而听证程序是一种特殊的程序阶段。在处罚的各种程序中，下列程序内容必不可少：

(1)必须查明违法事实，对于违法事实不清的，不得给予处罚；《行政处罚法》第三十条规定："公民、法人或者其他组织违反行政管理秩序的行为，依法应当给予行政处罚的，行政机关必须查明事实；违法事实不清的，不得给予行政处罚。"行政机关处理行政处罚案件，首先应当进行调查，查明有关事实，全面、客观、公正地收集有关证据，这是"以事实为根据，以法律为准绳"的法制原则的基本要求。

(2)在作出处罚决定前，应当告知当事人作出行政处罚决定的事实、理由及依据，并告知当事人依法享有的权利。《行政处罚法》第三十一条规定："行政机关在作出行政处罚决定之前，应当告知当事人作出行政处罚决定的事实、理由及依据，并告知当事人依法享有的权利。"由于当事人往往并不了解自己应有的权利，因此法律要求行政机关在做出决定之前，有义务告之权利，这既有利于当事人运用法律手段保护自己，也可以防止行政机关滥用权力。

---

① 《布莱克法律辞典》把"正当法律程序原则"的中心含义解释为："任何其权益受到判决影响的当事人，都享有被告知和陈述自己意见并获得听审的权利。""正当法律程序原则"起源于13世纪英国的"自然正义"(natural justice)，包含两项具体要求：第一，任何人均不得担任自己诉讼案件的法官；第二，法官在裁判时应听取双方当事人的陈述。美国学者戈尔丁在其《法律哲学》一书中提出了正当法律程序的要求和标准：与自身有关的人不应该是法官；结果中不应该含纠纷解决者个人的利益；纠纷解决者不应有支持或反对某一方的偏见；对各方当事人的诉讼都应给予公平的注意；纠纷解决者应听取双方的论据和证据；纠纷解决者应只在另一方在场的情况下听取一方的意见；各方当事人都应得到公平机会来对另一方提出的结论和证据提出反响；解决的诸项条件应以理性推演为依据；推理应论及所提出的证据和论据。

（3）允许当事人进行陈述和申辩，充分听取当事人意见，对当事人提出的事实、理由或者证据成立的，应当采纳，不得因当事人申辩而加重处罚。《行政处罚法》第三十二条规定："当事人有权进行陈述和申辩。"当事人作为有关事件的参加者和证人，最清楚整个事件的全过程，我们不否认当事人可能因害怕制裁而故意隐瞒歪曲违法事实，但是我们也应看到当事人的陈述和辩解不仅有利于当事人维护自己的合法权益，更有利于行政机关全面、客观地了解有关事件，查清违法行为。因此，行政机关在处理行政处罚案件过程中，必须保证当事人依法享有的陈述和申辩权，充分听取当事人的意见，对当事人提出的事实、理由或者证据应当进行复核，正确的应当采纳，错误的也不应因此加重对当事人的行政处罚。

（4）实施行政处罚必须纠正违法行为。行政机关依法对行政违法行为人给予行政处罚，不仅仅在于使违法行为人受到法律的制裁，还在于维护正常的社会经济和生活秩序，保护公民、法人和其他组织的合法权益，因此，还必须恢复受到损害的社会关系。《行政处罚法》中有关"责令当事人改正或者限期改正违法行为"的规定正是体现了这一点，这也有利于行政法律规范的正确贯彻实施，有利于教育公民、法人和其他组织自觉守法。

一、简易程序

简易程序是在特定范围和条件下，对行政违法行为者在案发地即时作出行政处罚决定的方式和步骤，又称当场处罚程序。简易程序同样贯彻公正、公开和效率兼顾原则、保障行政相对人合法权益原则和处罚与教育相结合原则，以及先取证后裁决原则等。简易程序的特点是简便易行。

1. 简易程序的适用条件

（1）案情简单的违法行为，执法人员现场发现违法事实，并能即时查明，掌握可靠证据材料，不必再作进一步调查取证。或者，为保证社会公共利益而即时处罚，譬如，不即时处罚事后难以执行的。

（2）处罚较轻。由于情节简单、证据确凿，法律对这类案件处理较轻。《行政处罚法》规定了当场处罚适用较轻的行政处罚种类："对公民处以五十元以下,对法人或者其他组织处以一千元以下罚款或者警告的行政处罚的,可以当场作出行政处罚决定”。

(3)发生行政纠纷可能性小,一般都是在行政相对人无异议情况下采取;一旦发生争议,就转入一般程序。

(4)当场处罚决定的执行等同于一般的执行程序。行政相对人应当依照《行政处罚法》第四十六条、第四十七条、第四十八条的规定履行行政处罚决定。

(5)简易程序是在保护行政相对人合法权益的前提下规定和采取的,因此简易程序也要遵守行政处罚决定共同的程序原则。

2. 简易程序的具体内容

根据《行政处罚法》规定,简易程序内容包括:

(1)口头告知。应当充分听取行政相对人的陈述和申辩,认真复核。复核理由成立的,应当采纳,不得因申辩而加重行政处罚。一般应该使用规范用语。

(2)出示证件。执法人员当场作出行政处罚决定的,应当向行政相对人出示执法身份证件。

(3)填写和交付行政处罚决定书。填写预定格式、编有号码的行政处罚决定书。行政处罚决定书应当载明行政相对人的违法行为、行政处罚依据、罚款数额、时间、地点以及行政机关名称,并由执法人员签名或者盖章。行政处罚决定书应当场交付行政相对人。不得只开罚款收据不出具处罚决定书。

(4)告知行政相对人在规定期限内到指定的银行代收罚款机构缴纳罚款;当场收缴罚款的,同时填写罚款收据,交付行政相对人。不得只收罚款不开收据。

(5)备案。执法人员当场作出的行政处罚决定,必须报所属行政机关备案。

(6)法律救济。告知行政相对人对当场作出的行政处罚决定不服的,可以依法申请行政复议或者提起行政诉讼。

(7)需要采取行政强制措施执行罚款决定的,同时开具行政强制措施凭证,当场交付行政相对人。

二、一般程序

一般程序,是相对于简易程序而言的。一般程序是行政处罚程序中的基本程序,一般程序具有程序完整,适用广泛的特点,集中体现了行政处罚法的立法宗旨和原则。行政处罚一般程序图见图 2-1 所示。

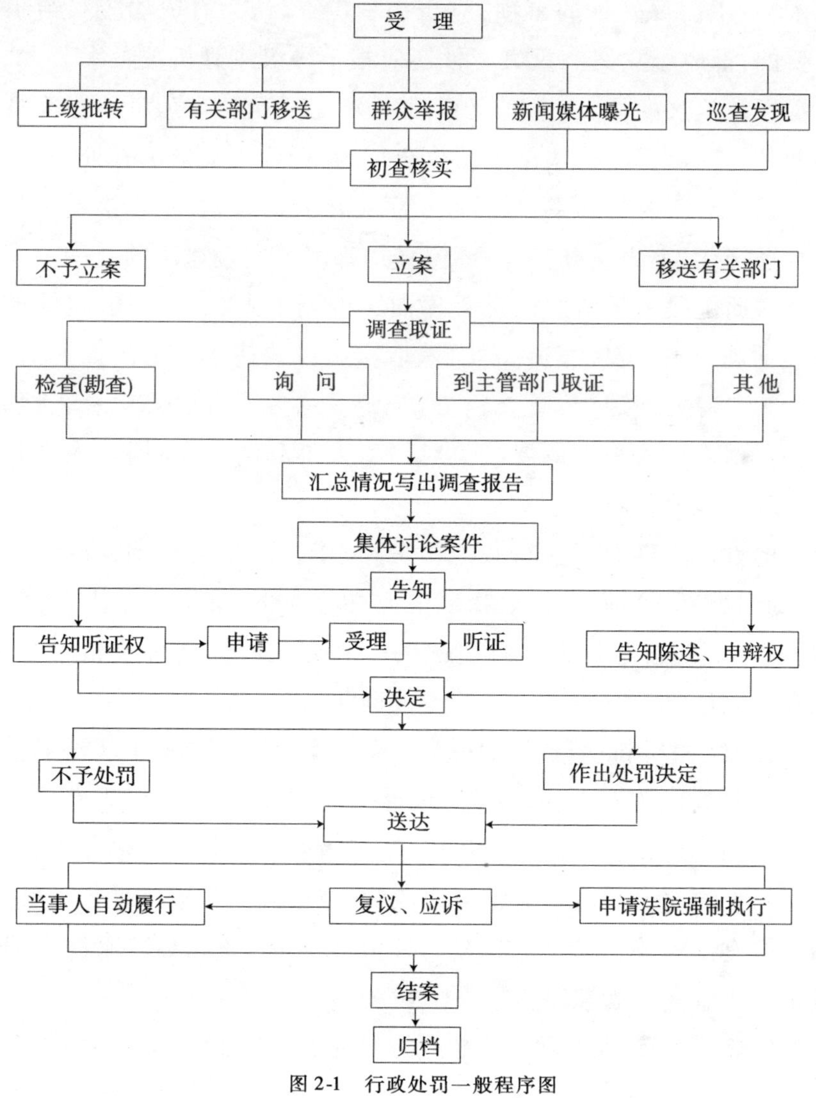

图 2-1　行政处罚一般程序图

《行政处罚法》第三十六条至第四十一条对一般程序做了规定。一般程序主要包括立案调查阶段和审查决定阶段。

1. 立案调查阶段

立案是行政机关对已经发生的行政违法案件,按主管和管辖范围进行审查后,决定列为行政处罚案件予以调查处理的活动。行政机关按照其管辖的范围,对于需要查处的事项,应当初步审查,认为有依法应当给予行政处罚必要的,都应予立案。重大案件还应报上一级主管机关备案。

根据行政执法的特点,立案有行政机关发现后主动立案和行政机关受理立案两种情况。行政执法是主动执法行为,行政机关依法查处是其职权,也是其职责。对于控告和举报,行政机关都应及时处理,不得推诿。其他如违法者主动交代、上级交办、有关部门移送都属于发现违法的范围。

调查实质上是一项依照法定程序向案件当事人、证人了解案件事实的专门调查活动,包括查明案件事实,获取实施行政违法行为的证据,查清行政违法行为者等方面。《行政处罚法》规定:"必须全面、客观、公正地调查,收集有关证据。"调查取证既要收集对当事人不利的证据材料,也要收集对当事人有利的证据材料。

调查的方式因事而异,《行政处罚法》赋予行政机关在调查取证的权力主要有:询问当事人、证人;提取物证书证;检查;抽样取证;登记保存。

(1)询问。向被调查人了解情况的一种方式。询问行政相对人、证人和其他有关人员,应当进行笔录,并由被询问人核对无误后签字。

(2)提取证据材料。行政机关为了查明案件的需要,可以要求当事人及证明人按照规定的方式、内容提供证明材料或者与违法行为有关的其他材料,并由材料提供人在有关材料上签名或者盖章。拒绝签名或者盖章的,应当在材料上注明。行政机关也可以收集、调取与案件有关的原始凭证,调取原始证据有困难的,可以复制,复制件应当标明"经核对与原件无误",并由出具书证人签名或者盖章。

(3)检查。《行政处罚法》规定:"必要时,依照法律、法规的规定,可以进行检查。"行政检查是行政机关调查收集行政违法证据活动。通常的检查,如勘验现场和物证检验。勘验现场包括对实施行政违法行为的场所,发现痕迹的场所和窝赃的场所进行勘验检查活动。物证检验是对收集的物证进行专门鉴定的活动。勘验检查中可以录像拍照、复制检测,并需作笔录。必要时邀请有关人员或组织参加。对有违法嫌疑的物品进行检查时,应当有行政相对人在场,并制作现场笔录;行政相对人拒绝到场的,应当在现场笔录中注明。

行政处罚法规定行政机关有一般调查取证的权力,但如行使影响当事人人身、通信、存款等基本权利的检查权时,就必须有法律法规的明确授权,一般应由司法机关执行。

(4)登记保存。即在证据可能灭失或者以后难以取得的情况下,经行政机关负责人批准,可以先行登记保存,但应在 7 日内及时作出处理决定;在此期间,当事人或者有关人员不得销毁或者转移证据。证据可能灭失,如证人年老、疾病可能死亡,物品将要腐烂变质,痕迹即将消失等;证据以后难以取得,如证人即将外出,短期不能归来。行政相对人可提出证据保全申请,但要经行政机关批准,行政机关也可主动采取保全措施。先行登记保存或者扣留、封存的证据或财物,都要先行登记保存、扣留或封存都必须当场清点,开具清单,并由办案人和行政相对人签名或盖章,交行政相对人 1 份。先行登记保存的证据应当贴上封条,就地由行政相对人或者有关人员保管。处理是依法定程序采取没收、扣留或封存、解除登记保存等方式处理。

(5)抽样取证。抽样调查是非全面调查的一种,即在总体中抽取一部分调查单位进行观察,并用以推算全部总体的调查。它可以根据随机原则进行,即每个单位有同等被抽取的机会。但有时也指非随机抽取一部分单位所进行的调查,当然所选的样本并不一定能代表全体。抽样调查是抽样推断的基础。抽样调查往往发生在:①不可能或者不必要进行全面调查;②全面调查有困难;③通过抽样调查进行检验、修正;④时间紧迫,需及时调查。抽样调查可作简单随机抽样、类型抽样、等距抽样、整群抽样等方式进行。

在调查取证过程中,《行政处罚法》还规定表明身份制度和回避制度。

(1)表明身份制度。"行政机关在调查或者进行检查时,执法人员不得少于两人,并应当向当事人或者有关人员出示证件。"行政调查证件是表明调查权力的法律依据,无证件的调查是违法调查。如《重庆市行政执法责任制条例》第十二条就规定,"行政执法人员执行公务时,未出示有效证件的,管理相对人有权拒绝配合。"因此,出示证件、表明身份是行政处罚程序的一项重要原则。证件包括国务院主管部门统一制定的或者省级政府制作的,由省级主管部门填发的执法检查证件或身份证件。着装和佩戴标志不能代替表明身份的证件。

(2)回避程序。为保证公正执法,行政处罚法引进了回避程序。与当事人有直接利害关系的执法人员应主动回避,当事人也有权申请回避。遇有下列情形之一的,应当回避,行政相对人或者其法定代理人也有权要求他们回避:是本案的行政相对人或者是行政相对人的近亲属的;本人或者其近亲属与本案有利害关系的;与本案行政相对人有其他关系,可能影响案件公正处理的。回避时间应在查处和申辩过程中,可以口头或书面提出。被要求回避的人员,应当暂停参与本案工作,但案件需要采取紧急措施的除外。

直接利害关系人实行回避是实现程序公正原则的一个重要因素。回避是防止行政执法人员利用职权徇私而对担任职务和执行公务的人员进行限制的一项行政处罚程序制度。国家公务员执行公务时,涉及本人或者涉及与本人有近亲属关系人员的利害关系的必须回避。

2. 审查决定阶段

审查决定阶段是作出行政处罚决定,是行政处罚决定程序中最后环节,关系实施行政处罚行为是否合法、公正、有效。它包括作出的步骤和方式。

(1)作出行政处罚决定的步骤

①《行政处罚法》规定:"调查终结,行政机关负责人应当对调查结果进行审查。"办案人员调查终结,并复核了行政相对人提出的事实、理由和证据后,应当对事实材料认真整理,并依法对案件进行认定,写书面报告或者

填写《案件处理意见呈报表》,具体提出案件的处理建议,先由办案机构负责人审批,接着由法制机构审核后提出书面意见和建议,最后行政机关负责人决定。

在查处行政违法行为过程中,调查职能同裁决职能分离。调查办案人员不参与行政处罚的决定,作出行政决定的负责人不参与调查事务。这项制度是实现公正执法的需要。

②行政机关负责人批准行政处罚建议后,以行政机关名义告知行政相对人作出行政处罚决定的事实、理由及依据,并告知行政相对人依法享有的陈述权、申辩权,属于听证范围的,应告知要求举行听证的权利。口头告知的记入笔录,行政相对人签名盖章。书面告知的,可直接送达、邮寄送达,或者公告告知。

③《行政处罚法》规定:"行政相对人有权进行陈述和申辩。行政机关必须充分听取行政相对人意见,对行政相对人提出的事实、理由和证据,应当进行复核;行政相对人提出的事实、理由或者证据成立的,行政机关应当采纳。""行政机关不得因行政相对人申辩而加重处罚。"听取意见后,办案机关提出复核意见,听证后,听证主持人提出听证报告。

④行政机关负责人对办案机构的调查报告和案卷、核审机构的核审意见、听取意见后的复核意见、听证后的听证报告进行审查,根据不同情况分别作出行政处罚决定。《行政处罚法》规定:"对情节复杂或者重大违法行为给予较重的行政处罚,行政机关的负责人应当集体讨论决定。"行政机关负责人认为案件情节复杂,或者重大违法行为给予较重处罚的,必须经过会议讨论决定。采用会议形式,一般是审议意见发表完毕后,由首长总结,提出通过、原则通过和下次会议再议、暂不通过的结论。

(2)行政处罚决定的种类

调查终结,行政机关负责人应当对调查结果进行审查,根据不同情况,作出处理决定:①确有应受行政处罚的违法行为的,根据情节轻重及具体情况,做出行政处罚决定;②违法行为轻微,依法可以不予行政处罚的,不予行政处罚;③违法事实不能成立的,不得给予行政处罚;④违法行为已构成犯罪的，移送司法机关处理。

(3)行政处罚决定方式

行政处罚决定实行书面决定方式。《行政处罚法》规定："行政机关依照本法第三十八条的规定给予行政处罚，应当制作行政处罚决定书。"行政处罚决定书是法律文书，必须规范化，内容确定，文字明确、简练，一般应制作3份，以便送达行政相对人及单位，处罚机关留1份。

《行政处罚法》规定，行政处罚决定书应当载明下列事项：①行政相对人的姓名或者名称、地址；②违反法律、法规或者规章的事实和证据；③行政处罚的种类和依据；④行政处罚的履行方式和期限；⑤不服行政处罚决定，申请行政复议或者提起行政诉讼的途径和期限；⑥作出行政处罚决定的行政机关名称和作出决定的日期。行政处罚决定书必然盖有作出行政处罚决定的行政机关的印章。

行政处罚决定书是实施行政处罚的法律文书，如果行政处罚没有法定依据或者不遵守法定程序的，行政处罚无效。主要事实不清、证据不足的行政处罚也不能成立。适用法定依据错误，即适用法律、法规或者规章错误，超越或者滥用职权、行政处罚行为明显不当的也属违法。

(4)交付或送达行政处罚决定书

《行政处罚法》规定："行政处罚决定书应当在宣告后当场交付行政相对人；行政相对人不在场的，行政机关应当在七日内依照民事诉讼法的有关规定，将行政处罚决定书送达行政相对人。"行政处罚决定书必须交付行政相对人，使其了解行政处罚决定书的内容，以便使行政处罚决定生效，行政相对人能依照行政处罚决定书履行义务和行使权力。送达的要有"行政处罚决定书送达回证"。如本人不在，交他的同住成年家属签收；受送达人是法人或者其他组织的，应当由法人的法定代表人、其他组织的主要负责人或者该法人、组织负责收件的人签收；受送达人有代理人的，可以送交其代理人签收；受送达人已指定代收人的，送交代收人签收；受送达人的同住成年家属、法人或者其他组织的负责收件的人，代理人或者代收人在送达回证上签收的日期为送达日期。受送达人或者他的同住成年家属拒绝接收法律文书的，送达人应当邀请有关基层组织或者所在单位的代表到场，说明情况，在送达回证上记明拒收事由和日期，由送达人、见证人签名或者盖章，把法律文书留在受送达人的住所，即视为送达。对在中华人民共和国领域内没有住所的行政相对人送达法律文书，根据具体情况，可依照《中华人民共和国民事诉讼法》规定的方式进行。

三、听证程序

根据《行政处罚法》第四十二条的规定，行政机关在作出责令停产停业，吊销许可证或者执照，较大数额罚款等行政处罚决定之前，应当告知行政相对人有要求举行与组织听证的权利。

听证程序是《行政处罚法》新确立的一个程序。听证程序是行政机关为了查明案件事实、公正合理地实施行政处罚，在作出行政处罚决定之前听取当事人意见的一项制度。它具有发现案件真实，保证裁决中立，保障行政相对人平等、有效参与行政决定的积极作用。根据《行政处罚法》的规定，听证程序主要适用于对公民、法人或者其他组织给予责令停产停业、吊销许可证或执照、较大数额罚款等行政处罚。听证程序并非必经程序，在做出处罚决定之前，行政机关应当告知当事人有权要求听证，但是否真正进入听证程序，还要取决于当事人是否在法定的权利期间内向行政机关提出申请，只有当事人要求举行听证时，听证程序才必须适用。

听证程序具体步骤分以下 4 方面。

1. 告知听证权

如果属于听证适用范围的行政处罚，应当通过正式方式告知当事人有权要求听证。

2. 提出听证

当事人要求听证的，应当在行政机关告知后 3 日内提出。

3. 通知听证

行政机关应当在举行听证的 7 日前，通知当事人举行听证的时间、地点，以便当事人为听证作充分的准备。

4. 举行听证会

听证会可依下列步骤依次进行：

(1)主持人宣布听证会的听证事项，介绍案由并说明听证会的目的、宗旨。

(2)调查人员宣读调查情况并提出处罚建议，被建议处罚人(包括其代理人)提出证据驳斥对方的观点及证据，双方辩论。

(3)调查人员对公民、法人或者其他组织的违法事实及应给予的行政处罚，负举证责任，应举出事实、证据及规范性文件。双方在主持人的组织指挥下进行辩论。如果案件存在利害关系人，也应给予他们平等辩论的机会。主持人主持接收证据，指挥双方围绕案件的事实问题和法律问题进行辩论；行政相对人无理纠缠，纯粹拖延听证时间的情况，应及时予以制止。

(4)主持人宣布听证会结束。

(5)主持人认为行政相对人对案件的事实问题及法律问题的辩论已经结束，行政相对人不能再提出新的、有关联性的证据，则可宣布听证会结束。宣布结束前，可给予调查人员、行政相对人及利害关系人总结性陈述的机会，听取他们对整个案件以及对处理结果的意见和态度。如果主持人认为本案的事实问题及关键证据存在，只是一时不能举出(如证人突然不能出席听证会等)，则可宣布另择日期，再次听证。

(6)宣布听证会结束后，行政相对人阅读笔录，如认为无误，签字或盖章。

四、执行程序

行政处罚的执行程序是指保证行政处罚决定书所确定的当事人的义务如何履行的程序。执行程序是行政程序实现的保障，没有了执行，行政处罚也就不能发挥其应有的制裁作用。执行程序包括罚缴分离、强制执行和罚没财物上缴国库。

1. 罚缴分离

收缴罚款以罚缴分离为原则,当场收缴为补充。收缴罚款应当实行罚缴分离,即作出处罚决定的行政机关与收缴罚款的机构分离。作出处罚决定的机关及其执法人员不得自行收缴罚款,当事人应当自收到行政处罚决定书之日起15日内到指定的银行缴纳罚款。

专门机构收缴罚款,对于遏制执法中的违法行为是有一定作用的,但是在特定情况下,不采取当场收缴罚款的方法,难以执行行政处罚决定,因此《行政处罚法》规定了可以当场收缴罚款的情形:在某些特殊情况下执法人员可以当场收缴罚款:(1)依法给予20元以下的罚款的;(2)不当场收缴事后难以执行的;(3)在边远、水上、交通不便地区,行政机关及其执法人员做出罚款决定后,当事人向指定的银行缴纳罚款确有困难,经当事人提出的。行政机关及其执法人员当场收缴的,必须向当事人出具省、自治区、直辖市财政部门统一制发的罚款收据;不出具财政部门统一制发的罚款收据的,当事人有权拒绝缴纳罚款。执法人员当场收缴的罚款,应当自收缴罚款之日起2日内交至行政机关;在水上当场收缴的罚款,应当自抵岸之日起2日内交至行政机关;行政机关应当在2日内将罚款缴付指定的银行。

2. 强制执行

当事人对行政处罚决定有异议的,可以依法提起行政复议或者行政诉讼,但这并不停止决定的执行。对当事人逾期不履行行政处罚决定的,行政处罚法规定:(1)到期不交纳罚款的,每日按罚款数额的3%加处罚款;(2)根据法律规定,可将查封、扣押的财物拍卖或者将冻结的存款划拨抵缴罚款;在没有法律授予的强制执行权的情况下,行政机关可以申请人民法院强制执行。

当事人按期履行处罚决定确有困难时,不得强制执行。当事人可以申请延期或分期履行,经作出处罚决定的行政机关同意后,可以延期或分期履行。

3. 罚没财物上缴国库

根据《行政处罚法》的规定,除依法应当予以销毁的物品外,依法没收的非法财物必须按照国家规定公开拍卖或者按照国家有关规定处理。罚款、没收的违法所得或者没收非法财物拍卖的款项,必须全部上缴国库,任何行政机关或者个人不得以任何形式截留、私分或者变相私分;财政部门不得以任何形式向作出行政处罚决定的行政机关返还罚款、没收的违法所得或者没收非法财物拍卖的款项。

第三章

行政处罚、行政强制与行政许可

本章摘要

行政处罚、行政强制与行政许可的设定和实施都是为了行政主体实施行政管理，维护公共利益和社会秩序，保护公民、法人或者其他组织的合法权益。最核心的目的是保障行政主体有效实施行政管理，通过有效的行政管理来维护公共利益和社会秩序，进而保护公民、法人或者其他组织的合法权益。相对集中行政处罚权，实行综合行政执法有利于形成权力对权力的监督与制约，但这并不意味着行政执法（包括行政处罚和行政强制）与行政许可是两个完全不同的行政行为，不可把它们截然分开，将它们对立起来。无论是“凡禁必罚”，还是“有禁有罚”，这都体现了二者密不可分的关系。

第一节 行政处罚概述

1996年10月1日,我国行政处罚的"母法"《中华人民共和国行政处罚法》(以下简称《行政处罚法》)正式实施。针对当时反映强烈的处罚乱、滥、横等问题,这部法律明确行政处罚的设定、主体、种类和程序,并设立听证、告知、罚缴分离等制度,让行政处罚更规范、更公正。

一、行政处罚的概念

行政处罚是行政执法的重要形式,也是一类重要的行政行为,但《行政处罚法》并没有给行政处罚下一个明确的定义。《行政处罚法》第三条规定:"公民、法人或者其他组织违反行政管理秩序的行为,应当给予行政处罚,依照本法由法律、法规或者规章规定,并由行政机关依照本法规定的程序实施。"从该条款可以归纳出行政处罚的概念:行政处罚是指特定的行政机关、法律法规授权的组织、行政机关委托的组织依法对违反行政管理秩序尚未构成犯罪的个人或组织予以制裁的一种行政行为,其主体是行政机关(包括法律授权组织及行政机关委托的组织),其对象是公民、法人或者其他组织,处罚的原因是违反了行政管理秩序,行政处罚应依法设定和实施。

从行政处罚的主体、对象、被处罚行为的违法性、处罚行为的惩戒性等方面加以分析,行政处罚作为一种特殊的行政执法手段,具有如下特征:

(1)行政处罚是特定行政机关或组织的行为。并不是所有的行政机关都拥有行政处罚权，有处罚权的行政执法机关并不是在任何方面或领域都可以行使这种权力。哪个行政执法机关行使哪些方面的行政处罚权，是由法律规定的。行政处罚是行政执法机关或组织的行为，而非个人行为。

(2)行政处罚是一种制裁行为。行政处罚既可以看作是一种具体行政行为，也可以视为一种制裁或责任。公民、法人和其他组织违反行政法规范必然要导致一定的法律后果，承担相应的法律责任，这种法律责任就是行政处罚。行政处罚通过剥夺或者限制违法行为人的某种权利或利益，使其人身权或财产权受到一定的损失，从而达到预防、警戒和制止违法行为的目的。它不同于行政处分或纪律处分，是一种行政法律制裁措施。

(3)行政处罚必须依法进行。这里的"依法"要特别强调：一是在法定权限内，不能越权处罚，越权处罚视为无效；二是依照法定程序，不遵循法定程序的行政处罚自然构成处罚违法；三是只能选择法定的形式适用行政处罚(如罚款、拘留等)。

(4)行政处罚是一种行政法律责任。行政处罚是对违反行政管理秩序且尚未构成犯罪的行为人的制裁，属于具体行政行为的范畴，它既可以影响行政相对人的权利义务，亦可能引起行政争议或行政纠纷，进而引起行政复议或行政诉讼。这与违反刑事、民事法律规范而承担刑事、民事法律责任不同。

二、行政处罚的基本原则

行政处罚的基本原则，是指由法律规定或体现的设定行政处罚和实施行政处罚必须遵循的基本准则，它贯穿于行政处罚设定和实施的全过程。行政处罚法确立了行政处罚应当遵循的4项基本原则。

1. 处罚法定原则

处罚法定原则指行政处罚应有法律、法规或者规章为依据，没有法定依据或者不遵守法定程序的，行政处罚无效。行政处罚法定原则是行政处罚设定和实施必须遵循的一条重要准则。包括以下含义：

(1)行政处罚的设定权要法定。《行政处罚法》第九条、第十条、第十一条、第十二条、第十三条对行政处罚的设定作了明确规定。除法律、行政法规、地方性法规和规章之外,其他规范性文件均没有行政处罚设定权。

(2)行政处罚主体要法定。只有法律、法规规定具有行政处罚权的行政机关以及法律、法规授权的组织才能实施行政处罚。其他任何机关、组织和个人均不能行使行政处罚权。

(3)行政处罚主体的职权要法定。行政处罚主体在行使行政处罚权时,还必须严格遵守法定的职权范围,既不能越权也不能滥用权力。

(4)行政处罚依据要法定。也就是说,受处罚的行为要法定,法无明文规定不能受处罚。只有法律、法规或者合法有效规章明文规定应予处罚的才能处罚。

(5)行政处罚程序要法定。也就是说,行政处罚主体实施行政处罚,必须严格依法进行,既要遵守实体法的规定,也要遵守程序法的规定。程序违法,也可能导致行政处罚无效。

(6)行政处罚的种类要法定。

2. 公开原则

公开原则就是指行政处罚的依据、过程和结果要面向行政相对人和社会公开。体现在两个方面:

(1)依据公开。行政处罚的依据必须是公开的,对违法行为给予行政处罚的规定必须公布。未经公布的,不得作为行政处罚依据。

(2)处罚公开。行政机关在作出行政处罚决定之前,应当告知当事人作出行政处罚决定的事实、理由、依据以及当事人依法享有的权利。对法律要求应当听证的行政处罚案件必须公开举行听证。公正原则要求设定和实施行政处罚必须以事实为依据,与违法行为的事实、性质、情节以及社会危害程度相当。行政执法机关或组织及其行政执法人员在实施行政处罚时,对不同区域、不同职业、不同所有制的当事人,应当平等对待;行使自由裁量权必须符合法律目的,应当排除当事人职务、关系、态度的干扰。由此可见,维护行政处罚的公正性,关键是作出行政处罚过程中遵守程序,排除干扰。

3. 处罚与教育相结合原则

实施行政处罚，纠正违法行为，应当坚持处罚与教育相结合，教育公民、法人或者其他组织自觉守法。处罚与教育结合作为一项法律原则：一方面具有指导性，既不能只重惩处而忽视教育，也不能只重教育轻视处罚。只重惩处忽视教育，容易产生违法处罚和不适当处罚，引发行政相对人的心理抵触，对行政处罚不服，从而引起行政纠纷和行政争议，这势必会使行政执法的力度大打折扣；只重教育轻视惩处，亦会减弱行政执法的力度，不利于维护行政管理秩序和社会公共利益。另一方面，处罚与教育相结合原则还具有一定的操作性和规范性。其规范性要求在于：行政处罚的合法合理是产生教育功能的主要途径，违法或不当的行政处罚既不能产生惩处效应，也不能产生教育作用；行政执法机关和组织实施行政处罚必须用事实说法，重视说理，处罚必须说明理由，晓之以情，动之以理，做到以理服人，处罚有据；行政处罚应当允许相对人参与，尊重相对人的程序性权利，允许相对人陈述、申辩，不因申辩而加重处罚，消除处罚过程的抵触情绪；行政执法机关和组织应当在说服教育的基础上实施处罚，使违法的相对人认识到违法行为的危害性和承担责任的必然性，使行政处罚自然产生处罚和教育的双重功能。

4. 保障权利原则

《行政处罚法》规定，公民、法人或者其他组织对行政机关所给予的行政处罚，享有陈述、申辩权；对行政处罚不服的，有权依法申请行政复议或者提起行政诉讼。行政处罚法还规定，行政机关在作出行政处罚决定之前应当告知当事人，作出行政处罚决定的事实、理由及根据，并告知当事人依法享有的权利。类似的规定赋予了行政相对人一系列程序性的权利，包括知情权、申请回避权、陈述权、申辩权、质证权、听证权、申请复议权、诉讼权、行政赔偿请求权等。尊重和保障上述权利是行政处罚权利保障原则的基本要求，违反权利保障原则，侵犯行政相对人的上述程序性权利，即构成程序违法。所以，可以这样讲，行政处罚的权利保障原则的第一要义是尊重和保障相对人的程序性权利。

三、行政处罚的种类和设定

(一)行政处罚的种类

《行政处罚法》第八条将行政处罚主要分为以下6类。

1. 警告

警告是指对违法者予以申诫和谴责的一种处罚,一般适用于情节比较轻微的违法行为,惩罚的程度较轻。

2. 罚款

罚款是指强制违法者在一定期限内向国家交纳一定数量货币而使其遭受一定经济利益损失的一种处罚,主要适用于以牟取非法经济利益为目的的行政违法行为。

3. 没收违法所得和非法财物

没收违法所得和非法财物是指行政机关依法将行为人以违法手段取得的金钱、其他财物、违禁物或违法行为工具等收归国有的一种处罚。

4. 责令停产停业

责令停产停业是指行政机关强制要求违法者停止生产或者经营的一种处罚。

5. 暂扣或者吊销许可证、暂扣或者吊销执照

这是指行政机关依法限制或者剥夺违法者原有的特许权利或者资格的一种处罚。暂扣与吊销也有区别,暂扣是指中止违法者从事某种活动的权利或资格,待其改正违法行为或经过一段期限后,再发还许可证或者执照,恢复其某种权利或者资格。吊销则是为了禁止违法者继续从事某种活动,剥夺其某种权利或者撤销对其某种资格的确认。

6. 行政拘留

行政拘留是指公安机关限制违反治安管理秩序的行为人短期人身自由的一种处罚。行政拘留与刑事拘留不同,前者是公安机关对行政违法行为人所作的行政制裁,后者则是公安机关对犯罪嫌疑人实施的临时剥夺其人身自由的刑事强制措施。行政拘留也不同于司法拘留,后者是人民法院对

妨害诉讼程序的行为人所实施的临时剥夺其人身自由的司法强制措施。行政拘留与行政扣留也有区别,后者是行政机关为保障行政管理活动的顺利进行而依法采取的临时限制行为人的人身自由或保管行为人的物品的行政强制措施。

除上述6种主要处罚形式外,行政处罚法还规定,法律、行政法规可以规定其他种类的行政处罚。

(二)行政处罚的设定

行政处罚包括行政处罚的设定和行政处罚的实施。因此,行政处罚权包括处罚设定权和处罚实施权,行政处罚相关主体首先是指行政处罚的设定主体和实施主体。就行政处罚设定主体制度而言,行政处罚设定权的性质、配置等问题,直接关系到行政处罚设定的合理化和规范化。科学认识行政处罚设定权的性质,对行政处罚设定权作出合理的制度安排,可以为行政处罚法治化建立良好的起点和奠定坚实的基础。

一般来讲,行政处罚的设定,是指有权设定行政处罚的国家机关自行创制行政处罚的活动。行政处罚的设定主要涉及立法权限问题,哪个机关有权设定行政处罚,设定何种行政处罚,不是这个机关自己决定的,而是要按法律的明文规定来判断。下面介绍一下有权设定行政处罚的机关和行政处罚权的权限划分。

1. 有权设定行政处罚的机关

(1)省、自治区、直辖市的人民代表大会及其常务委员会,省会所在城市的人民代表大会及其常务委员会,经国家批准的较大的市的人民代表大会及其常务委员会和经全国人民代表大会授权的特区市的人民代表大会及其常务委员会,主要通过制定地方性法规在规定的范围内设定行政处罚。

(2)国务院各部、委和国务院授权的具有行政处罚权的直属机构,主要通过制定部门规章在规定的范围内设定行政处罚。

(3)省、自治区、直辖市人民政府,省会所在市人民政府,经国务院批准的较大市人民政府和经全国人民代表大会授权的特区市人民政府,主要通过制定地方政府规章在规定的范围内设定行政处罚。

(4)全国人民代表大会及其常务委员会,主要通过制定法律设定行政处罚。

(5)国务院,即中央人民政府,主要通过制定行政法规在规定的范围内设定行政处罚。

2. 行政处罚权设定的权限划分

不仅行政处罚设定权是由专门机关享有的,行政处罚设定权也是有层级划分的,根据《行政处罚法》规定,行政处罚的设定按以下权限划分:

(1)法律可以设定各种行政处罚。限制人身自由的行政处罚,只能由法律设定。

(2)行政法规可以设定除限制人身自由以外的行政处罚。

(3)地方性法规可以设定除限制人身自由、吊销企业营业执照以外的行政处罚。

(4)国务院部、委员会制定的规章可以在法律、行政法规规定的行政处罚行为、种类和幅度的范围内作出具体规定。

(5)尚未制定法律、行政法规的,国务院部、委员会制定的规章对违反行政管理秩序的行为,可以设定警告或者一定数量罚款的行政处罚。罚款限额由国务院规定。国务院可以授权具有行政处罚权的直属机构依照规定,规定行政处罚。省、自治区、直辖市人民政府和省、自治区人民政府所在地的市人民政府以及经国务院批准的较大的市人民政府制定的规章可以在法律、行政法规或者地方性法规规定的行政处罚行为、种类和幅度的范围内作出具体规定。

(6)尚未制定法律、行政法规或者地方性法规的,地方政府规章对违反行政管理秩序的行为,可以设定警告或者一定数量罚款的行政处罚。罚款限额由省、自治区、直辖市人民代表大会常务委员会规定。

与法律、行政法规和地方性法规相比,规章的法律效力是最低的,也是行政管理活动中运用得最广泛的。因此既要发挥规章在设定行政处罚、加强行政管理的作用,又要加以严格限制、防止权力滥用。

根据《行政处罚法》的规定,除了法律、法规和规章以外,其他规范性文件不得设定行政处罚。

四、行政处罚的适用

行政处罚的适用，是指行政处罚的实施主体在对违法案件进行调查核实的基础上，依法决定是否对违法人给予行政处罚，以及如何科处行政处罚的活动。

行政处罚是在特定的行政管理领域内实施的，因而需要符合如下法定条件：

一是行为人实施了行政违法行为。这包括两个要素：(1)违法行为是客观存在的，即行为人已经实施或正在实施违法行为，不能将行为人的主观臆想或者设想当作违法行为；(2)行为人所实施的行为违反了法律、法规或者规章的规定。对违反法律、法规和规章以下的其他规范性文件规定的行为，不应属于违法行为，因而不受行政处罚。

二是行为人具有责任能力。这包含两个方面：(1)被处罚人是行政相对人，包括公民、法人和其他组织；(2)被处罚人是具有责任能力的行为人。换言之，即使构成其他应受处罚的条件，但是未达到法定的责任年龄或不具有法定的辨别能力，也不应给予行政处罚。

《行政处罚法》在第四章中对行政处罚适用的规则做了规定。结合其他法律规范对裁量规则的规定，行政处罚适用规则主要包括以下方面：

1. “应当”处罚与“可以”处罚

(1)“应当”处罚。是指对违法者必然产生处罚或从轻处罚等的结果，即是对行政机关行使行政处罚权的明确规定。在我国现行的法律、行政法规中，“应当”处罚包括：①应当对违法者适用行政处罚；②应当从轻、减轻或不予处罚；③应当从重处罚。

(2)“可以”处罚。是指对违法者或者产生行政处罚。适用的结果，具体表现为可以在处罚与不处罚之间、处罚幅度内、几种处罚方式上进行选择。

2. 从轻、减轻处罚与不予处罚

(1)从轻处罚。是指行政机关在法定的处罚方式和处罚幅度内，对当事人的行政违法行为，根据法定或酌定的从轻情节选择适用较轻的方式或幅度较低的处罚。

(2)减轻处罚。是指行政机关对违法当事人在法定的处罚幅度最低限以下适用行政处罚。

(3)不予处罚。是指因有法律、法规所规定法定事由存在,行政机关对不构成违法行为的当事人,或对某些形式上虽然违法但实质上不应承担违法责任的人,不适用行政处罚。

以上3种方式,在我国《行政处罚法》里均有明文规定,如《行政处罚法》第二十七条规定:"当事人有下列情形之一的,应当依法从轻或者减轻行政处罚:(一)主动消除或者减轻违法行为危害后果的;(二)受他人胁迫有违法行为的;(三)配合行政机关查处违法行为有立功表现的;(四)其他依法从轻或者减轻行政处罚的。违法行为轻微并及时纠正,没有造成危害后果的,不予行政处罚"。

《行政处罚法》还规定:"不满14周岁的人有违法行为的,不予行政处罚;精神病人在不能辨认或者不能控制自己行为时有违法行为的,不予行政处罚;违法行为轻微并及时纠正,没有造成危害后果的,不予行政处罚"。应当注意的是,《行政处罚法》并没有关于"从重处罚"和"免予处罚"的规定。

3. 合并处罚与分别处罚

(1)合并处罚。是指行政机关对行为人一人的数个违法行为,综合相加其每一个违法行为应受到的处罚而作出一个处罚决定。当然,合并处罚采用重罚吸收轻罚,并有上限的限制。

(2)分别处罚。是指行政机关对共同违法当事人共同实施违法行为的,分别确定与其违法行为相应的行政处罚,或者一个违法当事人实施了两个以上违法行为的,分别处罚各个违法行为。

4. 单处与并处

(1)单处。是指行政机关对违法相对人仅适用一种处罚方式。单处可以是对法定的任何一种行政处罚方式的单独适用。在法律、法规没有明确规定可并处的情况下,行政机关一般只应对违法相对方单独适用一项处罚,不能同时适用几项处罚。

(2)并处。是指行政机关对相对方的某一违法行为依法同时适用两种或两种以上的行政处罚形式。并处必须要有法律、法规明确规定的法定条件以及法定情节,否则不能采用并处。

5. 行政处罚不得代替刑事处罚

行政处罚与刑事处罚是有本质区别的,行政处罚不能替代刑事处罚。行政机关在查处行政违法活动过程中,认为行为人的行为已经构成犯罪或者可能构成犯罪的,应及时主动地将案件移送有管辖权的司法机关先行处理,不能越俎代庖。

6. 行政处罚的时效

行政处罚的时效是指对违反行政管理秩序的行为人追究行政责任,予以行政处罚的有效期限。《行政处罚法》第二十九条规定:"违法行为在2年内未被发现的,不再给予行政处罚。法律另有规定的除外。前款规定的期限,从违法行为发生之日起计算;违法行为有连续或者继续状态的,从行为终了之日起计算。"这一规定主要有以下几层含义:

(1)违法行为发生后两年内,对该违法行为有管辖权的行政机关未发现这一行为的,以后就不再对其进行处罚。已经追究的,应撤销行政处罚。

(2)行政处罚的追责时效期限,从违法行为发生之日起计算,即是从违法行为的实施之日或成立之日起计算。违法行为有连续或者继续状态的,从行为终了之日计算。连续状态是指同一违法行为人连续实施两个以上的同类违法行为。继续状态则是指同一违法行为人在一定时间内所实施的处于持续状态的违法行为。对于这两种情况,以违法行为终了之日计算追责时效期限。

(3)对于行政违法行为,行政机关已经立案,而违法行为人故意逃避责任的,则不受行政处罚追责时效期限的限制。

(4)一般来讲,行政处罚案件的追究时效是2年,但并不排除法律对追究时效的特别规定,这也是考虑到行政违法行为的多样性和复杂性。

7. 一事不再罚

《行政处罚法》第二十四条规定:"对当事人的同一个违法行为,不得给予两次以上罚款的行政处罚。”对违法行为不得以同一事实和同一依据，给予两次以上的罚款。一事不再罚体现了过罚相当的原则，也有利于防止不同行政机关为了获得不当利益，重复处罚，有利于保护当事人的合法权益。但“一事不再罚”原则没有考虑到这种重复处罚背后的不重复性。在实施过程中，由于对“一事”的理解不尽相同，造成了执法部门对“一事不再罚”理解的不统一和执行上的困惑。目前，对“一事”的理解主要存在以下 4 种认识：一行为违反一个法律规范，由一个行政主体实施处罚；一行为违反法律规范，由两个以上行政主体实施处罚；一行为违反两个以上法律规范，由一个行政主体实施处罚；一行为违反两个以上法律规范，由两个以上行政主体实施处罚。

为了使一事不再罚在实践中真正得到彻底的贯彻，尽快统一关于这一原则的理解非常必要。

8. 单位违法的处罚适用

单位即法人或其他组织，其违法同自然人一样，也应受到法律制裁。但由于其不同于自然人的特性，行政机关对其适用行政处罚时应当与自然人有所不同。

单位的行政违法行为，是指法人或其他组织的法定代表人、经授权的人员以法人名义并为法人利益而实施的与职务、业务有关的违反行政法律规范的行为。因此，凡以法人名义和为了法人利益，由法人的法定代表人、主管人员、直接责任人员实施的与其职务、业务有关的违法行为，都是法人违法行为。

法人违法的，原则上应适用“两罚”方法，既处罚法人整体，又处罚法人中的负有责任的自然人（主管人员和直接责任人员）。例如，《中华人民共和国海关法行政处罚实施细则》第二十四条规定：“企事业单位、国家机关、社会团体违反海关法规，除处罚单位外，海关还可对其主管人员和直接责任人员分别处以人民币 1 000 元以下的罚款”。

9. 折抵适用

所谓折抵适用是指行政处罚与刑罚适用法律依据的衔接问题。行政处罚与刑罚因分属于不同的法律责任范畴,在原则上可以竞合适用。但是,由于在某些领域,行政违法行为与犯罪行为之间仅仅存在着程度上的差异,因此,在行政处罚与刑罚的处罚上有着衔接性。一般而言,在这些领域,对当事人追究了刑事责任,就不再追究行政责任包括行政处罚责任。因而,已经适用了行政处罚才发现其行为已经构成了犯罪,并且给予刑事处罚的,行政处罚则要折抵相应刑罚责任。我国《行政处罚法》第二十八条对此做了规定:"违法行为构成犯罪,人民法院判处拘役或者有期徒刑时,行政机关已经给予当事人行政拘留的,应当依法折抵相应刑期。违法行为构成犯罪,人民法院判处罚金时,行政机关已经给予当事人罚款的,应当折抵相应罚金"。

第二节 行政强制概述

行政强制制度是行政强制措施和行政强制执行两项制度的合称。《中华人民共和国行政强制法》(草案)把行政强制措施和行政强制执行列为该法调整和规范的两种行为。行政强制一般是指行政主体为实现具体行政行为的内容,或为维护公共利益和公共秩序,预防和制止违法行为和危害事件发生,而实施的强行限制相对人权利的行政行为。

一、行政强制措施概念

行政强制措施是指行政机关为制止、预防违法行为或者在紧急情况下依法采取的对有关对象的人身、财产和行为自由加以暂时性限制,使其保持一定状态的各种方式和手段。行政强制措施具有以下特征:

（1）行政强制措施的目的在于预防、制止或控制危害社会行为的发生。行政强制措施带有明显的预防性和制止性。具体表现为，行政强制措施并非须以当事人违法为前提，它可以针对违法的当事人做出，也可针对合法的当事人做出。如果说行政强制措施与当事人的违法行为有联系，那也只是为了预防或制止违法，而不是制裁违法。

（2）行政强制措施常常是行政机关作出最终处理决定的前奏和准备。很多情况下，是在行政处理决定作出前的调查阶段，为保全证据或保持一定状态而采取的措施。有时则是强制执行的前奏和准备，因此，行政强制措施带有明显的临时性和中间性，其目的是为了保证相关行政决定的顺利作出与实施。如扣押、冻结等，它只是限制当事人对权利的行使，而没有剥夺当事人对权利的拥有。换言之，行政强制措施是对当事人权利的一种限制使用（如扣押财物），而不是对其权利的一种强制处分（如没收财物）。

（3）由于行政强制措施是运用国家机器的力量对个人、组织采取的强力行为，就被执行强制措施的行政相对人而言，行政强制措施对其是不利的，是对当事人权利的一种限制。当行政主体实施某一行政强制措施行为时，被强制人负有容忍和配合的义务；被强制人违反这一容忍义务，将不得不承担更为不利的法律后果。因此，采取行政强制措施必须十分谨慎；行政机关是否有权采取行政强制措施，必须有法律的授权，并严格依照法定程序实施。

（4）行政强制措施是一种具体行政行为，所以它具有可诉性，在法律救济上可适用行政复议和行政诉讼。根据《中华人民共和国行政复议法》第六条规定，对行政机关作出的限制人身自由或者查封、扣押、冻结财产等行政强制措施决定不服的，公民、法人或者其他组织可以依照本法申请行政复议。《中华人民共和国行政诉讼法》第十一条也规定，对限制人身自由或者对财产的查封、扣押、冻结等行政强制措施不服的，人民法院受理公民、法人和其他组织提起的诉讼。因此，行政相对人对行政主体的行政强制措施不服的，可以申请行政复议或提起行政诉讼。

二、行政强制措施分类

行政强制措施作为具体行政行为的一种,与行政执法过程是紧密联系的,是在行政执法过程中可能采取的一类强制性手段,也常常是行政机关作出行政处理决定的前奏和准备。它既可以适用于行政强制执行的场合,以实现已生效的具体行政行为;也可以适用于事态紧急的场合,以制止危害、消除危险;还可以适用于调查、取证或可能对相对人的人身、他人或公共利益造成危害的场合,以保证具体行政行为的做出。场合不同,目标追求的差异,使行政强制措施呈现出不同的形态。

1. 按目的分类

可以把行政强制措施划分为预防性行政强制措施、制止性行政强制措施和保障性行政强制措施。预防性行政强制措施以防止违法行为发生和证据灭失,避免危害发生为目的。制止性行政强制措施以制止正在发生的违法行为、危害事件为目的。保障性行政强制措施以保障行政管理的顺利进行,或者保障后续行政行为的顺利作出和执行为目的。

2. 按内容分类

可以把行政强制措施划分为限制人身权的行政强制措施和限制财产权的行政强制措施。限制人身权的行政强制措施是以限制公民人身自由为内容的行政强制措施。限制财产权的行政强制措施是以限制对财产的使用和处分为内容的行政强制措施。

3. 按内容和形式分类

可以将行政强制措施划分为如下 7 种:(1)对公民人身自由的限制措施;(2)对存款的冻结措施;(3)对生产经营场所或者非法财物的查封措施;(4)对财物的扣押措施;(5)进入或者处置土地、建筑物、住宅的措施;(6)临时紧急征用交通工具或者其他财产的措施;(7)法律规定的其他强制措施。这种分类是基于现行法律、法规规定和现实社会状况进行的,其好处是关注到各种行政强制措施之间的细微差别,以使立法的规范更有针对性和可适用性。

行政强制措施还可以细分为一般的行政强制措施和即时强制两种。两者的主要区别在于:一般行政强制措施在采取措施前,必须先作出行政处理决定,据此才能采取强制措施;但在某些紧急情况下,为了保护公共利益和公民权益,来不及作出决定而立即采取强制措施,此为即时强制。毫无疑问,即时强制必须有法律授权。

三、常见行政强制措施种类

1. 检查措施

强制传唤、强制进入住宅、营业场所、强制检查。

2. 强制保全措施

强制查封、扣押、冻结、变卖。

3. 强制执行措施

强制退还土地、强制收购、划拨、拆除、取缔、销毁、遣送出境。

4. 即时强制

行政机关为阻止犯罪、危害的发生或为避免危险在紧急情况下采取的措施。主要包括约束人身自由,对物品的扣留、使用、处置和限制使用及其条件;对住宅、场所的进入及其条件。公路交通执法行政强制内容见表3-1。

公路交通执法行政强制一览表 **表 3-1**

序号	行政强制行为(强制对象)	行政强制措施	依据(颁发机关、时间、条款项)
1	道路运输经营车辆有超载行为的	安排旅客改乘或者强制卸货	《中华人民共和国道路运输条例》第六十二条
2	对道路运输经营车辆没有营运证又无法当场提供其他有效证明的	暂扣车辆	《中华人民共和国道路运输条例》第六十三条
3	客运经营者违反《道路旅客运输及客运站管理规定》后拒不接受处罚的	暂扣《道路运输证》	《道路旅客运输及客运站管理规定》第八十二条
4	超过公路及公路桥梁的限载标准的车辆	责令车辆停驶	《中华人民共和国公路法》第五十条

续上表

序号	行政强制行为(强制对象)	行政强制措施	依据(颁发机关、时间、条款项)
5	对公路造成较大损害的车辆	责令车辆停驶	《中华人民共和国公路法》第八十五条第二款
6	在公路建筑控制区内修建建筑物、地面构筑物或者擅自埋设管线、电缆等设施	拆除违法建筑或设施	《中华人民共和国公路法》第八十一条
7	在公路用地范围内设置公路标志以外的其他标志	逾期不拆除的,由交通主管部门拆除,有关费用由设置者负担	《中华人民共和国公路法》第七十九条

四、行政强制执行

行政强制执行,是指人民法院或行政机关对不履行行政处理决定义务的公民、法人或其他组织,依法强制其履行义务的行为。

1. 行政强制执行分类

(1)行政强制执行的种类以强制执行机关是否可以请人代替法定义务人履行义务为标准,可将行政强制执行分为间接强制执行与直接强制执行。

(2)以强制执行方式和强度为标准,可分为代履行、执行罚、直接强制三种。

(3)以执行主体为标准,可分为司法机关实施的强制执行和行政机关自行实施的强制执行。

(4)以执行标的为标准,可分为对财产的强制执行,对人身的强制执行和对行为的强制执行;或者说对金钱给付义务的强制执行和对行为义务的强制执行。

2. 行政强制执行种类

(1)间接强制执行

间接强制执行是指执行机关通过间接办法强制法定义务人履行义务的执行方法。又可分为代执行与执行罚两种。

①代执行,通常又称代履行,是指义务人不履行义务而该义务可由他人代为履行时也可达到同样目的,则由他人代为履行,再由义务人支付代为履行的费

用。代执行的方式一般有排除妨碍、强制拆除、恢复原状等3种方式。

《收费公路管理条例》第五十四条规定，收费公路经营管理者未按照国务院交通主管部门规定的技术规范和操作规程进行收费公路养护的，由省、自治区、直辖市人民政府交通主管部门责令改正；拒不改正的，责令停止收费。责令停止收费后30日内仍未履行公路养护义务的，由省、自治区、直辖市人民政府交通主管部门指定其他单位进行养护，养护费用由原收费公路经营管理者承担。《中华人民共和国公路法》也有类似的规定。

②执行罚。是指当义务人不履行法定义务，而该义务又不能为他人代为履行时，行政强制执行机关可通过施加罚款等不利负担以促使其履行义务。执行罚的方式包括加处罚款和收取滞纳金。《行政处罚法》第五十一条明确了加处罚款的情形，当事人到期不缴纳罚款的，每日按罚款数额的百分之三加处罚款。

(2)直接强制执行

直接强制执行是指法定义务人不履行法定义务，在无法采用代执行、执行罚等间接强制手段促使其履行义务的情况下，或因情况紧迫、来不及运用间接强制的方法，行政强制执行机关依法对法定义务人的人身、行为或财产实施直接强制，以迫使其履行义务的执行方法。直接强制执行的方式一般包括强制传唤、强制划拨、强制拍卖、强制许可、强制关闭营业场所、以物折抵、强制履行等。

直接强制可分为人身强制、行为强制和财产强制三种。

①人身强制。如根据《中华人民共和国兵役法》规定，可以对不履行兵役义务的人实行强制履行。根据《中华人民共和国治安管理处罚条例》的规定，可以对受拘留处罚但在限定时间内拒不去拘留所接受处罚的人实行强制拘留。

②行为强制。如根据《中华人民共和国专利法》规定，可以对无正当理由不将所申请的专利转为生产的实行强制许可。

③财产强制。如根据《中华人民共和国税收征收管理法》规定，对逾期不交纳税款的可以从银行强制划拨。

第三节

行政许可概述

一、行政许可概念

行政许可作为一种行政管理制度，是行政机关在管理经济事务和社会事务中的一种事先控制手段，通常称它为“行政审批”。审批的形式多种多样，通过审批，有的得到一个许可证，有的得到一本执照，有的盖上印章或贴上许可标记。因此，行政许可是对各种行政审批活动的一种抽象和概括。它可以定义为：行政机关根据公民、法人和其他组织的申请，经依法审查，准予其从事特定活动的一种行政行为。

事先控制是相对于事后监督管理说的。本来政府对大量的经济活动、社会活动是通过事后监督来实现管理的，不必事先采取一道控制手段。理由是：第一，从事经济活动、社会活动是宪法赋予公民的权利，不得随意加以限制；第二，事先审批管理的成本很高，企业和公民也会增加经营成本；第三，在市场经济的条件下，审批过多，势必挤压人们创新的空间，束缚人们的主动性、积极性，压抑市场的活力。那么，不经许可与需经许可的事务之间的界限在什么地方呢？从各国的经验看，一般说来，需要事先许可的，是事后可能造成难以挽回的严重后果，或者要付出更大代价才能挽回后果的事项。例如，生产炸药和生产药品，不审查生产条件，进行事先控制，人人都见有利可图，不顾安全随意地大量生产，必然出现非常严重、危险的后果。所以，我们的经济、社会生活是离不开行政许可的。关键是行政许可要科学、合理和有效,实现行政管理的最佳效果。

对行政许可的性质,有"解禁说"、"赋权说"、"条件审查说"等,不一而足。这都是立足于一定社会环境和行政管理特点而形成的。

国外自由资本主义早期,政府仅充当"守夜人"角色,对经济活动干预不多,只有少量关系公共安全的事要政府管,如制药、制枪等活动。这些具有危险后果的生产经营活动,对全社会是禁止的,只能经政府审查,对具备生产条件的人,授予许可证,才可解禁,被许可的人即可进行生产和销售。这就是"解禁说"的由来。它是对普遍禁止行为的个别解禁。

进入20世纪,经济和社会生活更加复杂,国际竞争更加激烈,市场机制这只"看不见的手"的自发性所带来的社会和经济矛盾增多,特别是资本主义不正当竞争频繁发生,社会和经济的公害、风险增多,政府为了维护社会、经济的稳定,形成良好的市场经济环境,对经济和社会生活的干预随之增多,对诸多从事社会和经济活动的主体增加事前审查的力度,对符合条件的申请人予以行政许可,使之获得从事生产经营和社会活动的权利。在行政法理论上,有人认为行政许可是一种权力的赋予,本来相对人没有此项权利,只是由于政府的允许,才获得别人没有的特权。

当代社会,一些行政法学家认为,行政许可是解禁与赋权的统一,是一个问题的两个方面。对于获得许可的人来讲,是一种赋权行为;对于未经许可的人来说,是一种禁止和排斥的行为。在法治国家里,公民可以从事各种活动,除非法律有限制。行政许可,正是在某些领域权利与禁止的结合。例如,当医生为人治病,由于医疗工作关系到人们的健康和生命,因而对没有学过医、不懂得医疗技术的人是禁止的;但社会上总需要治病救人的医生,因此,国家对于学过医、具备医师资历的人授予执业医师资格,对于被授予医师资格的人来说,这又是一种赋权。这样理解行政许可,似乎更贴近实际。

二、行政许可法介绍

《中华人民共和国行政许可法》(以下简称《行政许可法》)于2003年8

月27日经第十届全国人大常委会第四次会议通过,2004年7月1日起施行。《行政许可法》是继国家颁发的《中华人民共和国国家赔偿法》、《中华人民共和国行政处罚法》和《中华人民共和国行政复议法》之后又一部规范政府行为的重要法律。

(一)行政许可的定义与性质

行政许可是指行政机关根据公民、法人或其他组织的申请,经依法审查,准予其从事某种行为、确认某种权利、授予某种资格和能力的行为。作为一种行政管理制度,是行政机关在管理经济事务和社会事务中的一种事先控制手段,通常称它为“行政审批”。通过审批,有的得到一个许可证,有的得到一本执照,有的盖上印章或贴上许可标记。

一些行政法学家认为,行政许可是解禁与赋权的统一。对于获得许可的人来讲,是一种赋权行为,如准予驾驶机动车,准予开办会计师事务所,因而有时被称为授益行为;对于未经许可的人来说,是一种禁止和排斥的行为,是对行使某种权利的限制,所有未取得驾驶证者都不得开汽车,未被批准开办会计师事务所者,一律不得开办。

在法治国家里,公民可以从事一切活动,除非法律有禁止。许可正是权利与禁止这两者的结合点。例如,为了维护社会秩序和公共利益,对机动车驾驶必须实行许可制度。开车是一件具有危险性的事情,因此一般人不得开车;但开车又是具有利益性的事情,因而又应该允许开车。为了利用其有利方面,防止损害他人和公共利益的事情发生,国家就需要实行驾驶机动车的许可制度,一般人都禁止开车,但会驾驶汽车、懂得驾驶规则者可以被许可。很显然,对某一事项是否应该设立许可制度,是建立在这样的基础上的:一方面,这一行为具有潜在的危险性;另一方面,又对需要者有利。如果绝对有害,所谓有百害而无一利,就不可能建立许可制度;反之,只有好处,对社会和他人都无不利,完全可以由个人、组织自行决定的,也不可能建立许可制度。许可的这一普遍禁止的性质,使许多国家将此称为管制,日本则称为规制。因此,有利有害,为能达到趋利避害的目的,这才需要设置许可制度。

(二)行政许可的范围与种类

许可是对禁止的解除,这是社会生活所必需的,其原因也是多方面的。有可能是为了维护经济秩序、社会秩序和公共利益,也有可能是由于数量的限制,或者对从事服务行业者要求有特殊的资格等等。从实践看,许可的范围大致包括以下几类:第一,为了社会安全和公共利益,对于直接影响人身健康、生命财产安全的产品的生产、经营、运输等需要实行许可;第二,对数量有限的自然资源或社会资源的开发利用需要实行许可;第三,对自然垄断的行业的准入,需要实行许可;第四,对为公民提供服务、直接影响公共利益,因而要求提供者必须是具备特殊信誉、条件、技能的个人、组织,由此而必须实行许可,等等。

按禁止的严格程度的不同,理论上许可大致可分为特许、一般许可、认可与核准、登记等种类。特许针对那些控制较严,只给少许符合条件者以许可的事项,如某些特别自然资源的开发利用;对公共安全有重大影响的事项;某些带有自然垄断性质的行业的市场准入等。绝大部分许可属于一般许可,并无数量上的限制,只要符合条件就可申请。认可和核准则更加宽松,行政机关的任务只是审查是否符合条件。登记是否可列入许可范围,理论上尚有争论。因为行政机关在这里的任务只是对符合条件者就予备案登记,作出公示,以备检查,对申请材料所反映的事实和权利义务关系的真实性不作实质性审查,由申请登记者自行负责。

根据《行政许可法》的规定,可以设定行政许可事项的范围包括以下几类:

1. 第一类是普通许可事项

即直接涉及国家安全、公共安全、经济宏观调控、生态环境保护以及直接关系人身健康、生命财产安全等特定活动,需要按照法定条件予以批准的事项。主要包括:

(1)危险物品的生产、储存、销售、使用。

(2)新闻出版、广播影视的有关活动。

(3)金融、保险、证券等涉及高度社会信用的行业的市场准入和经营活动。

(4)利用财政资金或者由政府担保的外国政府、国际组织贷款的投资项目和涉及产业布局、需要实施调控的投资项目。

(5)污染防治,环境保护。

(6)直接关系人身健康、生命财产安全的事项。

普通许可需符合3个条件:一是这类事项应当是防范危险、保障安全的事项;二是法律对这类事项没有禁止但都附有条件;三是符合《行政许可法》第十一条、第十三条的要求。

2. 第二类是特许事项

即有限资源开发利用、公共资源配置以及直接关系公共利益的特定行业的市场准入等,需要赋予特定权利的事项。特许需符合两个条件:

(1)这类事项原则上都涉及资源配置。

(2)通常都是有偿的,可以转让。

3. 第三类是认可事项

即提供公众服务并且直接关系公共利益的职业、行业,需要确定具有特殊信誉、特殊条件或者特殊技能等资格、资质的事项,认可需符合5个条件:

(1)为公众提供服务,而不是为个人提供服务。

(2)属于直接关系公共利益的职业、行业,如建筑业、律师、医师。

(3)需要具备特殊信誉、特殊条件或者特殊技能。特殊信誉,是以特殊技能和品德支撑的信誉,如会计师、医师所应具备的信誉;特殊条件是指不同于同类事物或者不同于一般平常情况的条件;特殊技能,指常人所没有而应当经过学习、培训方能取得的技能。

(4)一般可以通过考试来判断与特定身份相联系,不得转让。

(5)符合《行政许可法》第十一条、第十三条的要求。

4. 第四类是核准事项

即直接关系公共安全、人身健康、生命财产安全的重要设备、设施、产品、物品,需要按照技术标准、技术规范,通过检验、检测、检疫等方式进行审定的事项。核准需符合3个条件:

(1)这些设备、设施、产品、物品要按事前公布的技术标准、技术规范来建造、施工,或者生产、提供。

(2)审定的方式是检验、检测、检疫,审定的依据是事前公布的技术标准、技术规范。这里的技术标准、技术规范,是可量、可测,由科学的数据支撑的。

(3)符合《行政许可法》第十一条、第十三条的要求。

5. 第五类是登记事项

即企业或者其他组织的设立等需要确定主体资格的事项。作为行政许可的登记,是指企业或者其他组织未经登记就没有从事某种活动的能力或者资格,如果从事某种活动,即属违法。这种登记的功能是具有证明性的,或者向社会提供某种信息。

6. 第六类是法律、行政法规规定的其他事项

但有些领域是不必由行政机关来直接进行审批的。例如,对某些特殊行业从业者的资格、资质的控制,就可以授权中介组织、行业自律组织来承担。此外,许可是一种事先控制,但许多事情其实完全可以通过事后监督来解决,而不必实施严格的许可制度。

《行政许可法》对不需要设行政许可的事项也作出了规定:

(1)第一类是公民、法人或者其他组织能够自主解决的事项

只要是作为社会成员的个人和组织能够自主解决的问题,都应该留给他们自己去解决,不仅政府不要去干预,自律组织也不可去干预。这应当成为政治文明的一个标准。例如,像招聘保姆、秘书之类的事,无论是单位还是个人,都是完全能处理好的事情,不必政府去管。

(2)第二类是市场竞争机制能够有效解决的

市场竞争机制是解决诸多经济问题的第一选择手段,它公平、迅速而且成本低廉。现在的很多问题,如产品质量问题、信誉低下问题、市场竞争无序问题等,在很大程度上都要靠市场本身的力量来解决。市场竞争可以产生很多机制,如利益机制、信誉机制,这些机制对于维护市场自身运转、解决市场经济中的问题都具有根本意义。

(3)第三类是行业组织或者中介机构能够自律管理的

自律管理是一种来自市场又超越市场的信誉和利益机制。自律管理带有一定的公共性,但这种公共性是建立在自律管理成员共同的利益和自愿的基础上的,其发挥作用的机能是利益和信誉。现行的许多资质、资格的许可,产品质量的许可,核准性的许可,实际上都可以通过行业组织或者中介机构的自律管理来替代。

(4)第四类是采用事后监督等其他行政管理方式能够解决的事项

行政许可作为一种事前监督管理方式,其主观性很强,运作的成本很高。因此,即使需要政府管理的事项,也要先考虑采取事后管理的方式。

参考公路交通行政许可事项,分列如下:

(1)收费公路的收费站设置、收费期限、车辆通行费的收费标准确定与调整审批。

(2)对确需行驶公路的超限运输车辆审批。

(3)国道(国道以外其他公路备案)收费权转让审批。

(4)特殊占用、挖掘、使用公路,公路用地行为审批。

(5)国际道路运输(旅客运输、货物运输)许可、外国国际道路运输企业设立常驻代表机构许可。

(6)道路运输经营许可。

(7)道路旅客运输线路审批。

(8)外商投资道路运输企业立项审批。

三、行政许可的基本原则

1. 法定原则

由于许可制度直接关系公民、法人和其他组织的权利,因此,许可的设定、实施机关的权限和义务、获得许可的条件和程序等，都必须由法律规定①。如法律可以设定行政许可。在法律没有设置行政许可的情况下，由行政法规设定；地方因地方特殊情况需要设置行政许可的，可由地方性法规设置。规章一般无设定权，确有必要设定行政许可的，省、自治区、直辖市人民政府规章可以设定临时性的行政许可。临时性的行政许可实施满一年需要继续实施的，应当提请本级人民代表大会及其常务委员会制定地方性法规。

2. 公开、透明原则

许可的设定过程，设定许可的法律文件，许可的条件、程序，都必须公开、透明。

3. 公正、公平原则

设定和实施许可，必须平等对待同等条件的个人和组织，不得歧视。

4. 便民、效率原则

行政机关在实施行政许可的过程中，应当减少环节、降低成本，提高办事效率，提供优质服务，方便人民群众。

5. 救济原则

公民、法人或者其他组织对行政机关实施行政许可，享有陈述权、申辩权；有权依法申请行政复议或者提起行政诉讼；其合法权益因行政机关违法实施行政许可受到损害的，有权依法要求赔偿。

6. 信赖保护原则

即行政管理相对人基于对行政机关信赖所作的行为，应得到行政机关的保护，这一原则尤其适用于行政机关的"授益行为"。行政机关不得随意

---

① 2008年9月3日，河南省漯河市郾城区裴城镇以裴政[2008]37号文件规定，农户承包地砍伐或焚烧秸秆1亩(约$667m^2$)以下的对该农户罚款300元，超过1亩(约$667m^2$)的每亩罚款500元。确需砍伐的农户按要求办理"玉米秸秆砍伐证"。这令人想起2007年河北省成安县委(2007)18号文件，该文件也规定，放倒、撂倒玉米秸秆的农户需持有成安县秸秆还田和禁烧指挥部统一印制的《秸秆放倒证》，否则，按影响农机统一作业论处。《行政许可法》第十七条规定，只有法律、行政法规和省级地方法规才有权设定行政许可，其他规范性文件一律不得设定行政许可。无论成安县委县政府还是裴城镇，显然都不具有设定行政许可的权力，"玉米秸秆砍伐证"无疑是典型的滥设行政许可。

变更或撤销许可。因公共利益的需要,必须撤销或变更许可的,行政机关应负责补偿损失。例如,公民投资某一项目,已得到批准,但后来行政机关出于某种公共利益的考虑,要撤销许可,就必须承担补偿责任。补偿不能低于公民的原投入。这也是贯彻谁批准、谁负责的最好措施。

7. 监督与责任原则

谁许可,谁监督,谁负责。许可要与行政机关的利益脱钩,与责任挂钩。行政机关不履行监督责任或监督不力,甚至滥用职权、以权谋私的,都必须承担法律责任。

四、行政许可的程序

程序是许可制度中最重要的组成部分之一。程序对提高行政效率、保护公民的权利以至促进经济发展至关重要。由于许可种类的不同,需要设置不同的程序,法律可以作出不同的规定。同时,在行政许可法中也不可能详细列出所有的程序,只能规定一些主要的必经程序,具体程序应由单行法规定。设置许可程序时必须注意以下问题。

1. 一项许可只能由一个机关审批

从机关内部而言,内部处室无权对外,一个部门只能一个窗口对外;从一级政府而言,各部门是该政府设置的职能部门,实际上都是代表该级政府行使权力,因此,即使一项许可涉及几个部门,也应由一个主管部门审批。部门之间需要协调的,由主管部门自行协调,这也是国际通例。必须坚决克服内部程序外部化的弊病。

2. 听取意见

法律、法规在设定涉及公共利益或公民重大权益的许可制度时,应该公开征求意见,举行座谈会、听证会、论证会;对涉及公民重大权益的许可申请,行政机关在作出否定决定前的适当时间内,申请人有要求听证的权利。除听证会外,在许可过程中作出任何不利于当事人的决定,都应说明理由,听取对方的陈述和申辩。在听取意见程序中,除听取当事人的意见外,还要特别注意听取有利害关系的第三人的意见。

3. 条件公开

通过多种途径,公布每项许可的具体条件,包括行政许可的收费标准。行政许可法要对许可收费作出原则规定:一般许可只收证照成本费;有特别支出的,由单行法律在设定许可的同时作出具体规定,如技术鉴定的费用。收费统一上缴国库,不得以任何借口返还。不能使许可制度成为国家机关经营获利的手段。

4. 时限、受理、通知等基本程序

法律应当规定行政机关受理、审批许可的一般期限和特别期限;申请人递交材料后,应登记在册并出具收据;受理、审批决定、暂扣许可证或撤销许可决定,都必须送达当事人,在确实无法送达时,公告送达。

第四章

行政执法的原则与理念

本章摘要

在行政体制还处在改革之中，行政执法的诸多问题还没有完全解决的情况下，应当特别强调对行政执法具有普遍意义的两项原则：即合法性原则和合理性原则。合法性原则中的“法”不仅包括成文的法律规范本身，还应包括高于法律规范的法律原则和法律精神。违反合法性原则将导致行政违法，违反行政合理性原则将导致行政不当。执法过程应该体现和尊崇“服务”、“人权”、“法治”、“责任”等现代执法理念。当前行政执法中存在的一些问题与现代执法理念的缺乏不无关系。

第一节

行政执法的基本原则

“原则”一词来自拉丁文，其语义是“开始、起源、基础、原理、要素”等。现代汉语中是指“观察和处理问题的准则”。行政执法的基本原则，是指行政主体在行政执法过程中必须遵守的，贯穿于行政执法全过程中，对行政执法活动具有普遍指导意义的根本性准则。

对于行政执法的基本原则，行政法学界和实践中有不同的概括和归纳。有“四项原则”——法治原则、合理性原则、公平原则、效率原则；有“五项原则”——公平公正原则、合目的原则、比例原则、平衡原则、公众参与原则；有“六项原则”——合法性原则、合理性原则、正当程序原则、效率原则、诚实守信原则、责任原则。尽管表述不同，但在合法性原则和合理性原则的认识上是一致的。根据我国的行政法的状况，应当特别强调对行政执法具有普遍意义的两项原则：即合法性原则和合理性原则。其中，合法性原则是主要原则，合理性原则是补充原则①。

一、合法性原则

“法律支配权力”是合法性原则的核心特征之所在。所谓“法”是指由国家制定或者认可，由国家强制力保障实施，调节人们行为的社会规范的总

① 参见肖金明：《论行政合理性》，《中国行政管理》，2000年第4期。

和。合法性原则中的“法”应当包括宪法、法律、法规、规章。《中华人民共和国行政诉讼法》第五十二条、第五十三条规定，人民法院审理行政案件，以法律、行政法规和地方性法规为依据，参照行政规章。当然，行政规章必须符合法律、法规的规定；否则，不能作为行政执法的依据。

此外，合法性原则中的“法”不仅包括成文的法律规范本身，还应包括高于法律规范的法律原则和法律精神。由于历史和文化等方面的原因，“法就是成文法的条文”的观念在社会成员中根深蒂固，以至于在绝大多数执法人员的心目中只有法律条文，没有法律精神，除了成文的法律条文外，其他没有任何规则可以成为权力行使的依据，执法人员都变成了适用法律的机器①。但弥补成文法的局限性不能指望成文法本身的完善。无论立法者的立法技术多么高超，成文法中的局限性则是永远存在的。法律原则和法律精神不仅可以指引人们如何正确地适用法律规则，而且在没有相应法律规则或者法律规则规定有漏洞时，可以替代规则或者填补立法漏洞而被直接适用。所以，行政执法行为不仅不得与法律明文规定相抵触，而且也不得违反法律的原则或精神。德国的拉德布鲁赫在其经典短文“五分钟法哲学”中指出：“也有一些法的基本原则，它们的效力比任何法律规则更强而有力，以至于，一项法律，若与它们相矛盾，就变得无效”。

合法性原则包含职权法定原则、依据法律原则、法律保留原则、法律优位原则，主要内容包括：

第一，行政执法权由法律设定并依法授予，并在法律授权范围内行使，即职权法定。凡是法律没有授予的权力，行政执法机关一概无权行使；否则就是超越职权或滥用权力，越权无效。同时，法律、法规也规定了行政机关在行使行政职权时必须承担的法定职责，行政机关既不能放弃，也不能违

---

① 南阳市公安局的网警在南阳市民任超奇的电脑里发现了他复制下载的一部淫秽视频，依据公安部《计算机信息网络国际联网安全保护管理办法》对任超奇“警告并处1900元罚款。《东方今报》报道后，网民质疑声四起。新浪网的调查显示96.52%认为“此人并没有非法传播、聚众观看淫秽视频，影响不大，如此处罚显然过重”。面对众多网民的质疑，网警的说法是“法律怎么规定，我们就怎么执行。我们按法律执行，如果说错，那也不是我们的事。”最终，南阳市公安局退还了罚款。

反;否则,就是不作为,应当承担相应的法律责任。

第二,行政执法行为依照和遵守法律规范。首先,一切行政执法行为都要有明确的法律依据,只能在法律规定的情况下做出。其次,法律没规定的就不得做出,即"法无明文规定不得为之"。同时,行政执法机关在适用法律、法规、规章时,必须遵循法律优先原则。若是法律、法规、规章均对某事项做了规定,法规、规章与法律不一致的,适用的顺序依次是法律、法规、规章。

第三,在没有法律、法规、规章规定的情形下,不得作出损害公民、法人和其他组织合法权益或者增加公民、法人和其他组织义务的决定,这是法律保留原则的基本要求。合法性原则是现代法治国家的一条最基本的原则,目前,全国大部分省级行政执法部门已根据国务院的要求完成了行政执法依据、执法主体和执法权限的清理工作,开列"执法权力清单"并通过政府网站向全社会公布。行政执法的主体、依据和权限是合法性原则的基本要求,开列"执法权力清单"对于行政执法的意义显而易见。

二、合理性原则

为什么要将合理性原则作为行政执法的基本原则呢?主要是因为行政自由裁量权的广泛存在与合理运行,以及克服成文法局限性的现实要求①。

对所有的行政执法活动,都以细微稹密的法律规范予以规定是不可能的,因为,几乎所有的法律中都包含着自由裁量的因素。如果行政执法不具备自由裁量的权力,则不能实现法律的最佳效果。法律授予执法人员的自由裁量权力,实际上意味着行政执法人员可以将自己的判断作出行政执法行为。这似乎带有人治的色彩,有违法治精神。其实不然,因为这里的"判断"不是行政执法人员的任意性"判断",而是限制性"判断",这种"判断"

① 参见罗豪才:《行政法学》,北京大学出版社,1996 年版。

不能突破法定范围和幅度,也不能违背立法目的、法理或法的精神[①]。虽然行政执法主体在法定范围或幅度内行使自由裁量权不会产生违法问题,但存在一个是否合理的问题。也就是说,违反合法性原则将导致行政违法,违反行政合理原则将导致行政不当。正如警察为了减少雾天高速公路上的交通事故而关闭高速公路,虽可达到减少交通事故的目的,但动辄关闭高速公路的后果会导致更加严重的交通问题,这种行政执法行为就违反了合理性原则。

在探究合理性原则时,经常遇到情理、习惯、惯例、社会公德、正当考虑、动机无私、立法意图、法理、法治理念、公正、公平、平等对待、必要性、比例、平衡等概念。有的人以道德规范作为判断合理的标准,认为只要符合道德规范,就是合理;有的人以多数人认同作为判断合理的标准,认为只要多数人赞同,就是合理;有的人以政策作为判断合理的标准,认为只要符合政策,就是合理。上述看法从某种意义上都有一定道理,但又不符合合理性原则的科学涵义。在实际上,很难对合理性作出完整的界定。

国务院《全面推进依法行政实施纲要》中,就把合理性原则概括为以下内容[②]:

(1)行使自由裁量行为须在正当考虑的基础上,必须考虑一切应当考虑的因素,尤其是法律、法规、规章明示或者默示的要求行政机关考虑的因素更要考虑,尽可能排除一切不合理因素的干扰,做到同等情况同等对待、不同情况区别对待。平等对待相对人并非意味着不分情况、不管差异、一律相同。在贫困这种状况一时难以根本消除的背景下,应当充分关注一些社会弱势群体不利的社会处境,并给予必要的区别对待,给予特殊优待和保护。

(2)行使自由裁量权应当符合法律目的。任何法律、法规、规章在授予行政机关自由裁量权时都有其内在的目的:第一,行政自由裁量行为符合社会公共利益;第二,行政自由裁量行为符合法律规定的特定目的;第三,行政

① 参见肖金明:《论行政合理性》,《中国行政管理》,2000 年第 4 期。

② 参见《全面推进依法行政实施纲要》(国发[2004]10 号文件)。

自由裁量行为出于善良的动机，而不是不良行政。例如，行政处罚法设定的处罚本质上是促使相对人遵守法律的一种手段，处罚本身不是目的。但在实践中，对于当事人经教育自觉改正违法行为，履行法定义务的，一些行政执法机关仍然坚持可罚可不罚的必罚，能多罚的就多罚。这显然是一种违背法律目的、滥用自由裁量权的行为。

(3)行使自由裁量权采取的措施和手段应当必要、适当、合乎情理。行政执法机关即便是依照法律可以限制相对人的合法权益，设定相对人的义务，也应当使相对人所受的损失保持在最小范围和最低程度。这就要求行政执法机关在行使自由裁量权时所采取的措施和手段必须是最轻微的，不到万不得已时，不得采取激烈手段。另外，行政执法机关在作出行政行为时，面对多种可能选择的手段时，对手段的选择应按照目的加以衡量，不能为了自身的管理方便而不顾当事人的权益，应当尽量避免采用损害当事人权益的方式。任何行政措施所造成的损害应当轻于达成行政目的所获得的利益。例如，郑州市交通部门对一辆没有缴交通规费的小吊车作出征收49万元滞纳金处理的决定，这些滞纳金利率约是当年银行利率的507倍，比税收万分之五滞纳金高出20倍①。即使将这部车辆拍卖，也难以补足这部车辆的欠费。很显然，对相对人征收巨额滞纳金，远远超出相对人的履行能力，这就是执法内容不适当。

---

① 2006年7月21日，郑州市交通部门查获一辆车牌为豫A×××××的小吊车超过报废期限，并且在1992年购车后从来没有缴过任何交通规费。稽查人员根据征稽标准计算，这辆吊车从2003年2月1日至被查扣之日，应缴纳养路费本金59 040元、滞纳金389 894元、罚款177 120元，还应交客货附加费本金22 960元、滞纳金75 813元以及运管费本金7 872元、滞纳金25 993元、罚款1 000元，共计约76万元。

第二节
行政执法理念

理念,英文为 idea,意为一种理想的、永恒的、精神性的普遍型。最新出版的中国大百科全书也有关于"理念"的解释。所谓"理念",就是原理和信念或价值观。一种制度在构建和设计中内在的指导思想、原则和哲学基础,即这种制度的理念;它是一系列价值选择的结果,指向某种特定的目标。

正如有学者所言:"中国现代法治不可能只是一套细密的文字法规加一套严格的司法体系,不仅仅是几位熟悉法律理论或外国法律的学者、专家的设计和规划,或全国人大常委会的立法规划。"①执法过程也并非一个简单的落实和执行法律的过程,它"可以视为一个由权限、权力与权力关系以及多项因素综合作用的过程,它也可以看作一个摆正权力与法律、权力与权利关系以及同等看待实体与程序、合法与合理的过程"②在这个过程,应该体现和尊崇"服务"、"人权"、"法治"、"责任"等现代执法理念。

一、公共服务理念

1. 公共服务

公共服务(public services)并不是一个新概念。2004 年 2 月,温家宝总理在中央党校省部级主要领导干部研究班结业式的讲话中作了精辟概括:

① 参见苏力:《苏力、变法、法治及其本土资源》[M]. 北京:中国政法大学出版社,1996。

② 参见肖全明:《关于政府立法品位和行政执法错位的思考》[J]. 法学,1999,(9)。

"公共服务就是提供公共产品和服务，包括加强城乡公共设施建设，发展社会就业、社会保障服务和教育、科技、文化、卫生、体育等公共事业，发布公共信息等，为社会公众生活和参与社会经济、政治、文化活动提供保障和创造条件"。

2005年初新修订的《国务院工作规则》提出："国务院及各部门要加快政府职能转变，全面履行经济调节、市场监管、社会管理和公共服务职能。"可见，公共服务是政府的核心职能之一。所谓公共服务就是指政府机关及其工作人员满足社会公共需要、提供公共产品时的劳务行为的总称。简单地说，公共服务就是政府提供公共产品，为人民服务①。

公共产品是与私人产品相对而言的，是可以被社会公众共享，用于满足社会公共消费需要的产品。我们知道，需要是人类维持生命、延续种族而产生的一种必然要求。美国心理学家马斯洛(A. H. Maslow)把人的需要分为5个层次，既有生存和安全需要，也有爱与归属的、尊重的和自我实现的需要。为了满足需要，每个人都要消费特定的产品或者服务。例如，安全需要，可以通过自己加强身体锻炼，提高警惕；买锁买防盗门；自费雇佣保镖；小区集体雇佣保安；国家制定法律和建立警察队伍来满足。交通安全服务也是一样的。国家根据实际情况制定交通法规，每个人可以自我约束遵守交通法规，同时也可以劝告其他公民遵守交通法规，最后是公民纳税建立交通警察队伍，维护交通秩序。在社会中，有些需要是可以通过市场交换和自我服务来实现的，如锻炼身体、买锁买防盗门和自费雇佣保镖等，有些则无法通过市场和自我服务来实现，如制定法律和建立警察队伍等。这就需要人们把自己的一部分权力让渡给政府，通过向政府纳税、付费等形式，从原本的市场交换和自我服务转换为让政府提供服务。从理论上讲，公共产品的非竞争性和非排他性特征决定了不能通过市场进行分配，而只能由政府来提供②。

---

① 参见王郅强，靳江好：中国行政管理学会2004年会暨"政府社会管理和公共服务改革"理论研讨会综述会议发言。

② 参见毛寿龙：《交通协管员与公共管理的基本原则》，《中国改革》，2005年9期。

公共产品的范围十分广泛。有人们看得见、摸得着的物质产品,如城市公共交通设施、公共建筑、公共道路、广播、电视等;也有非物质形态的劳务产品,如国防、司法、治安、城市规划、环境保护、天气预报、科学研究等,甚至连政府制定的各种计量标准以及规范的科学术语、文字等,也属于公共产品的范围。此外,随着经济发展水平越高,个人对公共产品的需求比例也会增大。例如,城市化使消防和垃圾处理由私人产品变成了公共产品,人们由步行改乘汽车就需要得到道路和交通安全服务等一系列的公共服务支持。

2. 公共服务的内涵

在新公共管理中,政府不再是凌驾于社会之上的、封闭的官僚机构,而是负有责任的"企业家",公民则是"顾客"或"客户"。政府服务应该以顾客要求或市场为导向。以顾客或市场为服务导向,就是公共服务提供从政府本位、官本位向社会本位、民本位转变的一个根本思路选择,也是政府与社会之间正确关系的体现。

公共服务的核心观点是:服务而非掌舵;公共利益是目标而非副产品;战略地思考,民主地行动;服务于公民而不是顾客;责任并不是单一的;重视人而不只是生产率和超越企业家身份,重视公民权和公共服务。公共服务的内涵因国家、地区不同而有所变化。概括而言,该理论的核心价值理念在于,政府应把政策制定同服务提供分开,奉行服务理念,强调在民主对话、沟通协商基础上的政府与社区、民众的合作互动。

经合组织最新出版物《负责任的政府》(1996)对政府提供的服务作了具体的质量规定:(1)让公民或企业参与决定政府应该提供什么水准、什么类型的服务,或者征求他们对这方面的意见;(2)告诉公民或企业,政府将提供什么水准、什么类型的服务;(3)公民或企业能够合理地期待得到这种水准的服务;(4)如果不想提供适当水准的服务,公民或企业就有权利申诉并要求赔偿;(5)提供服务的办事机构应该建立服务质量目标体系,并且对照目标向公众汇报服务结果。

3. 公共服务理念的含义

邓小平曾深刻指出,"管理就是服务"。在当今世界,"公共服务"理念逐渐取代了传统意义上的"统治"理念,使公共服务成为21世纪政府管理的核心理念,它将政府置于为公众提供服务的供应者的角色地位,要求公务员由"统治者"转为"服务者",增强服务意识、公共责任感;提倡公民至上原则,满足公众的要求和愿望,要求政府提供回应性服务,提高服务质量,从而区别于以往政府居高临下,行使行政权力、要公众服从的命令式形象。

虽然在我国一直将人民和政府的关系称之为"主仆关系"(这种关系实际上不是一种平等关系,但它至今尚停留在政治层面,"主人"(人民)实际上不能或难以对"仆人"(政府)进行有效的制约监督或惩戒;"仆人"也少有在"主人"面前诚惶诚恐的心理反应)。由于历史文化的惯性影响,在某时某地某事等方面,"主仆关系"实际上往往是颠倒的。无论行政执法部门还是执法人员,服务态度差,"门难进,脸难看,事难办"以及乱收费、乱罚款、乱摊派等行政私化现象普遍存在①。之所以如此,主要是公共服务理念并未引起一些行政执法部门的足够重视,一些执法人员没有完全确立"公共服务"的观念,执法普遍存在着"官贵民贱"、"权力崇拜"、"权利合一"等官本位观念,通常以"管人者"自居,自觉不自觉地将公众作为对立面,以致执法出现了偏差。此外,这种偏差的另一个表现形式是"110"买好热面包和牛奶送到"求助者"家中以及帮"求助者"换液化气②等。

从政治学角度理解,国家是一个契约,签约双方就是政府与公民,他们之间是一种平等的政治关系。政府的一切权力来自公民之间的契约,来自公民的直接或间接授权。虽然人民授权的具体方式和过程在不同的国家政府体制有所不同,但这不影响它们的本质。《中华人民共和国宪法》第二条明确规定:"中华人民共和国的一切权力属于人民。"自然行政

---

① 参见杨鸿台:《法治政府、责任政府、服务政府及其与政府职能转变的关系研究》,《政府法制研究》,2005年第8期。

② 2001年1月3日清晨,武汉青山区武钢一职工张某打了一晚上麻将,早上懒得起床,又饿得慌。张以"头天晚上加班晚了"为由,打110要求民警代买早点。虽然要求离谱,派出所接警民警还是给他买了牛奶和热干面送去。这种情况在110报警台并不少见:有要求帮忙换液化气的,还有人在卫生间打110要求送手纸的。当2008年1月10日《武汉晨报》报道了这事以后,人们开始思考:买早点、换液化气等纯粹的"私事"能否有劳警察?警察为张某代买早点的经费支出能否由公共负担?能否用纳税人的钱?"110"承诺的政治观念与公共行政理念是否存在不协调?

权力也属于人民。既然权力者手中的权力是人民赋予的，那么当然应该为全体人民提供热情、周到而富有效率的服务，这是政府履行公共服务职能的必然要求。

从经济学的角度讲，政府向公民提供公共产品和公共服务，公民向政府缴纳税收。这里，税收既是政府提供公共服务所获得的报酬[①]，也是公民购买政府服务的价格，二者之间应当是服务与被服务的关系，不存在着自上而下的、单方面的“恩赐”。公民之所以纳税，是期望能从政府那里得到相应的回报，包括以服务对象的身份获得政府提供的良好服务。就政府而言，它在获得公民的政治和经济支持的同时，必须按要求提供令后者满意的服务。如果政府不能要求提供人民所需的服务，就难以得到社会的认同。为保障公共安全、保护公共利益、维护社会公平提供服务正是政府存在的价值与理由。

在现阶段，倡导公共服务理念，确立和规范政府和公众的平等关系，对推行服务行政具有特别重要的现实意义[②]。

公共服务理念表现为公共服务的价值取向由管理本位、政府本位向社会本位、公民本位的方向转变，政府角色由传统经济条件下的监督者、控制者向为公民提供公共产品的服务者转变[③]，公共服务以公众意愿作为第一价值取向，以公众满意度为评价标准，根据公民的需求而不是政府自己的需

---

① 温家宝总理向部队下达汶川地震救援指示时说“是人民在养你们，你们自己看着办。”对此，《新民晚报》2008 年 6 月 18 日评论说，“这是新中国最高层领导人第一次清晰而高调地表达政权与人民之间的契约关系”。

② 据 2007 年 2 月 13 日《信息时报》报道：一名男子因未带驾驶证在广州市黄沙大道往多宝路路口处被交警扣车，该男子因急着赶火车回湖北过年，情急之下，当街下跪恳求交警通融，引来无数过往行人围观和议论。最终民警经过请示协商，仍决定对万某按章处罚，并拖走了该男子驾驶的小货车。另据《内蒙古晨报》2002 年 06 月 13 日报道，2002 年 5 月 24 日下午 1 时许，包头东河区的一处交叉路严重堵塞，交通刹那间瘫痪，现场交警温永胜一人在场，左劝右说不顶用后，焦急万分的温永胜一下子给群众跪了下去，从而感动了在场的群众。反对者认为“下跪有损交警尊严”，赞同者包括温永胜在内则认为“对人民下跪，就是对父母下跪，不算什么。”“下跪”这一现象反映了政府和公众之间“扭曲”的关系。

③ 参见陈先春：《论市场经济条件下中国政府公共服务理念的变革》，《决策与信息》，2004 年 11 期。

求来提供公共服务。近年来,一些执法部门按照中央政府的要求,纷纷推出了一系列便民措施,这也使行政人员的服务意识更加明确。特别是在电子政务的推动下,公共产品与服务的提供正朝“单一窗口”、“跨机关”、“24小时”、“自助式”服务的方向发展。公民不需要走进政府机关即可获取丰富的信息;公民只需在一个机关办事,任何问题皆可随问随答,所办事情立等可取;若公民申办事情涉及多个机关,则政府机关可在一处办理,全程服务;公民无需进入政府机关,即可经过电脑网络申办。

二、法治理念

1. 法治的概念

“法治”(the rule of law)的概念来源于西方社会。关于法治,不同历史时期、不同国家、不同学者有不同的看法:有的把法治界定为一种治国方法,有的把其说明为法制的理想状态;有的把其作为法律运行的原则;有的把其视之为法律制度的价值准则。古希腊著名学者亚里士多德在其名著《政治学》中提出:“我们应该注意到邦国虽有良法,要是人民不能全部遵守,仍然不能实现法治。法治应该包含两重意义:已成立的法律获得普遍的服从,而大家所服从的法律又应该本身是制订得良好的法律。”按照德国《布洛克豪斯百科全书》(第15卷)的解释,现代法治具有以下几个基本要素:首先,法律是用来限制国家权力的;其次,法律是用来保护民众权利的;再次,法律是行政机关的行为准则。由此看来,法治的核心就是“治”政府,通过法律遏制政府权力,政府必须受到法律的控制。不仅要求公众守法,更要求政府自己秉公守法。

从中国目前的情况来看,政府和公众对于法治的理解和期待并不一样。有的更多地将其理解为“治民”,强调公民要遵守法律。有的则把“法治”理解为限制政府的权力,保护公民的个人权利。一些执法机构及执法人员则更是把“法”作为一种管理的工具和执法的手段,以权代法、以言代法,超越法定职权行政,违反法定程序行政,滥用自由裁量权等现象仍然存在。

2. 法治理念

从字面上看，法治就是“法律的统治”。它不但是一种制度，而且是一种理念，即是人们对于法律普遍具有的一种尊崇敬仰的意识和观念。仅仅拥有完备的法律制度是不能构成一个国家的法治的。在法治化的过程中，物质的、技术性的法律制度是法治的“硬件”系统，要有与之相适应的精神、意识和观念，即法治的“软件”系统。只有物质的、制度化的“硬件”系统而缺乏相应的精神意识、观念和情感等“软件”系统支持的所谓“法治”，不是真正的法治。人的观念和精神直接影响着法治的水平和效应。曾担任过英国首席大法官的哲学家弗兰西斯科·培根认为，再好的法律，如果让拙劣的法官去执行，它也会变得一文不值；相反，即便是法律不健全、不完美，让优秀的法官依据法律的原则或精神并本着自己的良知去断案，同样可以作出公正的判决。宋代王安石在《度支副使厅壁题名记》中也提到，“守天下之法者，吏也”，“吏不良，则有法而莫守。”从这个意义上说，法治也是“吏治”。法律能否体现社会公正并切实发挥作用，很大程度上取决于行政机关及其工作人员的执法行为，而决定行为的又是人的思想观念。因此，行政机关及其工作人员是否具有法治理念，笃信法治，是能否实现法治的关键。只有政府及其工作人员尊重、服从和遵守法律，公民才可能信仰法律；反之，则会摧毁公民对法律的信念。正如有的学者指出，“政府守法从一定意义上关系着法律至上观念的成败。因为完全缺乏对法律的经验，人们尚可以相信法律的价值及其作用，保留对法律的期盼，若是一种恶劣的政府都不守法的法律经验，将会从根本上摧毁关于法律的信念，甚至使人丧失对法律的信心，更不必说法律至上观念[①]”。

法治理念的基本内涵与精神体现在法律制度和具体的法律规范之中，体现和贯彻实施于行政执法活动之中。作为一个与人治相对应的概念，法律最高和政府权力要受法律限制与约束是它最基本的理念。全国人大法律委员会委员徐显明认为，要建设社会主义法治国家，必须有一系列和它相适

① 参见:《论中国法治化的观念基础》,《中国法学》,1997 年第 5 期。

应的理念:一是善法恶法标准理念。法治国家的法律一定是善法,法治一定是善法之治。恶法,非法也,不可能催生法治。二是法律至上理念。如果一个国家能够找到的最终权威不是法律,而是一个机关或一个人,那么这个国家一定不是法治国家。三是法的统治理念。法治和人治是水火不容的,有人治便没有法治,实行法治就要排除人治①。以下对三个理念作具体的阐述:

一是法律至上的理念。这是法治的核心理念。即一切个人和机构在法律之下一律平等,没有任何一个人或机构可以高于法律。一切权力都必须受到宪法和法律的规范与约束,任何组织和个人都没有超越宪法和法律的特权。政府和公民均须受到法律的平等约束,不仅公民要守法,政府更要守法。"法律至上"表达了人对法律的态度,表明了法律在人们心目中的优先效力或最高地位以及人们对法律的遵从关系。"法律至上"并不意味着自然消除现实的权力生活中法律与人情、金钱、权力等诸因素的较量,也不回避法律与其他规范包括政策规范的比较,恰恰是在法律与人情、金钱、权力、政策作对比时,人们更看高和看重法律。法律在人们心目中的位置是法律在现实生活中的地位与作用的反映,是社会的法治化程度的体现②。

二是法的统治(rule of law)的理念。这是法治的本质。"法的统治"说明了法律与行政的关系,其意义可以浓缩为法律对政府拥有绝对权威,政府的权力行动符合法律要求,无法律即无行政。"法的统治"包含了以下要求:(1)法律是权力合法化的唯一根据,行政权力只能来自法律,没有法律就没有行政。政府不能自行创设权力,规范性的行政文件只能作为内部运作规则,不得对外部发挥效力。(2)行政权的行使都必须有充分的法律依据。没有法律依据,政府不能作为。与此相反,没有法律禁止,公民可以自由作为。(3)没有法律依据,不得使人民承担义务或免除特定人应负的义务,不得侵害人民的权利或为特定人设定权利。涉及公民基本权利义务的事项应由法律规定(法律保留),行政不得取代法律。(4)在法律允许行政

---

① 参见徐显明:《论"法治"构成要件》,《法学研究》第18卷第3期。

② 参见肖金明:《法治行政基本理念》,中国公法评论网。

机关作出自由裁量的情况下,自由裁量必须出于正当的行政目的,必须讲求诚实信用,必须遵循正当程序,必须平等对待,必须行为适度,不得超过法律规定的范围和界限。(5)行政机关有违法或不当行为,对公民、法人和其他组织的合法权益造成损害的,当事人有权申请复议或直接向人民法院起诉,通过法定程序纠正其违法或不当行为,并对造成的损害予以行政赔偿。

三是善法理念。法律必须符合正义原则,它是良法而不是恶法。一切法律必须以保护人类固有的权利为目的,否则法律只会成为专制统治的工具,同法治的目的背道而驰。从某种意义上说,立法的目的就是确立并表达公民的各项权利,行政的目的就是落实公民的各项权利,司法的目的就是补偿和救济公民的权利。以往我们对法治的理解,大多停留在有法可依、有法必依、执法必严、违法必究的基础上,但是随着公民法律意识和权利意识的觉醒,人们逐渐认识到仅有这些是不够的。公正立法是法治的前提,错误或不适当的立法本身就违背了法治精神。概括起来,善法标准包括:(1)法律必须公开,为公众知晓。(2)法律必须是普遍的,法律不能是针对一些人特别制定,必须是对所有的人同等适用。(3)法律必须是可预期的,法律的制定和实施都必须依据事先公开的、制度化的程序规则,法律不能溯及既往。(4)法律必须是明确的,必须能为公众所认知和理解,不能模糊不清。(5)法律必须没有内在矛盾,不仅同一法律内部不能自相矛盾,不同法律之间也不能互相矛盾。(6)法律必须合乎情理,切实可行,不能要求公民去做他们做不到的事情。(7)法律应当保持相对的稳定,规则变更过快,公民便难以学习和遵守。

三、"以人为本"理念

1."以人为本"的概念

党的十六届三中全会通过的《中共中央关于完善社会主义市场经济体制若干问题的决定》指出:"坚持以人为本,树立全面、协调、可持续的发展观,促进经济社会和人的全面发展。""以人为本"包含以下内容:

第一,"以人为本"指的是人们处理和解决一个问题时的态度、方式、方法,即人们抱着以人为根本的态度、方式、方法来处理问题,而所谓"根本"乃指最后的根据或者最高的出发点和最后的落脚点。

第二,"以人为本"是将"人本身为最高价值从而主张善待一切人、爱一切人、把一切人都当作家人来看待的思想体系①"。

第三,"以人为本"的价值理念与人文主义精神的实质内涵是一致的,或者说,"人文精神的实质是以人为本"。

第四,"以人为本"包含着对个人价值的尊重。它意味着对任何个人的合法权利都应给予合理的尊重:也意味着对人的活动所面临的对象,都应注入人性化的理念;它要求我们对现实社会中一切违背人性发展的不合理要求和不尊重人的现象进行反思和超越,不断推进人的全面发展。从法治角度讲,"以人为本"就是国家法治体系要从人的需要出发,为人的需要而存在。

第五,"以人为本"是法治的核心和灵魂。尊重和保障人权就是"以人为本"在法律上的体现。人权是人之作为人,基于人的自然属性和社会本质所应当享有的权利。人权既包括公民个人的权利,也包括妇女、儿童、老人、残疾人、消费者等群体的权利,还包括民族和国家的权利;人权的内容既包括生存权、生命权、人格权、自由权等公民权利,也包括参政权、选举权、被选举权、监督权、罢免权等政治权利;既包括经济、社会权利,也包括文化、发展权利。"国家尊重和保障人权"于2004年庄严载入《中华人民共和国宪法修正案》,这标志着国家权力运作、国家的价值观正在朝着"以人为本"的方向迈进,直至上升为一种国家理念。

2. 人性化执法②

人性化执法是"以人为本"对执法的基本要求。所谓人性化执法是指法律必须"在尊重法的精神和法定权利、遵守法定程序的基础上,充分关心人、尊重人,在事关人本性的事务中不作苛责,兼顾人的正常情感、理性和需

① 参见王海明:《公平、平等、人道》[M]. 北京:北京大学出版社,2000。

② 本节关于人性化执法的观点主要参考了张德淼、陈柏峰所写《法律人性化:一个概念的澄清》一文,《法商研究》,2005年1期。

要,兼顾人的不同个性取向和不同社群区域的习俗,尽量以仁慈、人道、温情的方式得到施行。"例如,警察在对一位父亲强制执行逮捕时,戴手铐应尽量避免其年幼的子女在场,以免给他们幼小的心灵造成不必要的伤害,同时顾及一个父亲在子女面前应有的权威。再如,一个贫困家庭的孝子,为给母亲治病而抢了别人的钱,从人性化角度看,"人性化"应该体现在对那位"无钱治病的母亲"的关怀上,违法的儿子得到应有的惩罚,生病的母亲得到应有的救助。这才是真正的人性化。因此,在遵守法律相关规定的前提下,执法应当尽量以一种温和、仁慈、人道、富有人情味的方式进行。法律的权威性和执法的严肃性并不意味着执法者必须态度生硬、举止粗暴,执法也不仅仅应当保护公民的人身、财产权利,还应保护和尊重公民的人格尊严。执法队员坐在执法车上,用车载喊话器大声喊话,这种常见的执法现象不能体现对公民人格的尊重。让这一现象彻底消失,武汉市江岸区就全部拆除 24 台城管执法车上的车载喊话器①。

"以人为本"理念对于执法者具有道德和观念上的导向作用。近年来,执法机关在执法工作中以保障人权为出发点,在推进行政执法的人性化服务取得有目共睹的成效。社会生活越来越讲究"人性化","人性化"已经成为了人们的口头语。2003 年甚至被认为是中国法治建设的"人性化年"。如根据《中华人民共和国居民身份证法》的规定,没有携带身份证的外来人员也不再被视为"三无人员";新的《婚姻登记条例》将"凭婚前医学检查证明办理婚姻登记"改为结婚者自行决定是否参加婚检,体现了对个人隐私的尊重;河南省郑州市公安局提示出租车驾驶员,遇到有人抢劫出租车时可逆行、闯禁行、开启双闪或大灯、轻微撞车。《中华人民共和国道路交通安全法》规定轻微交通事故可以私了;公安部的"便民 30 条"中规定,新生婴儿落户是随父还是随母可自愿选择;律师介入交通事故处理等。与此同时,也有很多执法事件被冠以"人性化"的说法遭到了社会和新闻媒体的质疑或批评,分列如下:

---

① 参见 2007 年 1 月 24 日《楚天都市报》报道。

一是假日轻度违法不罚。上海实施“人性化”交通管理,假日里轻度违法不开罚单。对于那些轻度违法的驾驶员,交警会送上一张红色的交通安全宣传资料说:“今天提个醒,平安伴你行。”敬一个礼后挥手放行。

二是违法首次不罚。“首违免罚制”已经成为一些地方的城管综合执法部门的一系列人性化执法制度之一。

对“假日轻度违法不罚”来说,虽然它可以给违法的驾驶员一个改过的机会,让受处罚者心服口服。但很显然,“假日轻度违法不罚”对侵害公共安全的违法行为是一种主观上的偏袒和纵容,因为它没有对违反法律法规的行为依照法律“严格执法”。如果“假日”违法不罚是“人性化”,那么这种“人性化”就应该平时化。如果“轻度违法”不罚是“人性化”,那么说明把危害不大的“轻度违法”规定为违法行为过于苛刻,很不合理。如果两者都不是,那么这种把“人性化”当作奢侈品或礼品,在特定时间拿出来送人就成了“伪人性化”,是执法的变形走样,是“人性化”思维方向的可怕偏离。

“法律人性化”所体现出来的“人性”,是“合法”基础上的“人性”,是遵守法律或法的精神基础上的“人性”。如果打着“人性化”的旗号,将法律处罚与道德同情混为一谈,将人性化执法泛化为人情化执法,以侵害第三人的法定权利和利益为前提大搞“法外开恩”,这种“人性化”就背离了法治精神,破坏了法律面前人人平等的原则,从而削弱了法律的威信,使执法失去应有的公正性,最终损害的是社会公益。目前很多“人性化”的提法和做法实质上已经构成了违法执法。

“法律人性化”必须建立在合法的基础之上,即在不违法的情况下,按照人性化的要求去做。同时,不能混淆合法与人性化的界限,不能将本来就应当按照法律实施的行为说成是“人性化”的结果。例如,清理超期羁押问题,国家机关和媒体将清理超期羁押宣传为“司法人性化”,这有极大的误导性,似乎超期羁押不是一个违反法律规定的事情,而禁止超期羁押却是相关机关“人性化司法”的结果。人性化司法、人性化执法应当是比一般的合法的司法和执法更高层次的要求和做法,仅仅是纠正法律实践中长期存在的违法执法、违法司法的行为不能被称为“法律人性化”。总之,法律人性化是在合法之上的“人性化”。

还应当注意的一个问题是，法律人性化不能侵害社会利益。法律不得在人性化的口号下侵犯这些社会利益。某种法律在人性化的目标下，保护了一种社会利益，而在事实上却伤害了另一种社会利益。

四、责任理念

《中华人民共和国宪法》第五条规定：“一切国家机关违反宪法与法律的行为，都必须予以追究”。治安环境不好，公安机关要担责；道路状况差，交通部门要担责；事故频发，安监部门要担责。但长期以来，行政权力与责任不对等甚至有权无责的情况在某些地方一直存在。其中一个原因是受行政权本位的影响，一些行政执法机关习惯于把民众当成无条件服从的被管理者而不是服务对象；另外就是行政问责机制不健全，没有对渎职失职行为形成压力。在现实中，由于没有责任担当，执法部门缺少外部监督的压力，公众对于执法部门的质疑和责难没有疏解的渠道，长期下去，将会影响执法和法律的执行力和公信力，执法行为得不到社会和公众的支持与配合，其职能的实现就必然受阻，“有令难行”，“有禁不止”，严重时还会引起公众与政府的对抗。

责任理念强调行政执法部门应向社会和公众负责，确立责任理念有利于抑制对公权的需求，避免公权的无限扩大可能对私权的侵犯；有利于更好地约束公共权力，避免公共权力的私有化和非法化；有利于重建权力与责任之间的联系，直到根本上平衡权力与责任之间的关系。

1. 责任的内涵

责任，是“自己分内的事情”，也就是必须要做的，且自己应该做的事；从法律角度上讲，责任就是一种义务，是相对于权利而言，是自己必须要履行的一种职责。现代行政是一种责任行政，法律在赋予行政执法机关权力的同时，也就意味着行政执法机关应当承担相应的责任，即“权责对等”。“权责对等”是指行政执法机关行使行政执法权必须承担相应的责任，依法享有多大的权力，就应当承担多大的责任，不应当有无责任的权力，也不应当有无权力的责任。具体包括:行政主体的职权与职责相统一;行为主体与责任主体相一致;责任与违法相对应,违法必须受追究;基于行政主体的地位和公务的要求,行政公务人员还有一种道义上的责任,如对公务员的纪律要求。

2. 行政执法责任制

为了确保权力的正确行使,只靠行政执法人员内在的道德自律是不够的,正如孟德斯鸠所言:"一切有权力的人都容易滥用权力,这是万古不易的一条经验。有权的人会使用权力一直遇到有界限的地方为止。"对权力的控制必须依赖于严格的责任体制。落实行政执法责任制的最终目的就是要实现执法部门"有权必有责、用权受监督、违法受追究、侵权须赔偿"。这也是建立执法责任机制的标志。

(1)有权必有责

即权责必须统一,这是行政权力的特点,权力人可以按照法律的有关规定实行权力,行使权力的同时要承担责任。承担责任包括两层含义:一是权力人的行为违反了法律规定,就要承担违法的责任;二是权力人必须行使权力,不作为也要承担责任。作为民主政治时代的一种基本价值理念,责任理念要求行政执法人员必须积极地履行其行政义务和职责;必须承担行政责任、法律责任和道德责任。包括如下:

一是行政责任。行政责任包括补救性的违法行政责任和惩戒性的违法行政责任。通报批评;赔礼道歉,承认错误;恢复名誉,消除影响;返还权益,恢复原状;停止违法行政行为;撤销违法决定,撤销违法的抽象行政行为;履行职务,纠正行政不当等是属于补救性的违法行政责任。

惩戒性的违法行政责任是行政机关对违法行政的行政执法人员给予的一种制裁性的内部处理。作出行政处分决定的行政机关与被处分的行政执法人员之间有行政隶属关系。如《中华人民共和国公务员法》规定的行政处分包括警告、记过、降职、降级、开除、撤职等。

近几年,各地在推行行政执法责任制的过程中,行政执法部门和有关行政执法人员的法律责任承担又有了一些新的方式。如《国务院办公厅关于推行行政执法责任制的若干意见》就规定了限期整改、取消评比先进的资格、离岗培训、调离执法岗位、取消执法资格等几种方式。

二是法律责任。行政执法人员在执法过程中有玩忽职守、徇私枉法、滥用职权的行为，触犯刑律，应当依法承担刑事责任。行政执法人员在行政执法活动中最容易、最大量的行政犯罪，一是渎职罪，二是贪污贿赂罪。相比之下，渎职犯罪的危害更严重。据检察机关统计，贪污犯罪个案平均损失是15万元，渎职侵权犯罪的平均个案损失是258万元，后者是前者的17倍。但社会公众特别是一些行政执法人员对渎职犯罪的认知程度还不够高，缺乏犯罪概念，不知道"好心"、"为公"办了坏事也可能构成犯罪，不揣腰包也可能构成犯罪，乱作为或者该作为不作为也可能构成犯罪。

过去检察机关比较重视贪污犯罪案件，近几年惩治渎职侵权犯罪工作力度很大。最高人民检察院2006年出台了《关于渎职侵权犯罪案件立案标准的规定》。渎职犯罪的主要表现：贪图私利，降低"门槛"；权力寻租，充当"保护伞"；滥用职权，放弃监管；玩忽职守，疏于监管。

三是道德责任。行政执法人员的生活与行为必须符合社会所要求的道德标准与规范，必须谨守行政道德责任的原则：行政执法人员执行公务须符合公众利益和国家利益，真正服务于公民与社会，应表现出最高标准的清廉、真诚、正直、刚毅等品质；不能运用不正当的方式在执行职务时获取利益。西方各国都有法典，如《行政机关公务员处分条例》规定了一些道德责任，拒不承担赡养、抚养、扶养义务；虐待、遗弃家庭成员；包养情人；参与迷信活动等给予警告、记过或者记大过处分；情节较重的，给予降级或者撤职处分；情节严重的，给予开除处分。

除此之外，在行政执法机关内部还存在工作责任。在行政执法机关内部，一般是实行首长责任制和层级管理，权力自上而下层层授予，责任自下而上层层负责。一方面，下级对上级最终对行政首长承担忠于职守，勤勉尽责，服从和执行上级依法作出的决定和命令的责任；另一方面，一切行政行为不管是否行政首长所为，行政首长都有连带责任。可见，上级和下级实际上存在着一种双向责任关系。如《重庆市行政执法责任制条例》第七条则进一步确定了行政执法机关内部工作责任的关系,“行政执法主体的主要负责人,对本单位的行政执法承担领导责任;行政执法主体内设执法工作机构负责人及分管该机构的领导人是行政执法主管责任人,对所管理的工作机构的行政执法行为承担主管责任;直接实施行政执法行为的行政执法人员是行政执法责任人,对本人的行政执法行为承担直接责任”。

(2)用权受监督

权力之所以为权力,是因为它有控制他人的力量;制约之所以必要,是因为制约也代表了一定的权力。没有权力即无须制约;有权力而无制约,权力就会失控。如何制约权力?孟德斯鸠开出了一剂良方:“要防止滥用权力,就必须以权力制约权力”。行政权是国家权力中最需要控制的权力,这是由行政权的特点所决定的。立法权不直接与公民接触,司法权一般是不告不理,而且有严格实体法和程序法的规定。行政权具有广泛性、直接性、单方性和自由裁量的特点,因而,在行使行政权力的同时,必须受到来自权力机关、司法、行政系统内部的严格监督。

行政执法监督一般是指县级以上各级人民政府对所属工作部门、法律法规授权组织和下级人民政府,人民政府工作部门对所属工作机构和下级工作部门或法律法规授权组织的行政执法活动,以及各级国家审计机关和行政监察机关依法对行政执法活动实施监督检查的活动,即行政系统内的层级监督和专门监督。如《重庆市行政执法监督条例》第二条规定:“市、区县(自治县、市)人民政府对所属行政执法机构(含行政执法机关、授权和依法委托的行政执法组织,下同)和下级人民政府的行政执法活动,市人民政府工作部门对本系统行政执法机构的行政执法活动进行监督,适用本条例”。

从广义上讲,行政执法监督还包括行政系统外的人大监督、司法监督、政党监督、舆论监督、社会监督和公民监督等。行政执法监督主要包括:(1)法律、法规、规章的施行情况;(2)规章和规范性文件的合法性;(3)行政执法机构和执法程序的合法性;(4)行政执法机构履行法定职责的情况；(5)具体行政行为的合法性和适当性；(6)行政执法责任制的建立和执行情况；(7)复议、应诉和赔偿工作情况；(8)违法行政行为的查处情况等。

(3)违法受追究

责任追究是执法责任制度的核心。责任追究的主体是行政执法机关及其执行公务的人员；客体是行政执法行为，包括作为与不作为；内容是追究责任、执行纪律。一定程度上可以说，以责任控制权力，是最基础、最根本的权力控制措施。如果没有一套严密的政府责任保障机制，执法部门是很难主动履行其承担的责任的。因此，建立一套执法责任规范与问责保障机制必然是执法责任追究的基本要求。如发生重大安全事故，《生产安全事故报告和调查处理条例》对有关地方人民政府、安全生产监督管理部门和负有安全生产监督管理职责的有关部门及其有关人员，在事故报告和调查处理中的违法行为以及未履行安全生产职责导致事故发生等行为，都规定了力度较大的惩处措施，包括行政处罚、处分以及刑事责任等。近几年检察机关加大了惩治重特大安全生产责任事故所涉渎职犯罪案件的力度。据统计，2006 年 1 月至 2007 年 6 月，全国检察机关立案查办涉嫌安全生产责任的渎职等职务犯罪案件 971 起，其中涉及玩忽职守 810 人，滥用职权 85 人，受贿等其他性质案件 47 人①。

同时，我国还积极探索建立行政问责制，坚持有责必问，有错必究。问责方式由"上级问责"向"制度问责"转变，问责对象从追究违法违纪官员向不作为的公务员深化，问责范围从安全生产领域向其他领域推进。2006 年全国共追究执法责任 9 万多人次。2007 年 9 月深圳市政府通过了《深圳市政府部门责任检讨及失职道歉暂行办法》。根据这一制度，"政府部门不履行或者不正确履行职责，造成严重后果或者严重社会影响的，应当向公众道歉。""严重失职的，应当依法追究有关责任人的行政及法律责任。"这无疑是中国政府大力推行行政问责制的一个新举措，体现

① 参见 2007 年 10 月 30 日法制网新闻报道。

责任理念[①]。

(4)侵权要赔偿

即凡是经过法定程序,证明权力人行使的权力侵犯了公民的权利,必须按照法律规定给予行政赔偿。这是行政机关及其工作人员的行政侵权行为所引起的一种纯粹财产责任,它以金钱给付为责任形式。《中华人民共和国宪法》第四十一条第三款规定:"由于国家机关和国家工作人员侵犯公民权利而受到损失的人,有依照法律规定取得赔偿的权利。"依照《国家赔偿法》规定,行政机关及其工作人员在行使职权时,侵犯了公民、法人及其他组织人身权利和财产权利应当给予赔偿。行政机关作为赔偿机关,在向受害人赔偿以后,有权责令有故意或重大过失的执法人员承担部分或全部费用。

《行政许可法》进一步明确,当行政许可决定所依据的法律、法规、规章修改或者废止,或者颁发行政许可所依据的客观情况发生重大变化时,行政机关可依法变更或者终止已经生效的行政许可,但对由此给行政相对人造成的财产损失应依法给予补偿(第八条);撤销因行政机关工作人员滥用职权、玩忽职守作出的准予行政许可决定,致使被许可人的合法权益受到损害的,行政机关应当依法给予赔偿(第六十九条)。《行政许可法》的上述一系列规定,第一次以国家立法的形式肯定了信赖保护原则,确立了责任行政理念。"依法行政"解决的主要是执法所必需的规范问题、制度问题和程序问题,而"以人为本"则进一步明确和解决了"依法行政"的价值取向和目的性价值。在人性化执法中,要尊重公民和当事人的意愿、保障其权利和自由,维护其尊严。

---

① 据报道:2008年6月9日深圳市副市长张思平赴龙岗某地调研,前后堵了3个小时。为此,副市长张思平以3km路被堵3h的亲身经历痛斥交通拥堵,并在会上向龙岗区市民真诚致歉。

第三节

当前行政执法的主要问题

在我国,行政管理职能的分工是以“条条”为主,从国务院到县级地方人民政府建立相应的职能部门,法律、法规对行政职权的授予也具体到政府相应的职能部门。由于我国行政体制还处在改革之中,行政执法的诸多问题还没有完全解决。本节就对当前我国行政执法中存在的一些主要问题作了一些简单梳理和分析。

一、行政执法体制不完善

以行政执法体制而言,由于我国传统的行政法治都强调行政主体的作用而忽视行政行为的作用,容易使我国行政机构的设置出现了本末倒置的现象,每个政府职能部门几乎都有自己的执法队伍去执行相关的法律法规,一个违法行为常常面临十几个有处罚权的执法主体,造成多头执法,执法扰民等问题。执法主体数量增多势必造成行政管理成本的增大,相应也增大了行政相对人的成本。《国务院办公厅关于继续做好相对集中行政处罚权试点工作的通知》(国办发[2000]63 号)对行政执法体制中的这一弊端作了深刻的揭露,“目前,政府职能转变和行政管理体制改革尚未完全到位,行政机关仍在管着许多不该管、管不了、实际上也管不好的事情,机构臃肿、职责不清、执法不规范的问题相当严重。往往是制定一部法律、法规后,就要设置一支执法队伍。一方面,行政执法机构多,行政执法权分散;另一方面,部门之间职权交叉重复,执法效率低,不仅造成执法扰民,也容易滋生腐败”。

二、行政执法不到位

这里所说的行政执法不到位，主要就指行政执法中仍然存在“无法可依”和“有法难依”的现象。由于执法成本和社会成本高昂，有的法律、法规和规章制定以后，在现实生活中难以适用；有些出台的法律、法规和规章之间缺乏衔接，对有些问题之间的矛盾缺乏协调，造成执法人员无所适从；有的法律、法规过于原则，制定的实施细则出台滞后，实践中缺乏可操作性；有的法律、法规是执法主体参与起草的，受部门利益驱使，不适当地强化了部门权力和利益；有的法律、法规只规定了公民、法人和其他社会组织必须遵守的义务，而对违法的行政执法人员应承担的法律责任，或者规定得十分笼统，或者没有具体规定，造成执法主体有时不能依法行政和公正执法。

三、行政执法队伍不规范

行政执法队伍不规范，从目前我国行政执法的现状看，主要表现在以下4个方面。

1. 行政执法机构设置较混乱，数量众多

既有行政部门，又有法律、法规授权的单位；既有行政机关，又有事业单位、政企合一的单位或者企业行使执法权的情况。既有正式设立的行政执法机构，又有以合署、挂牌、挂靠等形式设置的机构。既有行政机关的内设机构，又有行政执法机关的下属执法机构。在公路上，绝大多数地方的公路执法机构仍是分散于路政管理、交通稽征、运政管理等部门的执法机构中。不少省（区）在公路管理局以外，又平行设置了高速公路管理局或高等级公路管理局、路政管理局、征费稽查局，有的还成立收费公路管理局等。“三个大盖帽，管着一顶破草帽”在公路上的现象屡见不鲜。

2. 行政执法机构名称不规范

行政执法机构名称越来越多，难以判断哪些具有行政执法主体资格，除常见的厅、局、委、办，还有处、科、股、所、队、站等。一方面，其名称越取越大，如总局、总队、总站等；另一方面内部层次越分越细，如局下设局，局下又设分局，有些局根本没有执法主体资格。以公路管理机构为例，有称公路管理局或分局的，有称公路总段的，有称公路总站的，还有称公路管理处的。全国大多数省、市、自治区的路政队伍都是总队、中队、大队建制，但在有些地方又是路政署、路政所建制。由于各地交通执法机构名称、标识、制服和执法车辆不统一，有的驾驶员竟然把正常治理超限的交通执法人员当作公路"三乱"举报①。

3. 执法经济，执法权力利益化

所谓"执法经济"就是指在经济利益的驱动下，某些执法机构和执法人员以执法的名义，利用公共权力如管理权、处罚权，向市场主体或公众收取"租金"如管理费、罚款，以满足部门及其人员的经济需求如以支付执法人员工资福利或者管理成本。"执法经济"是以部门小团体利益为出发点，利用执法权搞创收，本质是以权谋私。

少数行政执法机关利用手中权力大搞创收的个案屡见不鲜。安徽××县××镇的50多辆运输车每月只需给交警部门交纳100元的"定额"罚款，交警大队就不再查处他们运输是否超载②。车主们将这种买卖称为买"月票"。同样卖"罚款月票"的远不是交警一家。连接107国道的河北省××市××镇至××矿区公路，每天有×县交通局乡村公路站、运管站、稽征站等3班人马分别以"有无营运证、是否超限运输、是否少交漏缴养路费"等项目检查罚款。而×县交通局乡村公路站规定，一辆车只要交上3 000元钱，一个月内再超限运输也不罚款③。更为荒唐的是，2001年至2003年，至少有两万人从××市交警支队花钱买到了驾照。该支队的自查材料称，目前，驾驶员考试规费收入是各地交警支队一项重要收入。由于驾驶证考取并不要求必须在户籍所在地，在此情况下，各地交警部门间事实上存在一种市场竞争关系。涉案人员的供述亦表明，当时的××市交警支队领导班子

① 参见2002年11月25日《中国交通报》。
② 参见2007年4月11日《齐鲁晚报》。
③ 参见2003年10月31日《河北日报》。

有一个共识：如果考试太严，就会把人赶到外地去考，因此不如放松点标准。①

执法当然要讲执法“效益”，其“效益”就是从根本上制止违法行为的发生，为广大纳税人提供公共安全、公共秩序等服务性的“公共物品”。执法当然也要讲执法“成本”，其成本应该是靠税收而不是罚款和收费来支付。这是公共权力运行的基本规则。但是，如果“执法”变成了“执罚”，“管理”变成了“收费”，行政执法行为就必然异化成一种“执法经济”行为，执法的性质也会因此而改变。对违法者而言，是以金钱换特权，“罚款单”当成“通行证”，原本违法的行为不但不会受到惩罚，反而受到执法者的保护。对于执法部门来说，这无疑是给法律打了个大折扣，贱卖了公共权力，牺牲了执法的公正性和法律的信用。

执法经济显然是一种腐败经济。虽然并不排除执法人员缺乏职业道德和对法律应有的敬畏之心而使执法行为演变成为“执法经济”，但在很大程度上，执法经济存在的根源是来自体制的漏洞：第一，公共财政捉襟见肘，执法缺乏必需的经费保障，执法队伍只有“自给自足”，靠收费罚款过日子。现行交通规费征稽、公路路政、道路运政等交通专业执法机构，基本上都是自收自支的事业单位，没有纳入国家公务员序列，没有纳入各级财政预算，经费来源主要靠规费收入。当收支不平衡时，就难免会出现依靠收费、罚款来维持生存，甚至出现“违法者”养“执法者”的尴尬现象。第二，政府财政管理不完善，执法部门自收自支，监督制约机制失灵，权力事实成了执法者“自家的山水”，一些执法部门为“罚款”和“创收”制订专门的“罚款指标”和“提成办法”也就不足为怪了。

行政执法是一种需要成本的活动。正如有学者所指出的，“国家机构、官吏、军队、警察、法庭的数量、质量等是体现权力强弱的客观指标，没有相应的财富作保障，法律赋予国家多少权力都是没有意义的②。”要彻底遏制“执法经济”，最有力的是建立公共财政制度，在执法部门中推行罚缴分离、

① 参见秦新安：《吉林两万“马路杀手”如何上路》，《中国新闻周刊》。

② 参见童之伟：《再论法理学的更新》，《法学研究》，1999年第2期。

收支分离的财务管理制度，所有行政事业性收费和罚没收入必须一分不少地上缴国库，严禁以各种形式返还和提成；所有行政经费和人员工资统一由财政纳入预算予以保障，并实行国库集中支付，保证执法队伍吃“皇粮”。同时，要用科学的方法来平衡国家各区域、各部门的工资，防止行政机关之间形成互相攀比之风，通过违法行为来创收。只有这样，才能遏止执法经济现象的产生。

4. 执法人员编制没有统一规定，超编、混编和缺编现象严重

由于人员编制没有依据，多几个编制，少几个编制，没有一个明晰的界限。各地执法人员定编往往是执法机构和编制部门讨价还价的结果。如江苏省高速公路路政人员编制是0.29人/公里的标准核定，河北省高速公路是0.47人/公里，天津公路高速公路是0.40人/公里；而且，混编的情况也很突出。一些行政执法机关既有行政编制，又有行政执法专项编制，还有事业编制。事业编制里既有全额拨款的，也有差额拨款的，还有自收自支的。

有的执法部门由于人员结构（年龄、专业、职务等）的原因，存在“官多兵少”和人手紧的现象，专业人员和一线人员显得不够，不得不超编配备。更有甚者，一些执法部门大量使用临时性人员充当“协管员”。有的机构协管员人数远远超过正式执法人员，甚至比照政府编制配备办公场所、设备，俨然一个正式的执法机构。如广州市某机构监察员满编133人，协管员多达949人。由于协管员属于“编外人员”，不占机关编制，不吃财政工资，但他们却承担了“最苦最累的活，做公务员不肯做、做不到的事情”，就像协管员给公务员打工，公务员则出现“贵族化”倾向。这种身份的变化，既加重了行政成本，更给管理带来了混乱。在财政不拨款的情况下，协管员队伍的维持和运行仍需要大笔经费支持，于是乱收费、滥罚款，甚至是吃、拿、卡、要在所难免①。

① 参见2007年第34期《瞭望新闻周刊》报道。

四、执法主体间存在职能重复和管辖交叉

行政执法主体之间的权限划分主要是职能划分和级别划分，即横向上部门之间的职能分权和纵向上上下级之间的级别分权。有些执法领域一直处于政出多门、多头管理、上下错位和职责重叠的困扰之中。在不少地方，交通部门同交警部门在机动车驾驶员培训考试管理方面、工商行政管理部门同质量技术监督部门在流通领域的商品质量管理方面、国土资源部门同水利部门在地热水和矿泉水管理方面都存在着争议。例如，按现行的行政管理体制，卫生、质监和工商等三个部门都可以对食品企业进行执法。2005年年初，在查处一家副食店的一箱有质量问题嫌疑的奶粉过程中，河南省××市工商局的8名执法人员与该市卫生防疫站的数名执法人员当街群殴。卫生执法人员认为工商部门不该介入，而工商部门则认为卫生部门无权查流通领域。一方有国务院的《决定》，一方有中编办的《通知》，双方都有自己的文件依据。2001年3月14日下午，××市馒头办在金水区白庙市场内查获了一家没有在馒头办办证的所谓"黑馒头"厂，正要对其处罚时，区馒头办也及时赶到，坚持要由区馒头办罚款，两级馒头办为争夺处罚权，当街对骂，造成市民围观，政府颜面尽失①。

与食品质量监督相似的职能重复和管辖交叉问题在交通执法行政领域也普遍存在。交通行政管理体制形成于1984年，从交通部起，分为水上的海事、港航，公路上的运管、路政和稽征，三个执法单位各自为政，执法职能交叉，不仅群众难于区别，即使交通系统内部的人士也很难说清两支执法队伍的具体职能。这种各自为政的管理体制，不仅造成交通执法工作的混乱，也是交通执法资源的巨大浪费。

五、行政执法监督不力

孟德斯鸠说过，一切有权力的人都容易滥用权力，这是万古不易的法

① 参见2005年1月31日《河南报业网讯》报道。

则。行政执法人员滥用职权,违法违纪的根本原因是职务权力的管理失控,即一边是权力运作不规范,另一边是权力缺乏必要的监督制约。法律监督权的设定不在于监督民众是否守法,而是监督执法者是否依法。由于没有有效的监督机制和监督力度不够,造成目前行政执法活动中执法不公、执法不严、徇私枉法、滥用权力的现象屡禁不止。

虽然我国在行政诉讼,行政复议,行政监察,行政处罚,国家赔偿等方面出台了若干法律或措施,很多的行政执法单位都制订了"执法禁令",建立举报机构,设置投诉电话,也严肃查处了一些违纪违法的案件,起到了一定的震慑作用,但实际效果并不能令人满意。在行政执法监督体系中,仍然存在上级疏于监督,同级不好监督,下级不愿监督,群众不敢监督,媒体监督缺位的问题,存在"关系网"和"保护伞",存在"走过场"和"护短"等有错难纠的现象。

六、行政执法与刑事执法之间缺乏协调

有的行政执法机关为了本部门的利益,对"有利可图"的事项比较积极,甚至越权执法,互争管理权。而对一些难点问题的查处,个别行政执法机关之间相互推诿,谁都不愿管,造成执法"真空"。对涉及多个执法部门的执法行为,行政执法机关之间不积极配合,协调性差,甚至相互拆台,造成执法手段软弱无力。由于行政执法机关之间互相推诿,温州瓯江夜间船舶噪声扰民竟然十几年得不到解决,以致这个并不难办的问题最后成为温州市政府挂牌的23起群众投诉重点督办件之一①。

行政执法与刑事执法之间不衔接的问题更加突出。虽然我国《行政处

① 2007年9月6日,温州瓯江夜间船舶噪声扰民,沿河居民要求执法部门加强对船舶噪声管理,但与此有关联的6个行政执法部门都说自己没有执法权。环保局说机动船舶在城市市区的内河航道航行属于流动噪声,应该由港务监督机构管理。港航管理局说虽然他们单位名称叫港航管理局,但内河夜间监航应该属于海事局管辖范围。海事局承认夜间船舶噪声的确归海事局管,但船舶检验处必须把好船舶发动机检验关。船舶检验处则称,检验时这些船舶的声响装置都是合格的,海事部门要进行动态检查。还有人说,运砂船运输的砂石属于建筑材料,建设局对此负有管理责任;它所占用的是河道,水利局也有治理责任。因此,问题始终难以得到解决。

罚法》第二十二条明确规定:"违法行为构成犯罪的,行政机关必须将案件移送司法机关,依法追究刑事责任。"许多单行的行政法规中,都规定了"构成犯罪,依法追究刑事责任"的条款。但由于《刑事诉讼法》第八十四条只规定了"公安机关、人民检察院或者人民法院对于报案、控告、举报,都应当接受",对移送没有规定,导致行政执法机关的移送地位不明确,实践中存在着"不移送"。加之,司法机关对行政执法机关移送案件中的证据不予运用,要由"侦查人员"重新进行调查取证。随着时间的增加,一些案件因此而"证据不足",不了了之。

行政违法行为构成犯罪案件"不移送"和"移送难",已经影响到了行政执法的效果。在近几年的超限超载治理过程中,以行政处罚为主的治理手段不但不能使公路上行驶的超限超载车辆减少,反而进一步加剧了超限超载行为。据原交通部通报,2007 年 8 月 15 日,一辆总重达 183. 2t 的货车压垮 208 国道太原市小店区段东柳林桥。某省一月内就发生三起这样的桥梁垮塌事故。交通法律专家张柱庭教授认为,靠罚款、卸载等行政手段根本无法解决"双超"现象,必须启动刑法,加大保护公路这种公共财产的力度。核载 60t 却装了 183. 2t,就涉嫌故意破坏交通设施罪,但目前,对超载超限等破坏公路的定罪和量刑,并没有一个可执行的标准或者司法解释。

七、暴力抗法有增多趋势

暴力抗法是指行政执法机关在依法履行职务过程中遇到的以暴力、威胁等方法阻碍执法人员依法执行公务的现象。据公安部统计,仅 2006 年上半年,全国公安机关在执法过程中遭遇暴力抗法导致牺牲的警察就有 23 人、负伤 1 803 人,分别占牺牲、负伤人数的 13. 5% 和 56. 1%。警察是武装性质的国家治安行政力量,最具有强制力,从某种程度上说,是保证其他行政机关执法的一种很重要的担保手段。与警察执法相比,其他的行政执法部门在日常执法中受到辱骂、推搡和人身伤害的事件就更是屡见不鲜,而且有增多的趋势,暴力程度也不断增加。

据山东省德州市治超领导小组办公室负责人介绍,该市自 2003 年年底开展治超工作以来,遭遇的抗拒执法事件达500余起,市交通稽查的260余名执法人员中,先后有1人牺牲,2人致残,60余人次受伤,近百人遭到过人身攻击①。

暴力抗法行为的方式多种多样。目前,在行政执法过程中常见的暴力抗法主要表现为以下几个方面。

1. 个人突发性的暴力抗法

个人突发性的暴力抗法是最为常见的一种暴力抗法现象。主要表现在行政执法主体行使行政执法权过程中,一些人对法律的认识有偏差,认为行政执法行为侵害了其个体利益,对执法产生抵触情绪,以口头谩骂、恐吓、撕扯执法人员服装、毁坏执法装备、强行夺取暂扣物品等对抗执法,个别人员也会以暴力手段直接伤害执法人员。最典型的是2006年8月11日,北京市海淀城管监察大队海淀分队在中关村科贸电子商城北侧检查无照商贩时,副队长李志强遭遇无照商贩崔英杰持刀暴力抗法,最终被其刺中颈部,经抢救无效殉职②。

2. 群体性的暴力抗法

群体性的暴力抗法主要表现在一些人“被他人利用”或“利用他人”对抗行政执法活动。一般是直接用挑衅的语言挑起事端,当众煽动不明真相的围观群众,将注意力引到执法人员身上。围观群众主要是与违法者有利害关系的亲戚朋友,也有无直接利益关系者,甚至有恶势力的介入。围观者大都在情绪上倾向于支持违法者,又抱着一种法不责众的心理,这时候如果执法人员不能控制住激动情绪,言语有失或行为过激,就可能促使矛盾激化,酿成群体性暴力抗法事件。

群体性的暴力抗法一般情况较为复杂,处理难度较大。特别是群体性的暴力抗法时常伴随着“无直接利益冲突”,围观的群众不仅不谴责抗法行为,反而起哄、帮腔、不作证。“无直接利益冲突”化解非常困难,只能治标,难以治本。

---

① 参见2005年6月4日新华网山东频道报道。

② 参见2006年8月13日《新京报》报道。

3."软"暴力抗法

随着传统的暴力抗法事件的上升,一种新型的"软"暴力抗法的形式也开始出现,主要表现是,制造自我伤害事故,利(雇)用老人、妇女、残疾人等弱势群体"搅局",将孩子遗弃在执法机构,以"艾滋病"相威胁,有的甚至用脱衣服和躺在执法车下作为阻碍的一种手段。上海一名男子多次当街向交警下跪导致交通堵塞①。广州一对夫妇驾驶违规,抢走驾驶证和行驶证,跑到马路中间以"敢扣车就撞死"要挟交警②。这种对抗手段利用社会上同情弱者的心理,容易混淆视听,使执法人员陷入进退两难的境地。

4. 诬告陷害、恶意中伤执法人员

为了改善执法形象,提高服务意识,行政执法部门都设立了执法监督机构和投诉电话。有些地方还把投诉率与执法考核和评优评先挂钩。一些人就利用执法人员怕投诉的心理,恶意歪曲事实,以片面之词向有关部门和新闻媒体投诉。为调查这些投诉,执法单位和上级部门投入了很大精力,且给执法人员造成非常大的心理压力,执法工作受到影响。

暴力抗法事件频发,不仅严重伤害了执法人员个人的身心健康,还影响了行政执法活动的正常开展,更是损害了国家法律的尊严,其负面效应十分明显。为了防御暴力抗法,成都市交通执法总队不得不给执法人员"防弹背心"和防割手套,成为四川省第一支配备新式防暴装备的队伍③。但这种"武装到牙齿"的装备也不可能从根源上解决问题。

暴力抗法事件是整个社会转型期间的附带产品,既有表层原因,也有深层原因。

(1)社会个人权利意识增强但法律意识淡薄

随着社会的发展进步,公众普遍增强了个人权利意识。但这种强烈的个人意识增长的同时,法律意识并没有同步增强。

有些人对法律权威的认识有偏差,对抗法行为的后果更不了解,自认为

① 参见2007年06月12日新民网报道。

② 参见2006年10月10日南方网讯报道。

③ 参见2007年4月30日《天府早报》报道。

有一定社会关系，即使被抓也可以找人讲情，不怕什么。有些人缺乏法制观念，不知道或者不愿意通过正当途径解决问题。有些人仅仅是因为执法触及到其个人利益而使用暴力手段公然抗法。这些人可能就是胆大妄为之徒，做事冲动，不考虑后果，在与普通群众发生纠纷时，也动辄暴力相向。大多数文化程度相对较低的社会弱势群体，法律和程序的繁琐让他们无所适从，特别是不发达地区的相对人有群胆而无孤胆，仅会起哄上访，而不会合法维权。

(2)执法保障力度不够

现在的法律对于抗法事件的处罚力度还不够。对于执法过程中遇到暴力抗法没有强有力的制裁手段，也缺乏威慑性。有的公安机关对暴力抗法事件往往等同于一般伤害案件，按民事纠纷调解解决，当事人仅受到批评教育、赔礼道歉和赔偿医药费的处理。对抗法者轻描淡写的处理方式，往往起不到丝毫的震慑作用，反而助长了抗法者的气焰。

(3)执法部门自身的原因

个别执法人员素质不高，执法水平低下，特权思想严重，群众观念冷漠，个别执法人员存在“文明不能执法，执法不能文明”的错误理念，习惯于以“管理者”自居，执法态度冷漠粗暴，习惯于滥用推搡、脚踢、掀、砸等强力手段，造成相对人的心理失衡，引起群众与执法人员的情绪对立，对执法产生过激反应。也有个别执法人员滥用公权力，导致矛盾激化。

另外，运动式执法也是造成暴力抗法的原因之一。改革开放 20 年来，一方面是立法的空前繁荣，另一方面法律的权威性和可操作性不强使得执法变得异常艰难，有法不依和法不责众事实上成为了普遍存在的现象。各级政府和执法部门往往是等违法问题到了积重难返的时候才开始决定“专项整治”。这样的运动式高压管理下，执法人员往往产生过度反应，近几年，“宁可要百姓的骂声，也不要百姓的哭声”几乎成了大多交通执法者的座右铭。执法人员面对反复出现的违法行为，难免产生厌恶和急功近利心理，“从重从快”的单一执法方式使得暴力执法成为可能。而管理相对人在一次次被执法“运动”中，面对自己不断出现的利益损失或者难以承受被处罚结果，难免产生对抗心理，暴力抗法也就不可避免。

(4)社会大环境的原因

分析抗法产生的原因，归根到底是因为法律所规定的内容和违法者的自身利益发生了冲突，暴力抗法事件只是种种利益冲突的极端表现形式。

根据发达国家市场经济发展的经验，人均 GDP 在 1 000 ~ 3 000 美元之间，是社会从前现代向现代转型的时期，社会结构发生重组，各种社会矛盾凸现。我国人均 GDP 已超过 1 000 美元，在由计划经济体制向市场经济体制转轨的过程中，一些利益关系没有得到合理的协调和平衡，社会管理机制不完善，新旧体制冲突、个人利益(小集团利益)与社会利益的冲突、地方利益与国家利益的冲突相对激烈。有一部分人(特别是下岗失业人员和进城务工农民)对社会心存怨恨和不满情绪，加之生活压力较大，心理失衡，他们不惜以抗法的方式去宣泄自己的情绪。行政执法人员多与相对人进行正面接触，经常处于各种社会矛盾的前沿，但又没有被赋予在执法权之外解决问题的权力，理所当然成了各种社会矛盾的“替罪羊”。

针对上述问题，对于暴力抗法事件，一方面我们有必要进一步加大打击力度，通过严格执法树立法律的权威，另一方面要从根本上建立符合市场经济要求的法律观念和法律意识。但暴力抗法的产生还有其深刻的社会根源，在现阶段很难根治。一味强调行政执法手段的不足和不力，有时还会激化矛盾，应当尽量采取疏导、沟通、警示等行政指导的方法。浙江省湖州市交警在交通安全执法中推行劝告式执法就是一例①。从 2007 年 5 月 1 日起，湖州市交警对 6 种轻微交通违法行为采取口头教育、解释、警告方式实施管理，对 8 种轻微交通违法行为采取口头教育和书面警告方式实施管理，取得了良好效果：三个多月来交通民警执法的投诉下降 40% 左右。

---

① 据《法制日报》报道。

第五章

道路交通与安全

本章摘要

道路交通是一个由人、车、路构成的动态系统，交通安全状况是几种因素交互作用的结果。随着车辆的持续不断增加，车速的不断提高，道路的不断拥挤，交通事故的主要诱发因素已从“人的行为”这个单一要素发展为“人、车辆、道路、环境”等多种要素。如果还是固守在过去那种拼体力、拼消耗的“人看、车巡”的传统安全管理模式，恐怕难以达到高速公路交通安全管理的目标。

第一节

概　　述

衣、食、住、行是人类生存的四大基本要素,其中"行"就是指交通。所谓交通是指人或物从此点到彼点的空间位置移动的过程,移动的方式叫交通方式。

出于生活、生产、交往、战争等需要,交通是人类适应和改造自然环境的直接结果。从农业社会到信息时代,从秦朝弛道到当今高速公路,从马车到航天飞机,人类的交通方式一直在向前发展。交通的发展也从帮助人类克服险恶的自然环境争取生存开始,逐渐上升到为发展而寻求人际交往、社会交往,直至为实现区域文明之间器物、制度与文化之间的交流与交融作出贡献。

在交通的发展中,技术条件是交通工具飞速发展的关键,交通设施和交通工具则是决定了不同交通方式的最根本因素。从现阶段看,交通方式主要有铁路、航空、航运、管道和道路等 5 种。交通方式又与一定的交通设施和交通工具相联系,如表 5-1 所示。

交通方式、交通设施和交通工具分类表　　　**表 5-1**

交通方式	陆　路	航　运	航　空
交通设施	驿道、驿站、纤道、各级公路、公路客运站、铁路、火车站、各类桥梁、城市轨道、交通红绿灯、各种道路交通标志等	人工运河、航海、航标、水手旗、信号灯、河道、港口、码头等	空中航线、地面航标、机场等
交通工具	轿子、独轮车、马车(依靠人力、畜力)、汽车、火车(依靠蒸汽、电力、燃料)、地铁等	独木舟、筏子、帆船、明轮轮船(人力、自然力)、轮船(依靠蒸汽、电力、燃料)等	飞机、航天飞机

道路交通通常是指人们或人使用道路交通工具，通过道路实现人或物空间位移的社会活动的过程。道路交通是一个由人、车、路构成的动态系统，同时交通环境又是影响交通行为的关键性因素，实际的道路交通状况往往是几种因素交互作用的结果。因此，道路交通知识学习的主要内容就是围绕这三要素，人是环境的理解者、指令的发布者和执行者，具有主观能动性，它是系统的核心，其他基本要素必须通过人才能起作用。总体来说，三个基本要素必须协调统一，才能实现道路交通系统的安全性。

第二节

交通要素——路

道路是指公路、城市道路和虽在单位管辖范围但允许社会机动车通行的地方，包括广场、公共停车场等用于公众通行的场所。

公路是指经交通主管部门验收认定的城市间、城乡间、乡村间能提供机动车通行的公共道路。公路包括公路的路基、路面、桥梁、涵洞、隧道。

城市道路是指城市供车辆、行人通行的，具备一定技术条件的道路、桥梁及其附属设施。

在高速公路执法工作中，主要涉及的是公路管理，下面重点讲述公路。

交通综合运输体系是由铁路、公路、航空、水运、管道 5 种运输方式构成。纵观世界交通运输发展史，经历了 18 世纪到 19 世纪上半叶以水运为主的时期和 19 世纪 30 年代到 20 世纪 30 年代以铁路为主的时期，从 20 世纪 30 年代以后，公路运输进入了迅速发展时期，并成为交通运输的主要方式。我国的交通综合运输体系的发展和世界交通运输发展史一样，从目前公路所承担的客货运周转量来看,公路运输已远远处于领先地位。

新中国成立以来,我国公路基础设施建设有了很大发展,但与发达国家相比,还存在4个方面的主要差距:一是里程少、密度低;二是标准低、路况差;三是路网整体服务水平低,大量的混合交通严重影响了路网的通过能力;四是路网抵御自然灾害能力弱。

一、公路的分级

按我国《中华人民共和国公路法》(以下简称《公路法》)的规定,公路分级按行政等级和技术等级两种分类方法划分。

1. 行政等级划分

公路按行政等级可分为:国家公路、省公路、县公路和乡公路(简称为国、省、县、乡道)4个等级。一般把国道和省道称为干线,县道和乡道称为支线。

(1)国道是指具有全国性政治、经济意义的主要干线公路,包括重要的国际公路,国防公路、连接首都与各省、自治区、直辖市首府的公路,连接各大经济中心、港站枢纽、商品生产基地和战略要地的公路。国道中跨省的高速公路由交通运输部批准的专门机构负责修建、养护和管理。

(2)省道是指具有全省(自治区、直辖市)政治、经济意义,并由省(自治区、直辖市)公路主管部门负责修建、养护和管理的公路干线。

(3)县道是指具有全县(县级市)政治、经济意义,连接县城和县内主要乡(镇)、主要商品生产和集散地的公路,以及不属于国道、省道的县际间公路。县道由县、市公路主管部门负责修建、养护和管理。

(4)乡道是指主要为乡(镇)村经济、文化、行政服务的公路,以及不属于县道以上公路的乡与乡之间及乡与外部联络的公路。乡道由人民政府负责修建、养护和管理。

2. 技术等级划分

公路按其技术等级分为高速公路、一级公路、二级公路、三级公路和四级公路。

(1)高速公路是指为专供汽车分向、分车道行驶并全部控制出入的干线公路。

(2)一级公路是指为供汽车分向、分车道行驶的公路,一般能适应按各种汽车折合成小客车的远景设计年限年平均昼夜交通量为15 000~30 000辆。

(3)二级公路是指一般能适应按各种车辆折合成中型载重汽车的远景设计年限年平均昼夜交通量为3 000~7 500辆的道路。

(4)三级公路是指一般能适应按各种车辆折合成中型载重汽车的远景设计年限年平均昼夜交通量为1 000~4 000辆的道路。

(5)四级公路是指一般能适应按各种车辆折合成中型载重汽车的远景设计年限年平均昼夜交通量双车道1 500辆以下,单车道200辆以下的道路。

各级公路远景设计年限分别是:高速公路和一级公路为20年;二级公路为15年;三级公路为10年;四级公路一般为10年,也可根据实际情况适当调整。

二、公路基本组成

公路是布置在地表供各种车辆行驶的一种线形带状结构物。它在各种自然因素的长期影响下,主要承受各种汽车荷载的重复作用,为此公路设计包括线形几何设计和工程结构设计两大部分。

1. 线形组成

公路由于受自然条件的限制,在平面上有转折,纵面上有起伏。在转折点和起伏变化点处为满足车辆行驶的顺适、安全和一定速度的要求,必须用一定半径的曲线连接。因此,公路路线在平面和纵面上都是由直线和曲线两大部分组成。平面上的曲线称为平曲线,而纵断面因是公路中线在立面上的投影,起伏是指竖向高程的变化,故纵面上的曲线称为竖曲线。按我们日常所说,平曲线就是弯道,竖曲线就是坡度。

2. 工程结构组成

公路的工程结构部分包括:路基、路面、桥梁、涵洞、隧道、防护工程、排水设备、公路特殊构造物、安全设备、公路标志、路用房屋、绿化栽植等。这里只介绍路基和路面。

(1)路基

路基是线性结构物的主体，又是路面的基础，起着支撑路面、传递承载、稳固公路的作用，由路基本体(路堤或路堑)和保护路基体正常工作而设置的路基排水结构物、路基防护与加固结构物及其他附属设施所组成。典型的路基有路堤(填方路基)、路堑(挖方路基)、半填半挖式路基和不填不挖式路基4种类型。

(2)路面

路面是指按行车道总宽在路基上用坚硬材料铺筑成一定厚度的结构物。其作用是加固路基表面和保持路面良好使用性能，使车辆能快速运行。路面应具有足够的强度和刚度，适应自然环境的稳定性、表面平整、表面抗滑和少尘性。

根据路面的力学特性，可分为柔性路面和刚性路面。刚性路面是指用水泥混凝土作面层和基层的路面结构，其余路面为柔性路面。高速公路路面采用沥青混凝土和水泥混凝土作为面层材料。路面是车辆行驶安全的重要保证，各国科学家都在积极探索改良路面的方法。在欧洲就使用了彩色路面，使通过道路颜色的不同，提示不同车辆的驾驶者在规定的路面上行驶，避免了车辆的混行，大大增强了安全性。国内一些城市开始采用彩色路面作为事故多发地的警示标记。与此同时，新颖的多孔隙沥青透水路面也应运而生，下雨时，这种路面不积水、不溅水，汽车行驶时不易打滑，有利于交通安全。

三、公路工程技术标准

(一)公路设计速度、运行速度和限速

设计速度(计算行车速度)是公路设计时确定几何线形的基本要素。它是在气象条件良好、车辆行驶只受公路本身条件影响时，具有中等驾驶技术的人员能够安全、顺适驾驶车辆的速度，目的是保证高速公

路的高速、安全和舒适等特点。高速公路设计路段不宜小于15km,设计速度为120km/h、100km/h和80km/h,特殊困难的局部路段设计速度可采用60km/h,但设计长度不宜大于15km。世界各国高速公路标准的设计速度最低为80km/h,只有匈牙利、保加利亚和日本的城市道路中的高速公路有60km/h的设计速度。参见我国公路的设计速度标准,如表5-2所示。

我国公路的设计速度标准 **表5-2**

公路等级	高速公路			一级公路		二级公路		三级公路		四级公路	
设计速度(km/h)	120	100	80	100	80	60	80	60	40	30	20

运行速度是指绝大多数(国际普遍采用85%比例)具有一定驾驶技术、心情状态良好的驾驶员,根据车辆、道路、交通流量、天气等客观条件,以及个人驾驶习惯所采用的安全行车速度。运行速度一般情况下通过对路段的实际观测分析获得,其目的是为确定公路速度的安全管理提供数据。

公路限速是公路安全管理部门通过平衡设计速度与运行速度的关系,充分考虑绝大多数驾驶员合理的驾驶习惯和多种自然因素,按照"安全、效能"的原则,通过法律法规、行政命令等形式固定特有公路上车辆行驶速度的行为。限速的方式有分车道限速、分路段限速、分车型限速、分时段限速等方式。

(二)公路建筑限界

公路建筑限界是指公路路面上各种构筑物在公路横断面上的空间界限。高速公路中的建筑限界主要有行车道、紧急停车道、中央分隔带、隧道、桥梁、人行检修道的宽度和净空高度等指标。

1. 路面宽度

路面宽度是指公路路面所有构筑物的宽度总和,在高速公路上包括行车道、紧急停车道、中央分隔带。行车道是指公路上供各种车辆行驶部分的总和,包括快车道和慢车道,行车道宽度是指行车道上供各种车辆行驶的路面横断尺寸。行车道宽度与设计时速有关。紧急停车道是指公路上供发生故障和发生意外事件的车辆临时停放、检修的道路。

参见高速公路路面构筑物宽度的标准,如表5-3所示。

高速公路路面构筑物宽度的标准　　表5-3

设计速度(km/h)		120	100	80	60
车道宽度(m)		3.75	3.75	3.75	3.50
中央分隔带宽度(m)	一般值	3.00	2.00	2.00	2.00
	最小值	2.00	2.00	1.00	1.00

2. 净空高度

净空高度是指公路上方禁止设置障碍物的空间高度限制,设置公路净空的目的是保证一定高度的车辆安全通行,净空高度应从路面起算。一条公路应采用同一净高,高速公路的净空高度为5.00m。

3. 公路线形标准

(1)公路平曲线标准

受自然条件、村镇以及其他因素的影响和考虑到驾驶员长时间的直线行驶,会产生疲劳、注意力分散等不利于行车安全的现象,道路形成很多平曲线(弯道)。当汽车行驶速度较快且弯道半径小时,车辆受到离心力的影响,可能发生横向翻车或滑移。因此,为保证行车安全,在不同等级的道路上,规定了相应的平曲线(弯道)最小半径。

①弯道半径。半径越大,弯道就越平顺,车辆行驶就越顺当;半径越小,弯道就越急促,车辆行驶就越不顺当。半径与车速的平方成正比,车速大,半径就大;车速小,半径就小。按照车速,把平曲线的半径规定了一个最小的限度,即平曲线最小半径。

②弯道超高。汽车在弯道上行进时,会受离心力的作用,向圆弧外侧推移。该离心力的大小,与行车速度的平方成正比,与平曲线的半径成反比。所以,车辆在较小半径的弯道上,速度越快,车身被离心力推向弯道外侧的危险就越大。为预防这种危险情况的发生,道路设计与施工中,把弯道的外侧提高,使路面在横向朝内一侧,有个横坡度(即横向倾斜程度),来抵挡离心力的作用,即道路超高,道路超高规定在2%~6%之间。

(2)公路纵曲线标准

顺着公路前进方向的上下坡,叫公路纵坡。它与汽车的动力特性、安全行驶有很大关系。公路纵坡包含最大纵坡、最小纵坡、最大(或陡坡)的缓坡,以及相应坡长。最大纵坡是指载重汽车在油门全开的情况下持续以等速行驶时所能克服的坡度;最小纵坡是根据路基边沟纵向排水的需要而产生的,一般情况下,公路最小纵坡等于路基边沟纵坡。最大缓和纵坡是指纵坡在3% ~0.3%范围内坡度为缓和纵坡或缓坡。

参见主要平、纵曲线参数,如表5- 4所示。

主要平、纵曲线参数 **表5-4**

设计速度(km/h)		120	100	80	60
最小平曲线半径一般值(m)		1 000	700	400	200
最小平曲线半径极限值(m)		650	400	250	125
不设超高最小平曲线半径(m)	路拱≤2.0%	5 500	4 000	2 500	1 500
	路拱>2.0%	7 500	5 250	3 350	1 900
最大纵坡(%)		3	4	5	6
最小坡长(m)		300	250	200	150
最大坡长(m)	3%	900	1 000	1 100	12 00
	4%	700	800	900	10 00
	5%		600	700	8 00
	6%			500	600
凸形竖曲线半径(m)	一般值	17 000	10 000	4 500	2 000
	极限值	11 000	6 500	3 000	1 400
凹形竖曲线半径(m)	一般值	6 000	4 500	3 000	1 500
	极限值	4 000	3 000	2 000	1 000
竖曲线最小长度(m)		100	85	70	50

汽车在陡坡上爬行时,会导致车速降低,爬坡时间过长,汽车水箱出现沸腾、水阻,以致行车缓慢无力,甚至导致发动机熄火,同时机件磨损增大,使驾驶条件恶化,易发生交通事故;沿长陡坡下行时,制动会因发热失效或烧坏;在雨天或有冰雪时连续下坡,有滑溜的危险。

(三)公路承载能力

公路承载能力是指公路及公路桥梁设施所能承受的汽车和人群荷载。

根据《公路法》以及国家有关法规规定,在公路上行驶的车辆的轴载质量应当符合《公路工程技术标准》(JTG B01—2003)及《道路车辆外廓尺寸、轴荷及质量限值》(GB-1589—2004)的要求。根据其规定,其车货总重如超过如下认定标准,则被视为已超过公路承载能力。

1. 车辆的轴载重量(简称轴重)认定标准

(1)单轴(每侧单轮胎)7t;单轴(每侧双轮胎)10t;

(2)并装双轴(每侧双轮胎)18t(每少2个轮胎减4t);并装三轴(每侧双轮胎)24t(每少2个轮胎减4t)。

2. 车辆的车货总重认定标准

(1)三轮货车2t;

(2)低速货车(四轮且最高设计车速小于70km)4.5t;

(3)二轴货车17t;

(4)三轴货车25t(由二轴汽车和一轴挂车组成的汽车列车为27t);

(5)四轴货车35t(空气悬架、轴距≥1 800mm为37t);

(6)五轴货车43t;

(7)六轴及六轴以上货车49t。

超过公路承载能力运输危害极大,归纳起来主要有4个方面的危害:一是掠夺性使用公路,急剧加速公路的破坏;二是严重影响交通安全,威胁人民生命财产;三是恶意扰乱公路运输市场,使运输市场供求关系失真;四是破坏市场诚信,货车生产、改装市场无序竞争、弄虚作假,“大吨小标”,秩序混乱等。

四、交通标志标线

道路交通标志和标线是用图案、符号、文字传递交通管理信息,用以管制及引导交通的一种安全管理设施。交通标志主要架设在公路路面之上,安置在道路路基两侧,或高速公路中间带内的醒目位置,交通标线主要分布在路面上，以喷涂、镶嵌、刻印等形式固定。交通标志和标线通常以不同颜色和反光材料做成，无论在白天或黑夜，均能清晰显示各种交通信息。

(一)道路交通标志

1. 道路交通标志的定义

标志，就是标记、记号。而道路交通标志，是用图案、符号、文字、特定的颜色和特定的几何形状向交通参与者传达道路信息。表达管理指令的、静态的交通管理设施，是交通法规的重要组成部分。

2. 道路交通标志的作用

道路交通标志的作用概括起来有以下4点：

(1)疏导交通流量。道路交通标志是组织交通、调节交通流量，被广泛采用和卓有成效的一种交通管理设施。

(2)提供道路信息。道路交通标志，能预告交通参与者前方某一路段，某一地点的地理或环境状况。如预告前方是急弯、陡坡、隧道、桥梁、学校、村镇等，警告人们应注意危险，提前采取安全措施。

(3)引导所去方向。道路交通标志，可以明确地表示道路通达的方向、地名、沿途主要村镇、名胜古迹及其位置和距离。解除驾驶员因路线不明而产生的犹豫、疑虑、焦躁或烦恼，减少不必要的减速或停车。

(4)执行法律法规。交通标志，即参与交通活动的人们遵章守纪的依据，又是执法人员纠正交通违章，处理交通事故，判定交通事故责任的依据。

3. 道路交通标志的种类

道路交通标志按照我国《道路交通标志和标线》(GB 5768—1999)规定分为主标志和辅助标志两大类。

(1)主标志

主标志包括警告标志、禁令标志、指示标志、指路标志4种。

①警告标志。警告标志是警告车辆、行人注意危险地点或危险情况的标志，起警戒作用，与安全行车密切相关。形状为等边三角形，顶角朝上。

颜色一般采用黄底、黑边、黑图案,如图 5-1 所示。

环形交叉

易滑

事故易发路段

图 5-1 警告标志

②禁令标志。禁令标志是禁止或限制车辆、行人交通行为的标志。其颜色除个别标志外,为白底、红边、红杠、黑图案、图案压杠;个别颜色为:禁止驶入标志和停车让行标志是红底、白杠或白字;解除标志是白底、黑边、黑图案;禁令标志的形状为圆形和顶角向下的等边三角形两种,如图 5-2 所示。

禁止驶入

限制质量

解除限制速度

图 5-2 禁令标志

③指示标志。指示标志是指示车辆、行人按其含义行进或停止的标志,其颜色除个别标志外,一般为蓝底、白图案。其形状为圆形或矩形,如图 5-3 所示。

向左和向右转变

立交直行和右转弯行驶

分向行驶车道

图 5-3 指示标志

④指路标志。指路标志是传递道路方向、地点、距离等信息的标志，其颜色一般为蓝底白图案，高速公路和一级公路多为绿底白图案。其形状除地点识别标志外，一般为矩形。见图 5-4 所示。

图 5-4 指路标志

(2)辅助标志

辅助标志是附设在主标志下，起辅助说明作用的标志，不能单独设立和使用，其颜色为白底黑字或黑图案，黑边框，其形状为矩形。辅助标志按其用途又分为表示时间，表示车辆种类，表示区域距离，表示警告、禁令理由等几种。如图 5-5 所示。

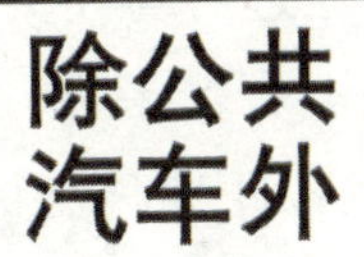

图 5-5 辅助标志

在《道路交通标志和标线》(GB 5768—1999)的道路交通标志篇内，还专设有“其他设施”，包括路栏、锥形交通路标、导向标和道口标注。

4. 道路交通标志的设置

道路交通标志发出的管理信息要作用于交通参与者的视觉器官才能产生效应。这意味着必须保证驾驶员在标志前的一定距离内辨清标志的内容，并在到达标志所警戒或指示点前留有充分的余地，以便采取相应的措施。机动车驾驶人员在驾车行进中，对于交通标志的识别，一般分为以下 5

个阶段。

(1)发现。在驾驶员的视野内察觉到有标志的存在,但分辨不清标志的形状,更识别不清标志的内容。

(2)识别。能识别出标志的外形轮廓,但不能读出标志牌的内容。

(3)认读。看清了标志的外形轮廓,并能读出标志牌上的内容。

(4)理解。在认读交通标志的基础上,理解了交通标志的含义。

(5)采取行动。在理解了标志的含义后,采取相应的措施。如转弯、减速、制动等。

参见驾驶员对标志的认读过程,如图 5-6 所示。

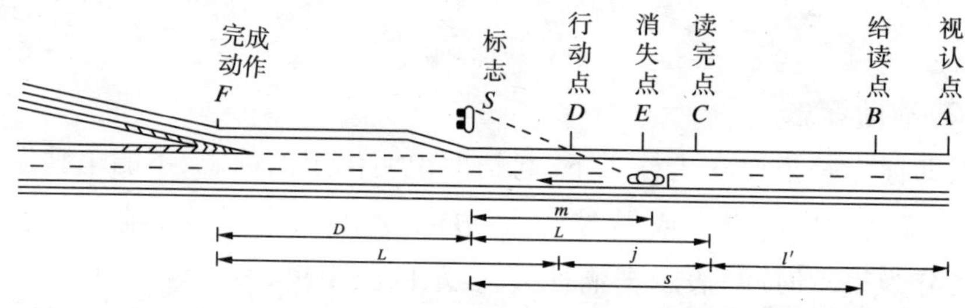

图 5-6　驾驶员对标志的认读过程图

经过对驾驶员认读交通标志过程的分析,通常驾驶员在识认点 A 处已发现标志 S,在 B 点开始读取标志的信息,到 C 点可以把标志内容完全读完,这段距离称为标志距离 l'。读完标志后,应做采取行动的判断,这段距离称为判断距离 j。然后,开始行动。这时,车辆已行驶到点 D,从行动点到行动完成 F 的距离称为行动距离 L。驾驶员必须能够在这一距离内安全顺畅地完成动作,如变换车道、改变方向、减速或停车等。从 B 点到标志 S 的距离,称为识认距离 s。视认距离的长短与两种因素有着直接的关系:一是车速;二是标志及其文字符号的尺寸。

因此,在拟定或提出设置交通标志的方案前,首先要对照《道路交通标志和标线》(GB 5768—1999)中各标志具体设置条件,针对标志系统对道路交通的影响,制订标志设置方案,保证标志设施的必要性。同时设置方案一般要考虑下列情况:

(1)交通标志应设在车辆行进正面方向最容易看见的地方,一般设置在道路右侧隔离带外缘或车行道上方,这是由我国的右侧通行原则决定的,当然在必要时也可设置在中央分隔带上;同时应注意标志的背景环境,避免因背景色彩减弱了交通标志的显示程度。再则,标志牌不得被行道树木或其他物体遮蔽,且标志设置点与需采取措施的地点应有适当的距离。例如,用60km/h的速度行驶的,驾驶员能看清车前240m处的标志,而用80km/h的速度行驶,则距离标志160m处才能看清标志。如表5-5所示。

警告标志到危险地点的距离　　表5-5

计算的行车速度(km/h)	>100	90~70	60~40	<30
标志到危险地点的距离(m)	200~250	100~200	50~100	20~50

(2)标志板上信息量的多少对驾驶员读取标志板上信息,并作出相应动作的时间有很大影响。因此,指路标志版面上的信息不宜过多,指路标志版面上的图案设计应该简洁明了。研究表明,一般汉字不超过17个,道路路名不宜超过6个。重要地名的汉字应有50cm的高度,且应尽量采用笔画少的文字。

从当前的情况来看,交通标志越来越引起人们的关注,并越来越趋于人性化。例如,欧洲出现不断挥动减速慢行旗子的木偶警察和提醒人们要系好安全带的大象图案的"大象标志",新加坡有寓意不开赌气车或英雄车的"棕熊标志",开罗一些公路上有寓意路面很滑的"葡萄路标",重庆高速公路在危险路段设置了用于警示的仿真执法队员。

(二)道路交通标线

道路交通标线是道路管理设施的重要组成部分。道路交通标线主要采用漆类涂料涂绘各种线性的方法,对车辆和行人进行交通管理,表达指示、警告、禁令及指路的内容,以组织交通运行,保障交通安全与畅通。

1. 道路交通标线概念

道路交通标线是由各种路面标线、箭头、文字、立面标记、突起路标和路边轮廓标等所构成的交通安全设施。

道路交通标线具有管制和引导交通的作用,在道路交通管理中占有重要地位。它与道路交通标志、交通信号灯和其他交通管理设施可以配合使用,也可单独使用起到组织交通流,维护交通秩序,保障交通安全的作用。道路交通标线和道路交通标志在内容、性质、作用上有许多共同点,但也有一定的区别。例如,道路交通标志的管理范围只能大致地指出,而道路交通标线本身就十分明确地划清了其使用范围和界限。

2. 道路交通标线的种类

道路交通标线按我国《道路交通标志和标线》(GB 5768—1999)规定。分为以下17类:(1)车行道中心线;(2)车道分界线;(3)车行道边缘线;(4)停车线;(5)减速让行线;(6)人行横道线;(7)导流线;(8)车行道宽度渐变段标线;(9)接近路面障碍物标线;(10)停车位标线;(11)港湾式停靠站标线;(12)出入口标线;(13)导向箭头;(14)左转弯导向线;(15)路面文字标记;(16)立面标记;(17)突起路标和路边线轮廓标。上述道路交通标线从形式上可归纳标线类、标记类、路标类3种。

(1)标线类道路交通标线

标线类道路交通标线,按其功能可分为纵向标线、横向标线和其他标线3类。本处重点介绍以下几类标线:

①车行道中心线。用来分隔对向行驶的交通流,一般设在车行道几何中线上,但也不限于一定设在道路的几何中心线上。凡具有两条机动车道、双向行驶的道路路面,原则上都应划中心线。车行道中心线根据不同需要和道路条件可划成中心虚线、中心单实线、中心双实线,如图5-7所示。车行道分界线的颜色规定是:凡划中心虚线和中心单实线的道路,中心线用白色或黄色,划有中心双实线和中心虚实线的道路,中心线用黄色或白色。

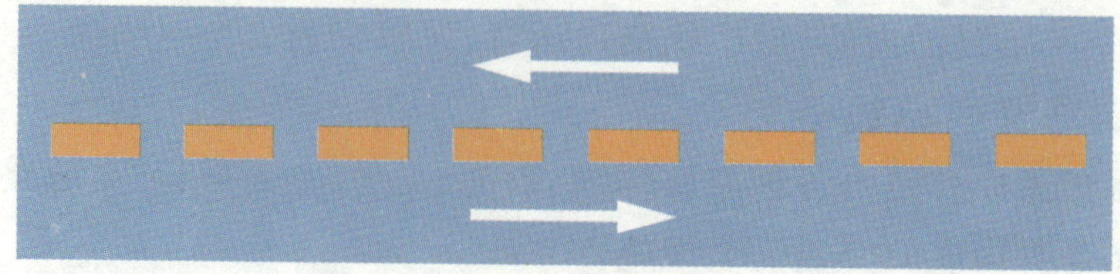

图5-7 双向两车道路面中心线

②车道分界线。用于分隔同向行驶的交通流的白色虚线。凡同一行驶方向的车行到有两条以上车道时,应划车道分界线,如图5-8所示。

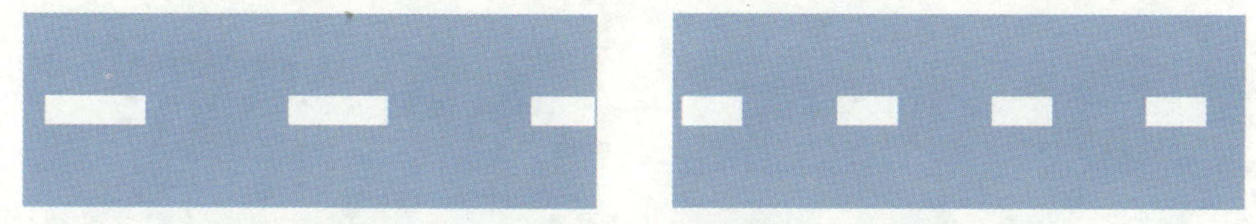

图5-8 车行道分界线

③车行道路边缘线。用来表示车行道的白色边线。高速公路、一级公路和城市快速道路,应在路缘带内划实线边缘线,如图5-9所示。

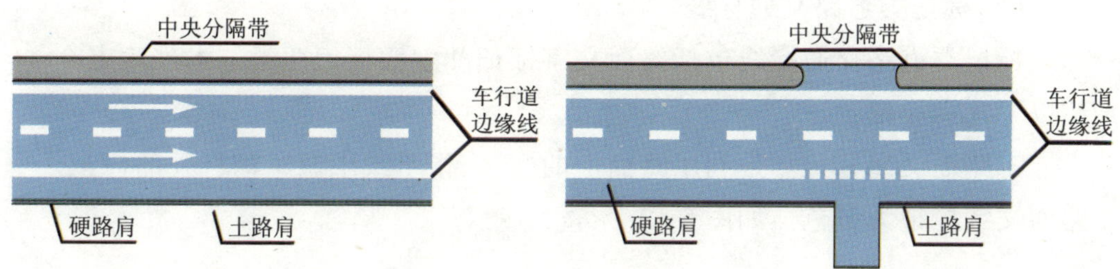

图5-9 车行道边缘线

④出入口标线。是为驶入或驶出匝道车辆提供安全交汇,减少与突出部分缘石碰撞的标线。其包括出入口的横向标线和三角地带的标线,颜色为白色。主要用于高速公路和其他采用立体交叉,以及有必要画这种标线的道路(如城市快速道路)上。

出入口标线按直接式和平行式两种情况设置。如图5-10所示。

图5-10 出入口标线

a)直接式出口标线;b)平行式入口标线

⑤禁止标线。用于告示道路交通的遵行、禁止、限制等特殊规定，车辆驾驶人员及行人需要严格遵守的标线。如图 5-11 所示。

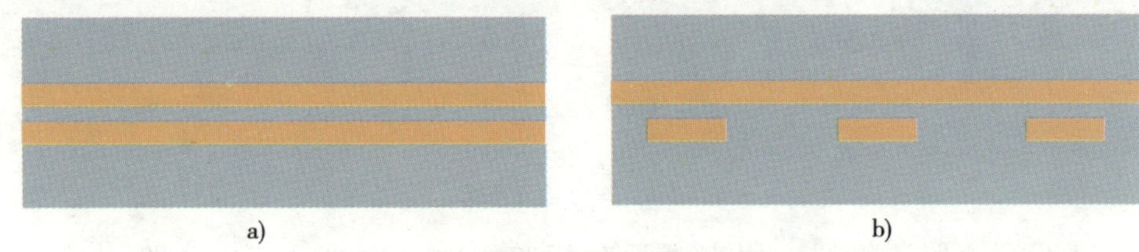

图 5-11 禁止标线

a)中心黄色双实线；b)中心黄色虚实线

(2)标记类道路交通标线

标记类道路交通标线包括路面文字标记和立面标记两类。本处重点介绍以下几类标记：

①路面文字标记。是利用路面上的文字，指示或限制车辆行驶的标记。路面文字标记为黄色。如图 5-12 所示。

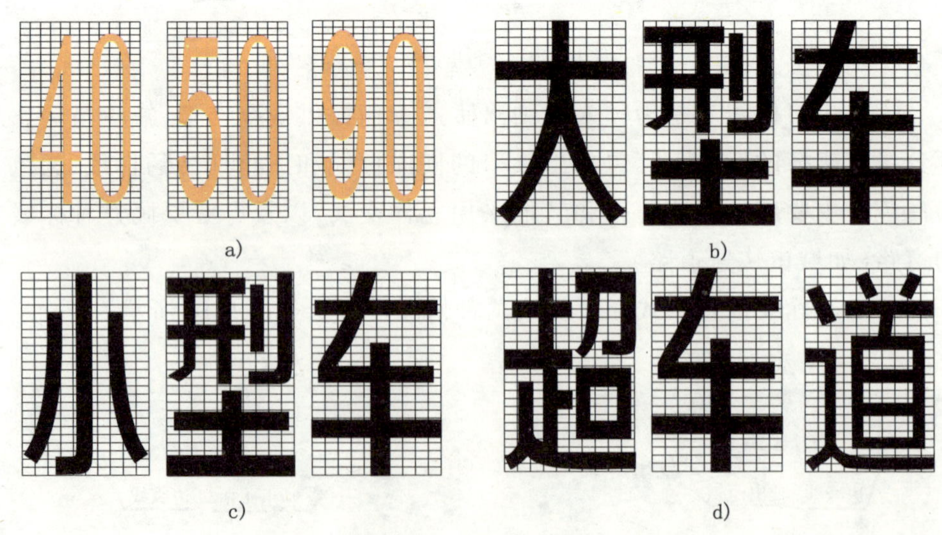

图 5-12 路面文字标记

a)最高限速；b)大型车；c)小型车；d)超车道

②立面标记。是提醒驾驶人员注意在车行道内或近旁有高出路面

的构造物，防止发生碰撞的标记。其主要设在跨线桥、渡槽等的墩柱或例墙端面上以及隧道洞面，为黄黑相间的45°倾斜线条。如图5-13所示。

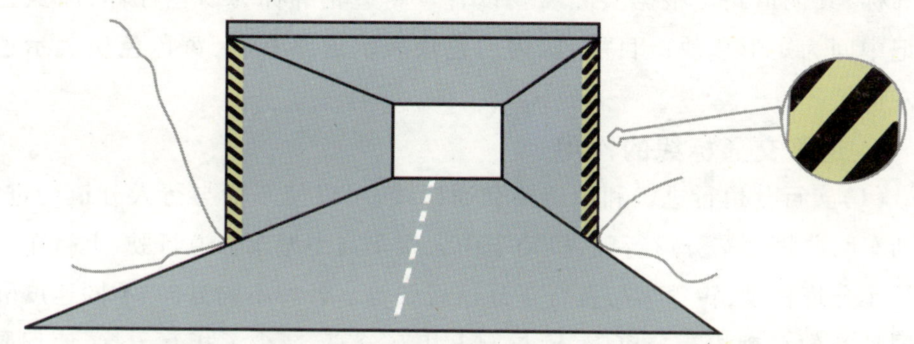

图5-13 立面标记

(3)路标类道路交通标线

路标类道路交通标线包括突起路标和路边线轮廓标两种。

①突起路标。是固定于路面上突起标记块，起辅助和加强标线的作用。突起路标可在高速公路、一级公路、二级公路和照明度不足的城市道路上，用来标记中心线、车道分界线和车行道边缘线；也可用来标记弯道、交叉路口、车行道宽度变窄、路面有危险障碍物等危险路段。突起路标高出路面不超过2.5cm，具有反光性能，一般路段的反光体为白色，危险路段的反光体为红色和黄色。突起路标包括路钉、震颤垫块、中心标志等几种。

路钉，采用金属或合成树脂制成。状如冒顶突起，有圆形、矩形、正方形等。路钉主要用于表示车行道的中心线、车道分界线、车行道边缘线等，它与路面标线配合，增强了标线的使用效果，路钉亦可加设灯泡称为发光路钉，用于区别专用车道线，高峰时刻需改变上下行车流分界线时，发光路钉可用作变动的车道中心线。目前，路钉在高等级公路上使用较多。

震颤垫块，构造和路钉相似，但使用方法及特征有所区别。震颤垫块有较好的视认性，且由于突出路面，当车辆触及时，使车辆产生颤动，给予驾驶员警告,防止车辆驶出车道。

②路边线轮廓标。是用于指示道路方向、车行道的边界、危险路段的位置及长度的标记。应优先考虑在高速公路和城市快速路上使用路边线轮廓标,其他道路可根据实际需要设置。路边轮廓标为白色柱体,涂黑色标记中间为矩形色块。目前,国内白色块表示道路右侧,黄色色块表示道路左侧。

3. 道路交通标线的作用

(1)实行分道行进。利用道路交通标线,可以使车辆与行人分道行进、机动车与非机动车分道行驶、机动车中大型车与小型车分道行驶、上行车与下行车分道行驶,转弯车与直行车分道行驶等。各种不同方向、不同速度和不同种类的车辆相互分离,车辆与行人相互分离,减少了相互干扰,使驾驶员与行人易于辨明行驶路线,提高了道路的通行能力和车辆行驶速度,减少交通事故的发生,保障交通安全与畅通。

(2)渠化交通。利用道路交通标线,可在平面交叉路口组织渠化交通,引导行人和各种车辆按标线所示的位置、方向、路线行进,以达到疏导交通流、减少冲突点、控制冲突角、提高平面交叉路口的通行能力,保障交通安全的目的。

(3)预告行进方向。通过道路交通标线,可将前方道路的状况和特点明显化。提醒驾驶员注意前方道路情况变化,使驾驶员提前采取措施,确保行车安全。

(4)守法和执法依据。道路交通标线是国家道路交通管理法规的具体表现形式之一,带有强制性和普遍性,其要求所有道路交通参与者都必须遵守,在其的指引下通行。道路交通标线既是交通参与者行使交通权利的法律依据的具体体现,也是公安交通管理机关实施交通规划、事故与违法处理等交通行为的具体依据。

(三)道路影响交通安全的因素

道路及道路环境是影响道路交通安全的第三大要素,据统计,10%的交通事故是直接由于不安全的道路条件或道路环境所造成的。在高速公路上,影响交通安全的道路因素主要有以下7个方面。

1. 路面原因

(1)道路路面的坍陷、凹槽会直接致使车辆进入时机械发生异常,发生制动失效、方向偏移等现象,引起驾驶员误操作造成交通事故。

(2)道路宽度突变,在桥梁接头处易于发生,这会导致高速运行的车辆驾驶员来不及修正行驶方向,从而出现险情。

(3)路面排水设施位置及尺寸不当,雨天路面积水,因水漂的影响,车辆操作方向失控,产生水滑现象,也严重妨碍行车安全。

(4)弯道超高不够,极易发生车辆横滑现象。

(5)道路摩擦系数不满足高速行车要求使车辆制动距离增长和侧滑危险增加。

2. 弯道(平曲线)的影响

高速公路往往因地形形成弯道,同时,为了刺激驾驶员的注意力,防止“高速催眠”现象,高速公路每隔一定的长度设计一个弯道。汽车沿弯道行驶要产生离心力,如果离心力达到横向附着极限时,汽车要发生侧滑或侧翻。车速越高,离心力越大。转弯半径越小,离心力越大。汽车总质量越大,离心力越大。

3. 坡道(纵坡)的影响

纵坡大小对载重汽车的影响比小汽车显著得多。当车辆上坡时,由于行驶阻力的作用,车速下降,大型货车和大型客车往往会感到动力不足,达不到规定的最低行驶速度,成为后续车辆的行驶障碍。所以,在设有爬坡道的路段,慢速车辆应在爬坡道行驶。下坡时,车速过高,发生交通事故的危险增加。或者由于需长时间减速、制动,也会造成制动器发热失效,从而导致交通事故。因此,对于较大纵坡的坡度及坡长必须加以必要的限制和改造。

4. 道路线形的影响

道路线形与驾驶员行车心理、生理特性和视觉有密切关系。道路线形各项技术标准最好能够协调一致，这意味着道路全线均可满足同一最大的行车速度值，车辆在道路上行驶就比较安全可靠，易于操作。若行车速度变化幅度大，对于驾驶员来说，易于发生交通事故。如直线过长会使行车单调，容易使驾驶员思想不集中，反应迟钝，不利于安全行车。在高填方的曲线路段，由于驾驶员对曲线大小难以判断准确，行车会偏离车道，冲到路下，酿成车祸。

5. 道路标志设置

道路标志缺失，造成驾驶员无法正确判断道路情况；道路标志没根据车辆速度适当放大，无法看清；道路标志文字设置过于复杂和繁琐，无法在高速运行下完全理解；道路标志设置位置未满足停车视距要求。

6. 道路安全防护设施

护栏防强度不够或未按规定深度埋设，致使护栏防冲击能力下降，车辆发生交通事故时或冲出护栏，或加大损害后果。

7. 危险路段

一些道路尽管符合国家有关道路设计施工的标准，但交通事故发生的频率明显高出其他路段。这些路段上发生的交通事故具有一定的规律，且造成的原因与道路的基础条件、安全设施有一定的关联，这些路段就被称为危险路段（有的又称事故多发路段或“事故黑点”）。对此，一般按照发生交通事故的次数、频繁程度和造成人员死伤的情况来界定危险路段的严重程度。在2004年，全国道路交通安全工作部际联席会议制定出了“全国督办”、“省级督办”的危险路段标准。全国督办的危险路段的标准是：连续三年内，公路500m范围内发生3起以上造成人员死亡交通事故的；或者2km范围内，发生3起以上1起死亡3人以上交通事故的路段。此外，省级督办的危险路段标准各地不一。

危险路段排查整治是预防事故的重要举措。自2001年以来，公安部每年部署对公路交通事故特别是死亡事故地点进行统计分析，排查本地事故多发点段，分析查找事故隐患，会同安全监管和交通部门，提出有针对性的措施。然后，通过交通部门实施工程改造或者通过增加防护设施、交通标志标线等整治手段，消除道路安全隐患①。有的地方还建立了排查责任制度，及时进行排查。对排查的事故危险路段，逐项登记造册，并有照片、具体位置、事故案例、隐患分析、治理建议等具体内容。

参见道路条件及道路环境的安全因素，如图 5-14 所示。

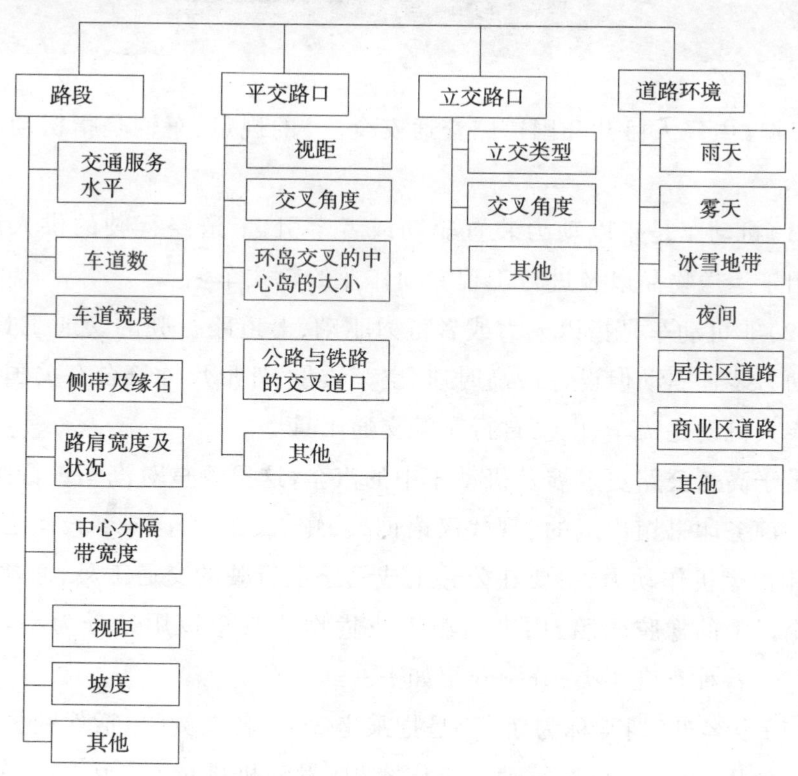

图 5-14　道路条件及道路环境的安全因素

① 2004 年，全国交通部门实施为期 3 年的“公路安全保障工程”，当年共排查出公路安全保障工程实施路段 17 万处，计 5 万余公里。据 2005 年对 117 个实施路段的抽样调查，安保工程实施路段的交通事故数量降低 58%。

第三节
交通要素——车

根据《中华人民共和国道路交通安全法》的规定，车辆是指机动车和非机动车。

(1)机动车是指以动力装置驱动或者牵引，上道路行驶的供人员乘用或者用于运送物品以及进行工程专项作业的轮式车辆。

(2)非机动车是指以人力或者畜力驱动，上道路行驶的交通工具，以及虽有动力装置驱动但设计最高时速、空车质量、外形尺寸符合有关国家标准的残疾人机动轮椅车、电动自行车等交通工具。

由于高速公路更多涉及机动车中的汽车，这里着重对汽车进行阐述。

在商务印书馆出版的《现代汉语词典》中，关于汽车词条下有这样的解释："用内燃机作动力，主要在公路上或马路上行驶的交通工具，通常有4个或4个以上的橡胶轮胎，用来运载人或货物。"汽车按用途分为小客车、客车、货车、特种车有4类，分别介绍如下：

(1)小客车(通常称为轿车)是指乘坐2~9名乘员(包括驾驶员)，主要供私人使用的汽车，可按发动机工作容积(发动机排量)分级。主要特点是外形尺寸不大，装备齐全考究，性能优良，较舒适的座位设置在后排。

(2)客车是指乘坐9个以上乘员，主要供公共服务用的汽车。按照服务方式不同，客车的构造亦不同，可分为城市公共客车、长途客车、游览客车等类型。城市公共客车由于乘客上下车频繁，其地板离地高度较低，并设有2~3扇客门，车上设站立位置、故车内通道应有足够的高度和宽度。长途客车由于乘坐时间长,车内全部布置坐席,通常只有1扇客门,乘坐舒适性要求高,还须设有若干个行李舱。其车窗户尺寸大,以便开阔视野。

(3)货车是指用于运载各种货物的汽车,在其驾驶室内还可容纳2~6个乘员。由于所运载的货物种类繁多,货车的装载量及车厢的结构也各有不同,主要分为普通货车和专用货车两大类型。普通货车具有栏板式车厢,可运载各种货物;专用货车通常由普通货车改装,其车厢是为专门运载某种类型的货物而设计的,如运载易污货物的闭式车厢,运载易腐食品的冷藏车厢,运载砂土矿石的自卸车厢,运载液体、气体或粒状固体的罐式车厢,运载大型货物的平台式车厢等。

(4)特种车是指为了执行特殊任务的汽车,在汽车上设置各种特殊设备,成为特种用途汽车,如环卫作业车、工程作业车、医疗救护车、消防车等类型。

一、汽车的构造

现代汽车是由多个装置和机构组成的,基本构造都是由发动机、底盘、电器设备和车身4大部分组成。如图5-15所示。

图5-15 汽车结构图示

(一)发动机

发动机是汽车的动力装置,是汽车的心脏。发动机的作用是使供入其中的燃料燃烧而产生动力。大多数汽车都采用往复活塞式内燃机,它一般是由机体、曲柄连杆机构、配气机构、供给系、冷却系、润滑系、点火系(汽油发动机采用)、起动系等部分组成。

1. 冷却系

一般由水箱、水泵、散热器、风扇、节温器、水温表和放水开关组成。汽车发动机采用两种冷却方式,即空气冷却和水冷却。一般汽车发动机多采用水冷却。

2. 润滑系

发动机润滑系由机油泵、集滤器、机油滤清器、油道、限压阀、机油表、感压塞及油尺等组成。

3. 燃料系

汽油机燃料系由汽油箱、汽油表、汽油管、汽油滤清器、汽油泵、化油器、空气滤清器、进排气支管等组成。其中,化油器是将汽油与空气以一定的比例混合为一种雾化气体的装置,这种雾化气体称可燃混合气,及时适量供入气缸。而目前已经明令禁止销售化油器轿车,鼓励销售电喷式轿车。汽油电喷发动机与化油器式发动机相比,突出的优点是能准确控制混合气的质量,保证气缸内的燃料燃烧完全,使废气排放物和燃油消耗得到降低,同时它还提高了发动机的充气效率,增加了发动机的功率和扭矩。

(二)底盘

底盘作用是支承、安装汽车发动机及其各部件、总成,形成汽车的整体造型,并接受发动机的动力,使汽车产生运动,保证正常行驶。底盘由传动系、行驶系、转向系和制动系组成。

1. 传动系

传动系由离合器、变速器、万向传动装置和驱动桥组成,如图 5-16 所示。传动系的基本功用是将发动机发出的动力传给汽车的驱动车轮,产生驱动力,使汽车能在一定速度上行驶。对于发动机前置、后轮驱动的汽车来说,发动机发出的转矩依次经过离合器、变速箱、万向节、传动轴、主减速器、差速器、半轴传给后车轮,所以后轮又称为驱动轮。驱动轮得到转矩便给地面一个向后的作用力,并因此而使地面对驱动轮产生一个向前的反作用力,这个反作用力就是汽车的驱动力。汽车的前轮与传动系一般没有动力上的直接联系,因此称为从动轮。国内外的大多数货车、部分轿车和部分客车都采用这种形式。但也有大多数轿车采取发动机前置、前轮驱动这种形式,而对于前置前驱的车辆,它的传动系中就没有传动轴等装置。

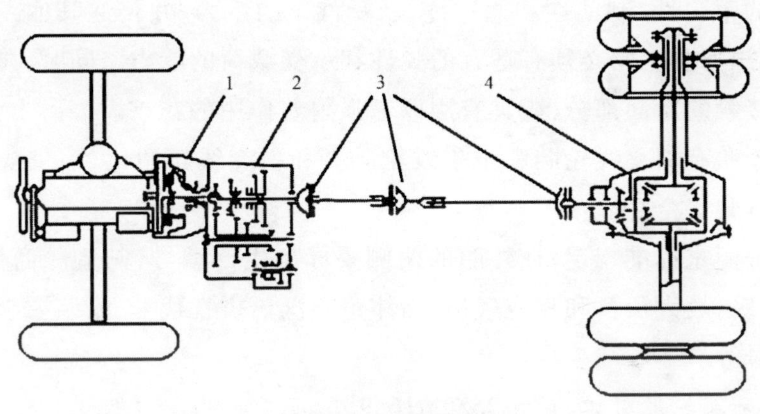

图 5-16　汽车底盘图示

1-离合器;2-变速器;3-万向节;4-驱动桥

(1)离合器。其作用是使发动机的动力与传动装置平稳地接合或暂时地分离,以便于驾驶员进行汽车的起步、停车、换挡等操作。

(2)变速器。由变速器壳、变速器盖、第一轴、第二轴、中间轴、倒挡轴、齿轮、轴承、操纵机构等机件构成,用于汽车变速、变输出扭矩。

2. 行驶系

行驶系分为,车桥、车轮、车架和悬架 4 大主要部分。行驶系的基本功用是支持全车质量并保证汽车的行驶,除影响汽车的操纵稳定性外,还对汽车的乘坐舒适性起重要影响。

(1)车架是汽车的基础,由车架将汽车装配成一体;车桥与车轮负责汽车的行驶。

(2)悬挂装置将车桥安装于车架,起到传力、导向和缓冲减震的作用。

(3)钢板弹簧的作用是使车架和车身与车轮或车桥之间保持弹性联

系。减震器的作用是当汽车受到震动冲击时,使震动得到缓和。减震器与钢板弹簧并联使用。

(4)轮胎安装在轮辋上,直接与路面接触。它的作用是和汽车悬架共同来缓和汽车行驶时所受到的冲击,并衰减由此而产生的振动,以保证汽车有良好的乘坐舒适性和行驶平顺性;保证车轮和路面有良好的附着性,以提高汽车的牵引性、制动性和通过性;承受汽车的重力,并传递其他方向的力和力矩。因此,轮胎必须有适宜的弹性和承受载荷的能力。同时,在其与路面直接接触的胎面部分,应具有用以增强附着作用的花纹。

①轮胎有斜交线轮胎和子午线轮胎。和斜交线轮胎比,子午线轮胎有更好的行驶安全性。

②按国家标准规定,在外胎的两侧要标出生产编号,制造厂商标,尺寸规格,层级,最大负荷和相应气压,胎体帘布汉语拼音代号,安装要求和行驶方向记号等。

例如,某轮胎标识为"p225/65r1689h",其中:

"p"是指轿车轮胎(用以区别载货汽车或其他车型适用的轮胎)。

"225"指的是轮胎断面的宽度,是两个胎侧之间的宽度(以毫米为单位)。此宽度随轮胎所匹配轮辋宽度的不同而不同:宽轮辋配宽轮胎,窄轮辋配窄轮胎。一般在胎侧上所标示的胎宽,是指当轮胎安装到所建议宽度的轮辋时的宽度。

"65"是轮胎的扁平比,是胎宽与胎高的比例,这里指胎高占胎宽的65%,数值越小,越显扁平。

"r"是指轮胎的结构,表示此轮胎为子午线结构,也就是说它的帘布层是呈辐射状排布在胎体内的("b"表示轮胎为斜交结构,目前斜交结构的轿车轮胎已不复存在)。

"16"表示轮辋直径(以英寸为单位),此轮胎必须匹配16in(0.4m)的轮辋,否则无法安装。

"89"表示载重指数:此轮胎最高载重为580kg,不同的载重指数代表不同的最高载重。

"h"表示速度级别:此轮胎最高时速为 210km/h,不同的英文字母表示不同的速度级别。

③前轮定位:为了使汽车保持稳定直线行驶,转向轻便,减少汽车在行驶中轮胎和转向机件的磨损,前轮、转向主销、前轴三者之间的安装具有一定的相对位置,这就叫"前轮定位"。它包括主销后倾、产销内倾和前轮前束。前束值是指两前轮的前边缘距离小于后边缘距离的差值。

参见汽车轮胎图示,如图 5-17 所示。

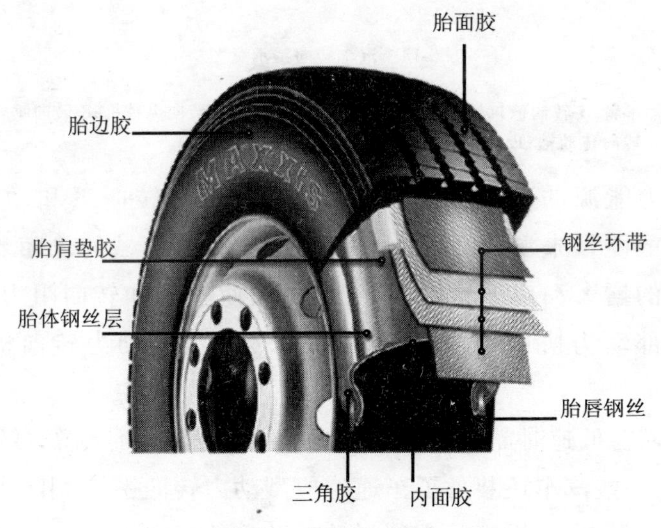

图 5-17 汽车轮胎图示

3. 转向系

汽车行驶过程中,经常需要改变行驶方向,即所谓的转向,这就需要有一套能够按照驾驶员意志使汽车转向的机构,它将驾驶员转动方向盘的动作转变为车轮(通常是前轮)的偏转动作。

转向系由方向盘、转向器、转向节、转向节臂、横拉杆、直杆等组成。其中转向器是转向系的核心部件,它将操纵机构的旋转运动转变为传动机构的近似直线运动,如图 5-18 所示。

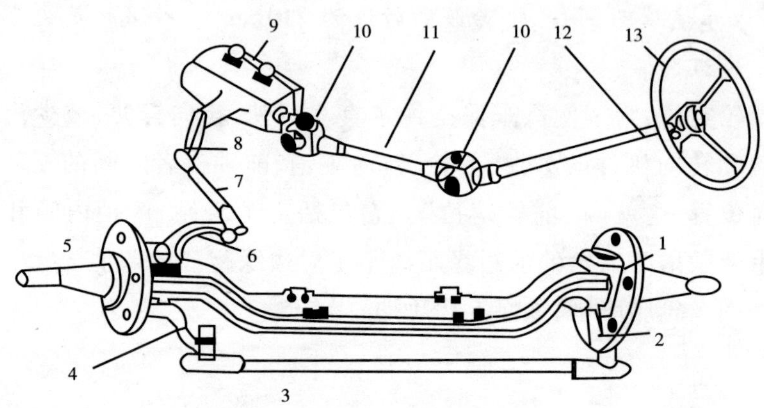

图 5-18　汽车转向系示意图

1-右转向节;2、4-梯形臂;3-转向横拉桥;5-左转向节;6-转向节臂;7-转向纵拉杆;8-转向垂臂;9-转向器;10-转向万向节;11-转向传动轴;12-转向轴;13-方向盘

按转向力能源的不同,可将转向系分为机械转向系和动力转向系。机械转向系的能量来源是人力,所有传力件都是机械的。随着最近汽车发动机功率的增大和扁平轮胎的普遍使用,使车重和转向阻力都加大了,因此利用外部动力协助驾驶员轻便操作转向盘的动力转向机构越来越普及。

根据车辆在低速时需要较大的转向力,而在高速时则需要较小的转向力这一原则,一些汽车还装备了车速感应型动力转向系统,由电脑根据车速自动控制转向力大小,提高了高速行驶时转向的稳定性。

4. 制动系

由设在每个车轮上的制动器和制动操纵机构组成,由驾驶员通过制动踏板来操纵。驻车制动装置的制动器大多数与后桥制动器合一,但也有装在变速器第二轴上的,驻车制动器由手操纵杆来操纵。制动系的作用是使行进中的汽车迅速减速直至停车。手制动器是一种使汽车停放时不致溜滑,在特殊情况下,配合脚制动的装置。它包括下列两种:一种是液压制动装置,由制动踏板、制动总泵、分泵、鼓式(车轮)制动器和油管等机件组成;另一种是气压制动装置,由制动踏板、空气压缩机、气压表、制动阀、制动气室、鼓式(车轮)制动器和气管等机件组成。

1971 年研制成功的 ABS 刹车防抱死系统，能防止紧急制动或湿滑路面制动引起的侧滑，并使车辆在紧急制动时保持良好的转向性能，这样在前方有障碍时能轻松避险。近来，ABS 装置上还附加了 EBD(电子制动力分配)功能，使满载车辆和弯道制动性能得以改善。

(三)车身

汽车车身既是驾驶员的工作场所，也是容纳乘客和货物的场所。车身应对驾驶员提供便利的工作条件，对乘员提供舒适的乘坐条件，保护他们免受汽车行驶时的振动、噪声，废气的侵袭以及外界恶劣气候的影响，并保证完好无损地运载货物且装卸方便。

汽车车身结构主要包括：车身壳体、车门、车窗、车前钣制件、车身内外装饰件和车身附件、座椅以及通风、暖气、冷气、空气调节装置等。

汽车车身是一件精致的综合艺术品，应以其明晰的雕塑形体、优雅的装饰件和内部覆饰材料以及悦目的色彩使人获得美的感受，点缀人们的生活环境。

(四)电器设备

电器设备由电源和用电设备组成。电源包括发电机和蓄电池。用电设备的内容很多，不同车型不一样，主要有点火系、起动系、照明、仪表信号系统、空调以及其他用电设备等。

二、车辆行驶安全系统

汽车的安全性已成为汽车价值的主要组成部分。当碰撞事故无法避免时，被动安全装置就显得非常重要了。所谓被动安全装置是相对于主动安全装置而言的，它的基本功能可归纳为以下 4 个方面：一是对乘员施加约束，使之避免在汽车碰撞时与车内物体撞击或被甩出车外；二是产生软缓冲作用，亦即构件以适当的变形距离吸收撞击能量，或者说使速度逐渐下降，而避免出现较大的减速度和碰撞力；三是加大人体与汽车构件的接触面积，避免产生点接触从而使碰撞造成的单位面积挤压力减少,或使碰撞力转移到人体非要害部位;四是被动安全性要求在发生事故时能够减少事故造成的伤害,不但要保全车内乘员还要照顾到其他的交通参与者,并且要使乘员在车厢内移动发生第二次碰撞的机会最小。被动安全装置主要有安全车身、安全玻璃、预紧式安全带、安全气囊、头枕等。

1. 安全车身

汽车发生碰撞时,汽车的前、后保险杠或车身侧面的护条等构件首先相互接触,随后便是与这些构件相连接的车身构架产生坍塌与变形,吸收绝大部分的碰撞能量。根据碰撞安全性的要求,车身壳体的正确结构应是,使乘客舱具有较大的刚度,以便在碰撞时尽量减小变形,充分保证内部乘员的生存空间;同时使车身的头部、尾部等其他离乘员较远的部分的刚度相对较小,在碰撞时得以产生较大的变形而吸引撞击能量,减轻乘员受到的冲击。因此,绝对不变形的车身并不是最安全的,车身设计远比车身钢板厚度更重要。

2. 安全玻璃

汽车正面或侧面碰撞时,乘员头部往往撞击挡风玻璃或侧窗玻璃而受伤,并且玻璃碎片还会使脸部和眼睛受伤。目前在汽车上广泛应用的安全玻璃有钢化玻璃与夹层玻璃两种。钢化玻璃受冲击而损坏时,整块玻璃出现网状裂纹,脱落后则分成许多无锐边的碎片。夹层玻璃损坏时内、外两层玻璃的碎片仍然黏附在中间层上。中间层有较大的韧性,在承受撞击时拱起从而吸收一部分冲击能量,起缓冲作用。

3. 预紧式安全带

在发生汽车碰撞事故时,车内乘员由于惯性作用而离开座位向前冲。此时,仪表板、转向盘、风窗支柱、风窗玻璃、风窗框上横梁等往往会与人体的胸、腹或头部相撞。预紧式安全带的特点是当汽车发生碰撞事故的一瞬间(0.1s 左右),乘员尚未向前移动时它会首先拉紧织带,立即将乘员紧紧地绑在座椅上,然后锁住织带,防止乘员身体前倾与方向盘、仪表板和玻璃窗相碰撞。

4. 安全气囊(SRS)

安全气囊是现代轿车上引人注目的高技术装置。一旦车前端发生了强烈的碰撞,安全气囊就会瞬间从方向盘内“蹦”出来,垫在方向盘与驾驶者之间,防止驾驶员的头部和胸部撞击到方向盘或仪表板等硬物上。研究表明,有气囊装置的轿车发生正面撞车,驾驶者的死亡率:大轿车降低了30%,中型轿车降低11%,小型轿车降低14%。

安全气囊所用的气体多是氮气或一氧化碳。除了驾驶员侧有安全气囊外,有些轿车前排也安装了乘客用的安全气囊(即双安全气囊规格),有的还在座位侧面靠门一侧安装了侧面安全气囊。值得注意的是,如果不佩带安全带,安全气囊就不能很好地发挥保护作用,甚至还会对乘员造成伤害。

5. 头枕

头枕是在汽车后部受撞击时最大限度地降低头部向前甩的力量,以减轻脊椎以及颈部所承受的冲击力,限制人的头部向后运动的装置,防止头部向后甩带来颈椎受伤,而严重的颈椎受伤可能使其内部神经(脊髓)受伤,导致颈部以下全身瘫痪(高位截瘫)。

三、汽车的制动特性

在汽车行驶过程中,当驾驶员发现前方有障碍物时,为防止车辆与障碍物发生碰撞,必须用某种方法将汽车行驶中具有的动能转变为其他形式的能,最终使汽车的动能降为零。一般是用制动器制动车轮,通过轮胎与路面间的摩擦,在汽车上加一个与行驶方向相反的力,来降低汽车的动能。其结果是,汽车的动能转变成热能消耗掉,达到迅速地降低车速至停车。

参见制动系工作原理示意,如图 5-19 所示。

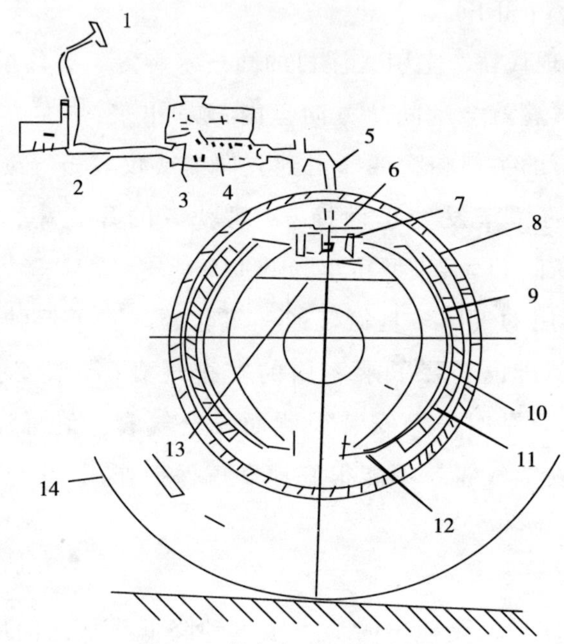

图 5-19 制动系工作原理示意图

1-制动踏板;2-推杆;3-主缸活塞;4-制动主缸;5-油管;6-制动轮;7-轮缸活塞;8-制动鼓;9-摩擦片;10-制动蹄;11-制动底板;12-支撑;13-制动蹄回位弹簧;14-车轮

汽车制动往往有一过程,不可能一开始制动便立即停住的,而且车速越高,完全停车以前所经过的距离越长。

假设制动前汽车的动能等于制动过程中制动力所做的功,则制动距离可按式(5-1)求出:

$$\frac{v^2 W}{2g} = F_b S_o \qquad (5\text{-}1)$$

式中:W——汽车质量;

g——重力加速度;

v——制动前的车速;

F_b——加在汽车上的制动力;

S_o——制动距离。

如果制动力 F_b 不是常数而是变量,S_o 必须用积分的方法来求。制动力 F_b 可根据轮胎与路面间的摩擦力求得,即:

$$F_b = uW \quad (5\text{-}2)$$

式中：u——轮胎与地面间的摩擦系数。

摩擦系数受到轮胎胎面的磨损情况、路面干燥情况、车轮的滑移率、轮胎接地面压强等的影响而变化。轮胎对各种路面的摩擦系数 u 的概略数值，如表 5-6 所示。

轮胎对各种路面的摩擦系数 u 的概略数值　　表 5-6

路　面　种　类	摩擦系数
干燥的沥青路面或混凝土路面	0.7
潮湿的混凝土路面	0.5
潮湿的沥青路面	0.45～0.6
碎石路面	0.55
干燥的非铺装路面	0.65
潮湿的非铺装路面	0.4～0.5
压实的雪路面	0.15
冰路面	0.07

但在车轮抱死紧急制动的情况下，可以近似地认为在制动过程中摩擦系数是常数。因此，制动力 F_b 和制动减速度（F_b/m）也可看成是固定不变的。根据以上两式可得制动距离 S_o 为：

$$S_o = v^2/2ug$$

制动距离与行车安全有直接关系，而且最直观。特别是在高速行驶时，制动距离又随车速的平方关系增加，也就是说车速从 40km/h 增加到 80km/h时，持续制动距离从 13.6m 增加到 54.4m。而整个制动非安全距离在车速 40km/h 时为 28.1m，当车速达到 80km/h，则为 83.4m，所以车速越快，车辆的制动效能也越差，不安全区域越大。参见车辆时速与制动距离的对照，如表 5-7 所示。

车辆时速与制动距离的对照表　　表 5-7

时速（km/h）	50	60	70	80	90	110	120
附着系数为 0.7 的制动距离（m）	14	20.2	27.5	35.9	45.5	56.2	80.8

如果突然实施紧急制动，由于汽车的重心位置高于路面，当汽车制动

时，前端下沉，前轴负荷增加，后轴负荷减小。这样一来，取决于摩擦力的前轮制动力较后轮制动力大，制动时后轮会首先抱死。当车轮抱死时，轮胎的摩擦系数下降，并且摩擦阻力失去了对应于车轮前进的方向性。即转动中的车轮不容易发生侧滑，而车轮抱死以后，在任何方向上都同样容易滑移，甚至平地翻车，造成重大事故。此外，在制动过程中，车辆可能会因各车轮上的制动力不均匀而发生跑偏，导致与其他车辆或路边护栏相撞，造成肇事。即使未发生上述危险情况，车辆的制动性能也会因制动器剧烈发热而下降。这是因为高速时紧急制动的制动延续时间和制动距离都大为延长，制动衬片与制动鼓间因剧烈摩擦而产生大量热来不及发散，使制动衬片温度急剧上升以至表面烧焦，使制动器产生“热衰退”现象，导致摩擦系数下降，车辆的制动性能也随之严重下降。

制动距离的经验公式见式(5-3)。

$$S_Z = 3.6 \times \frac{v}{3.6}\left(t_1 + \frac{t_2}{2}\right) + \frac{v^2}{25.9j} \tag{5-3}$$

式中：S_Z——制动距离(m)；

v——制动初速度(km/h)；

t_1——制动系反应时间(s)；

t_2——制动减速度(或制动力)上升时间(s)；

j——制动减速度(m/s)。

四、汽车的曲线行驶特性

1. 曲线行驶

曲线行驶特性是指汽车在转向、掉头或者变更车道时的行驶性能。改变汽车的行驶方向，只需转动方向盘改变前轮转角即可。但汽车的行驶方向却不一定和前轮转角完全一致，随着车速的不同，行驶方向会发生变化。在低速时，汽车的行驶方向与前轮的方向一致，但随着车速的提高，前后轮胎都出现侧向滑移现象。

在曲率半径为 R 的弯道上，汽车作转弯运动，汽车在离心力作用下有向外甩出的趋势，而阻止汽车向外甩出的是轮胎与地面间的摩擦力。随着车速的增大，离心力也加大，当离心力大于轮胎与路面间的摩擦力时，汽车就会被甩出弯道。汽车要安全地驶过弯道，必须保持如下关系：

$$\frac{mv^2}{R} \leqslant mgu \tag{5-4}$$

式中：m——汽车的质量(kg)；

v——车速(m/s)；

R——弯道的曲率半径(m)；

g——重力加速度(9.8m/s²)；

u——轮胎与路面的横向摩擦系数。

由此式可求出汽车沿曲率半径为 R 的弯道行驶时的极限车速为：

$$v_{\max} = \sqrt{ugR} \tag{5-5}$$

式中：符号意义同上。

汽车速度超过这一极限车速后，就会发生侧向滑移冲出车道。如汽车在相同行驶条件下转弯时，若车速增加2倍，离心力增加4倍；若车速增加3倍，离心力增加9倍，结果会导致车辆侧滑或侧翻。

另外因弹性车轮的侧偏现象，在侧向力的作用下会出现中性、不足和过度转向，从而使车辆偏离原行驶方向，车速越高，离心力越大，车辆侧偏会更厉害，严重时也会发生侧滑。因此高速行驶常常会破坏汽车的操作稳定性。

在侧偏的情况下，由于有很强的横向加速度作用于驾驶员的身体，也会使其身体发生转动，破坏驾驶姿势。

2. 方向盘操纵

当发现前方有障碍物时，驾车行驶的驾驶员要躲开障碍物，首先要向左转动方向盘，然后向右转回方向盘，使车辆避开障碍物行驶。这时，车辆避开障碍物的迂回轨迹是由转弯半径为 R 的圆弧连结成的 s 形曲线。迂回轨迹如图 5-20 所示。

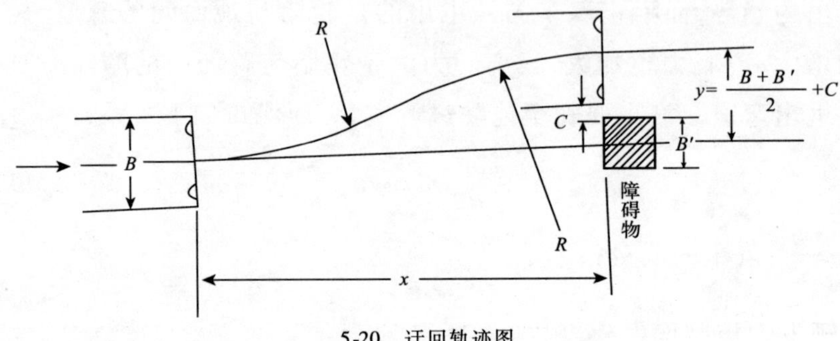

5-20 迂回轨迹图

因此，从几何关系来看，驾驶员为了避开障碍物，开始转动方向盘的地点在障碍物前的距离为：

$$x=\sqrt{4yR-y^2} \qquad (\mathrm{m}) \tag{5-6}$$

式中：x——避开障碍物，应开始转动方向盘的最短距离(m)；

y——车辆回避障碍物所必需的横向移动量(m)。

设车宽为 B、障碍物宽为 B'、车辆与障碍物间应保持的安全间距为 C，则：

$$y=\frac{B+B'}{2}+C \qquad (\mathrm{m}) \tag{5-7}$$

在驾驶姿势端正的情况下，驾驶员操纵方向盘所能承受的最大横向加速度为0.3g 左右。若取离心加速度为0.3g(取 $g=9.8\mathrm{m/s^2}$)，可得：

$$R=\frac{v^2}{0.3g}=\frac{v^2}{2.94} \qquad (\mathrm{m}) \tag{5-8}$$

式中：v——行驶速度(m/s)。

由此可以知道，在障碍物前开始转动方向盘所需的最小距离是：

$$x=\sqrt{1.36yv^2-y^2} \qquad (\mathrm{m}) \tag{5-9}$$

式中：符号意义同上。

当转动方向盘的距离小于所需的最小距离时，车辆就会与障碍物发生碰撞或者侧翻。

五、影响汽车安全性能的主要因素

汽车的转向装置是直接关系到车辆操纵性能的关键机构,它对交通安全影响最大。在转向装置中影响交通安全的主要故障是转向沉重、汽车摆头和行驶偏向等。(1)转向沉重是汽车在行驶中转动方向盘时感到费劲吃力,这样就不能灵活迅速地改变行驶方向,一遇障碍物时就很难躲避,很容易使车辆失去控制而发生事故。(2)汽车摆头常使汽车的运动出现蛇形轨迹;(3)汽车行驶偏向是指汽车在行驶中自动偏向一边。后两种情况都使汽车或者不能保持在正常车道内行驶,或者使汽车翻车而造成事故。

汽车的制动装置是降低车速、停止车辆的控制与安全机构,是车辆安全性能的核心部分。在制动装置中影响交通安全的主要故障是:制动跑偏、制动距离延长、制动侧滑以及制动失灵等。制动跑偏是汽车在制动时不按直线方向减速停车,而自动偏向一边的现象;制动跑偏往往使车辆脱离正常的运行轨迹而发生交通事故;汽车的制动距离延长是指运行着的汽车在制动时,超过了所规定的制动距离;汽车的制动侧滑是行驶中的汽车因制动或其他原因常常向侧面发生甩动的现象;汽车制动失灵是指汽车的制动机构完全失去作用。

车轮与轮胎是汽车行驶机构的主要部件,轮胎安装在车轮上,它支持着全车的重量,驱动汽车行驶,缓冲车轮受路面冲击时所引起的振动,保持车辆行驶平稳。对于车辆安全性能来说,轮胎爆裂、轮胎严重磨损、轮胎充气不足、车轮自动脱离等,都可能直接或间接地导致交通事故。

对于交通安全来说,汽车灯光的功能:一是为夜间或雾天行车照明,二是与其他交通参与者进行联络的信号与标志。主要故障是灯光不亮、灯光微弱和光束不对等,这些故障直接带来影响。汽车喇叭也是驾驶员与道路上其他交通参与者进行联络的信号,如喇叭不响则失去了联络作用,因而对交通安全不利。如图 5-21 所示。

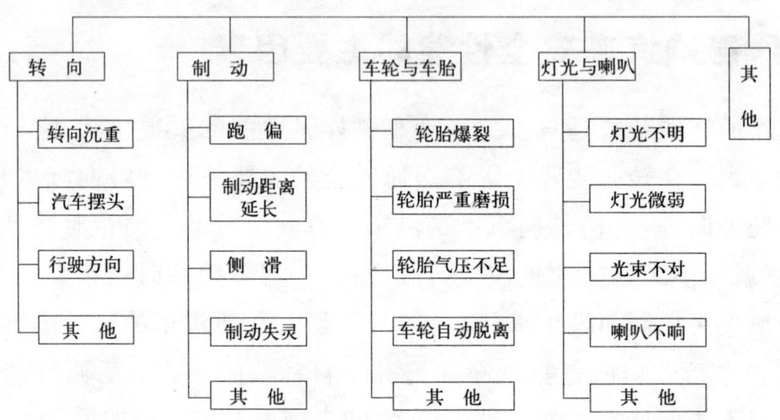

图 5-21 影响机动车安全性能的主要因素

作为交通安全的微观研究来说，在交通安全中不研究车辆的所有特性及机构，而只研究其安全性能。而作为交通安全的宏观研究来说，则要研究车辆交通量、车辆构成、车辆拥有量及其发展趋势等，研究它们与交通事故率的关系。据国内外交通事故的统计表明，由于车辆本身因素所造成的交通事故，在工业发达国家占5%左右，在发展中国家占10%左右。

六、机动车号牌和机动车行驶证的管理

机动车号牌是准予机动车在我国境内道路上行驶的法定标志，其号码是机动车登记编号。机动车登记编号由机动车登记机构代号、英文字母和阿拉伯数字组成。

《机动车行驶证》是准予机动车在我国境内道路上行驶的法定证件。未领取机动车号牌和《机动车行驶证》的，不准上道路行驶。当然，从事道路运输经营业务的车辆还应取得《道路运输证》。

（一）机动车行驶证

机动车行驶证登记下列事项：

（1）机动车所有人的姓名或者单位名称、住所的地址。

（2）机动车的类型、制造厂、品牌、型号、车辆识别代号（车架号码）、发

动机号码、车身颜色。

(3)机动车的有关技术数据。

(4)机动车的使用性质。

(5)注册登记的日期。

(二)号牌

我国目前使用的号牌为92式号牌,共22种。由公安机关车辆管理部门根据车辆的种类和性质发给不同类型的号牌,号牌在全国范围内有效。正常情况下,通行道路的车辆必须在规定位置悬挂号牌,并保持清晰。各类机动车号牌的大致特征为:

(1)大型机动车号牌:黄底黑字黑框线。总质量在4 500kg(含)以上的货车或乘坐人数(驾驶员除外)20人(含)以上和车身长度6m(含)以上的客车安装此号牌。

(2)小型汽车号牌:蓝底白字白框线。总质量在4 500kg(不含)以下的货车或乘坐人数(驾驶员除外)在20人(不含)以下和车身长度在6m(不含)以下的客车安装此号牌。

(3)挂车号牌:黄底黑字黑框线。全挂车和不与牵引车固定使用的半挂车安装此号牌。

(4)摩托车号牌:黄底黑字黑框线,二轮摩托车、三轮摩托车和电瓶车安装此号牌。

(5)轻便摩托车号牌:蓝底白字。

(6)拖拉机号牌:黄底黑字。

(7)农用运输车号牌:黄底黑字黑框线。

(8)使馆汽车号牌、使馆摩托车号牌:黑底白字白框线红色“使”字,驻华使馆汽车、摩托车安装此号牌。

(9)领馆汽车号牌、领馆摩托车号牌:黑底白字白框线红色“领”字,驻华领馆汽车、摩托车安装此号牌。

(10)入境汽车号牌:黑底白字白框线,出入境的境外汽车安装此号牌。黑底红字红框线,出入境限制行驶区域的境外汽车安装此号牌。

(11)外籍汽车号牌、外籍摩托车号牌:黑底白字白框线,除使领馆外,其他驻华机构、商社、外资企业及外籍人员的汽车、摩托车安装此号牌。

(12)入境摩托车号牌:黑底白字白框线,出入境的境外摩托车安装此号牌。

(13)实验汽车号牌、实验摩托车号牌:黄底黑字黑框线,实验用的汽车、摩托车安装此号牌,号码右边有"试车"字样。

(14)教练汽车号牌、教练摩托车号牌:黄底黑字黑框线,作为教练车用的汽车、摩托车安装此号牌。

(15)临时行驶车号牌:白底(有蓝色暗纹)黑字,临时通行道路的车辆安装此号牌。

(16)临时入境汽车号牌、临时入境摩托车号牌:白底红码黑字红框线(号码有金色轮廓线),临时入境参加比赛、旅游的车辆安装此号牌。

(三)核发号牌和行驶证的意义

正如人的身份证一样,号牌和行驶证就是车辆的身份证件,目前世界各国均采用核发号牌和行驶证的方式来对车辆的数量和质量进行控制。那么,核发号牌和行驶证的主要意义在于:

(1)机动车号牌和行驶证是车辆初次检验技术状况的合格证,是车辆取得通行道路权利,具有上路行驶资格的许可证,是车辆的身份证。

(2)核发号牌和行驶便于交通管理,并通过对车辆的年检督促车主对车辆进行维修保养,使车辆经常处于技术状况良好状态。

(3)核发号牌和行驶证,便于群众对机动车驾驶员进行监督,也利于群众对驾驶员违章和交通肇事逃逸进行举报。

(4)号牌和行驶证,可以证明车辆的归属,以保障车主对车辆拥有的财产权利不受侵犯。

(5)车辆的行驶证,可以反映车辆的性质和车辆的变动情况,以及车辆技术状况的核载等情况,便于管理部门及时掌握车辆的各种信息。

(6)核发号牌和行驶证,有利于破获盗车和肇事逃逸案件,为追查上述案件奠定了基础。

(7)核发号牌和行驶证可以使国家掌握各种车辆的数量、分布和使用情况,掌握车辆的各种统计资料,为国家制定汽车发展计划和解决实际问题提供参考数据。

七、假军车的识别

(一)假军车的识别

假军车识别的主要方法如下:

(1)真军车牌照钢质很好,手感较重,具有一定弹性,反复折叠弯曲后能立即恢复原形。车牌有一个特殊的防伪标志,该标志在一定的方位角度才能清晰看见。假军牌则一般为铝合金材料,手感较轻,反复折叠弯曲后不易恢复原状。其防伪标志印在车牌表面,在任何方位角度均能看见。

(2)在对军车的证件进行检查时,可以发现真军车行驶证的塑胶上印制有与证件本相一致的字迹水印,透光清晰可看见其水印,如果塑胶与证件本重合,塑胶上的水印与证件上的字迹字体能够完全重合。假军车行驶证证件的塑胶上则无水印,或者塑胶上有水印,但与证件上的字体字迹不同或不能吻合。

(3)真军人驾驶证撕掉副页验证条,副证上的字不会脱落;假军人驾驶证则易脱落。

(4)真军车车身为完全军绿色,用手指或物是刮擦不掉其车身颜色,在任何光线的照射下,车身颜色是不会发光,且照不出人或物的倒影。假军车,用手指或坚硬物品很容易刮擦其车身颜色,其原来的车身颜色在划开表面漆后原漆就会显现出来。并且改装成军绿色后的车身颜色是发光的,在任何光线的照射下,完全可以照出人或物的倒影。

(5)真军车一般由军人着军服驾车且不会从事营运,假军车车身漆面往往还掺杂原车身漆,武警交通工程部队除外。假军车则经常在路上行驶且严重超限超载,且一般未着军服,也不是部队人员或职工。

(6)提取军车检查车辆发动机号、车架号,真军车牌证上登记的发动机号和车架号与发动机和车架刻印的号码相符,但在车管部门是不能查出该车辆的信息。假军车牌证上登记的发动机号和车架号与发动机和车架刻印的号码有的不相符,也有部分相符。但是在车管部门进行车辆信息查询,就能清晰地看到该车的原始资料。

(7)真军车车身清洁干净,车况良好,后栏板喷有放大字(白色)。假军车是不敢在后车门上喷涂放大车辆牌号。

(8)检查车前挡风玻璃左上端的检验标志,军车与地方车检验标志不同。

(9)假军车的真牌照一般藏匿在工具箱内、坐垫下、脚垫下、车门夹缝内等比较隐蔽的地方。

(二)军车代码表

"97式"军车号牌已于2004年12月31日废止,从2005年1月1日起全军统一更换"2004式"军牌。

1."97式"军车牌,格式如"甲 A-12345"

第一部分为中文"天干地支",代表解放军军种序列,如甲代表解放军总部(总参谋部、总政治部、总后勤部、总装备部),丙代表通信和运输,辰代表成都军区。

第二部分为英文字母,代表下属分类,如P代表医院及军事院校,K代表驻当地铁路、航空、水运单位军代处,L代表编外车辆(发给类似人武部这类与地方联系紧密的部门)。

第三部分五位数字中,省军区第一位是序号,如广州军区下辖湖北、湖南、广东、广西、海南各省军区分别是"戍G"1、2、3、4、5字头。

"警备"牌子分两种:红底白字或黄字的是由公安部发的,是正宗的,持有"警备"牌需在车辆行驶证年审栏加盖"警备"年审章,否则是违法持有,警务督察有权收回;白底红字的是军队自己制作的,卫戍区和总政保卫部都发。

2. 解放军"2004式"新军牌编排规则

新军牌格式为:"军A12345"。新军牌格式、字头序列换发后的新军牌共分为10个字头,如成(原辰)代表成都军区,空K代表成都军区空军。

(三)武警车牌

"97 式"武警车牌格式是:WJ01-12345。第一部分 WJ 代表"武警",第二部分两位数为省市区代码,如 01 代表武警总部,20 代表四川省,32 代表重庆市。第三部分五位号码,首位代表武警序列,首位为数字的为内务部队,第四部分首位标注省、直辖市、自治区代码,再标注警种,后缀四位数字如:WJ31-消 0010(北京消防局车牌)。

"消"为消防部队,"边"为边防部队,"通"为交通部队,"森"为森林部队,"金"为黄金部队,"警"为警卫部队,"电"为水电部队。

第四节 交通要素——人

汽车是人制造的,并由人来驾驶。许多研究者都把驾驶员驾驶汽车这一事物的总体看作是具有反馈机能的人机系统,即驾驶员通过转动方向盘或踏加速踏板向机械输入指令,机械则按照人给予的指令作出响应,驾驶员将响应的结果(如向右侧偏转过大)与自己的目标相比较,以确定误差大小,然后再将修正指令送入机械,如此反复不断地进行。这是一种反馈系统,即系统中的机械输出信号又返回到系统输入端,因此,系统内各组成部分性能的变化,有可能会引起整个系统特性的不稳定。

机械具有对一定的输入信号作出确定不变的输出响应的特性,而人体则不然。人是通过各种感觉器官(视觉、听觉等五种感官)接收到信息而后边判断边驾驶。但是,信息并不是通过所有的感官来同时接收这些信息,而是分别通过各个感官依次进行接收,再加以判断的。

一、人的交通特性

人的交通特性主要是指其在驾驶过程中的知觉特性和反应特性。

1. 知觉特性

知觉特性主要是指在驾车行驶过程中，驾驶员对呈现在面前的各种交通信息，特别是突然出现的危险信息的发现、认知和分析判断的个体特性。驾驶员从发现异常现象到分析判断是否有危险存在，需要一定时间。这段时间，我们把它称作知觉时间。在一般情况下，这个知觉时间会因认知对象而异，如表 5-8 所示。

知觉时间与认知对象的差异 **表 5-8**

对象物体	知觉时间(s)	对象物体	知觉时间(s)
路面	0.2	标志	0.4
护栏	0.2	车速表	0.6
超越时间	0.4		

知觉时间方面的知觉特性，在不同的驾驶员之间，会因年龄、体质特别是视力和视敏度的差别而存在着个体差异。

另外，驾驶员在行车过程中，对存在于视野之内的异常现象，特别是突然出现的异常现象会有一个注意转移的过程，也就是心理活动的指向和集中过程。因此，不可能只要异常情况映入眼帘就能发现，它需要一定时间。

2. 反应特性

反应特性是指驾驶员在驾车行驶过程中，当发现运行前方确实存在危险以后，针对其危险情况而作出相应决策，并以一套相应的驾驶动作对当前危险信息作出回答的一种个体特性。

对一般人来讲，反应是指对外界刺激所作出的一种动作回答，它分简单反应和复杂反应两个类型。简单反应是指刺激信息简单、直接，而需要的动作回答也比较单一，这种反应可在 0.15 ~ 0.25s 之间完成。复杂反应则由于刺激信息要求必须以一套较为复杂、准确的动作予以回答，因此在作出决策和完成反应动作过程中所需时间就较长，一般可在 0.5 ~ 2s 之间，这就是复杂反应时间。根据百米赛跑起跑的情况来看，人对信号作出反应所需要的时间并不长，赛跑运动员需要0.1s左右，一般人大约需要0.2s左右。这些数值是在集中注意力等待着某一信号出现时所需要的反应时间，而如果同时还要驾驶汽车或考虑别的事情，反应时间当然要更长一些。

上面是指预先知道将要发生某种事情的场合。交通事故一般无法事先预料。在遇到危险之后，驾驶员需迅速分析判断危险的性质、程度并作出决策，以一套较为复杂的组合驾驶动作去化解所面临的危机。因此，它应属于一种复杂的反应过程，需要更长的反应时间。

以驾驶过程中较为简单的反应动作紧急制动为例。当驾驶员感到危险时起，到右脚踩下制动踏板时止，需要一段时间，它包括反应决策时间和反应动作完成时间在内。在这个过程中，决策时间约需0.4~0.5s，右脚离开加速踏板到移至制动踏板的换踏时间约需0.2s，踏下制动踏板到制动器开始生效的踏下时间约为0.1s。总和起来，这个反应时间约为0.7~0.8s① 左右，见表5-9。

合计反应时间　　表5-9

决策时间(s)	0.4~0.5
换踏时间(s)	0.2
踏下时间(s)	0.1
合计反应时间(s)	0.7~0.8

驾驶员在行车过程中，外界传给驾驶员的信息数量非常多。有交通信号、交通标志、其他车辆、自行车以及行人和动物的动态，还有那些无须关注的广告牌及某些显眼的行人背影，再加上收音机的广播声等。对于这些信

① 很多人对这个0.7~0.8s并不在意，但据《新民晚报》2006年06月09日报道，美国科学家在研究了数百起造成驾驶员死亡的车祸后发现，一辆时速88km的汽车从相撞到导致驾驶员死亡只需短短的0.7s。在大多数车祸中，撞击发生后的第一个1/10s，汽车前保险杠和"前脸"被撞毁；第二个1/10s，虽然汽车大架已经停下来，但汽车的其他部件仍然在以88km/h的速度前行，这时驾驶员出于本能伸直双腿支撑，但双腿在膝关节处断裂；第三个1/10s中，方向盘开始破碎，且方向盘轴已接触到驾驶员的胸腔；第四个1/10s，汽车前轮损毁，车体开始肢解；第五个1/10s时，驾驶员的躯体被方向盘轴刺穿，肺部开始出血；第六个1/10s的冲击来得更加剧烈，汽车大架挤压成原来的一半大小，驾驶员的头撞上了挡风玻璃；第七个1/10s中，方向盘轴、车门断裂后挤压着驾驶员，但这时他已经死了。

息的反应时间长短也会因人不同而存在着个体差别,同一个人也会由于某种因素而产生影响。具体讲,它会因当时所遇危险的紧迫程度和反应动作的复杂程度而异、会因驾驶员的操作熟练程度而有所差别。而且,它还会因疲劳、疾病、生理及心理状态的影响而变异,特别是,它会因酒精、精神药物及毒品的毒害而发生畸变,不但表现出反应迟钝,动作失控,甚至会在紧危情况下"视死如归"放任事故的发生。

二、高速驾驶下的人体特性

汽车驾驶员在行车中,有80% ~90%以上的信息是依靠视觉获得的。驾驶员的眼睛是保证安全行车的重要的感觉器官,眼睛的视觉特性与交通安全有密切关系。

(1)驾驶员的动视力(指人和视标处于运动时的视力)是随相对运动速度的加快而变化。车速越快,动视力下降越大。据资料显示,当车速达到72km/h,视力为1.2的驾驶员此时会下降到0.7。另外,眼睛至焦点的视认距离也随车速而变化,当行驶速度为60km/h,视认距离为240m,80km/h为160m。也就是说,车速提高1/3,视认距离将减少1/3。车速对视力的影响是超速行驶肇事的生理原因之一。

(2)正常情况下,双眼视野可达160°。当驾驶员驾驶汽车高速行驶时,会感到车外的树木、房屋等固定物体的映像在人眼视网膜上停留的时间太短,人眼来不及仔细分辨物体的细节,因此,随着车速的提高,驾驶员眼睛的有效视野会越来越狭窄。车速越快,动视野就越小,注意点向远伸展,感觉就像在隧道内行驶一样,周围景物就难以看清。如表5-10所示。

车速与注视点与动视野的关系表　　表5-10

车速(km/h)	40	70	105
注视点(m)	183	366	610
动视野(°)	90 ~100	60 ~80	40

(3)速度对驾驶员及行人判断准确性的影响。在行车过程中,驾驶员对向来车和尾随车辆的车速是很难做出准确判断的,而且车速越高,判断的

误差越大。英国道路研究所曾对汽车驾驶员作过“车速减半”试验，即首先让驾驶员将汽车加速到某一规定车速（以车速指示为准），然后要求驾驶员立即凭自己的主观感觉，将车速减低到当前车速的一半。当车速变化时，驾驶员主观感觉到的速度差别总是比实际大。很多超车时发生的正面碰撞事故和同向运行车辆追尾事故，都是由于这种判断失误造成的。参见行驶速度与误差表，如表5-11所示。

行驶速度与误差表　　表5-11

行驶速度(km/h)	80			112		
试验车距(m)	30	91	152	30	91	152
判断车距(m)	21	55	85	15	40	64
误差(m)	9	36	67	15	51	88

（4）在高速公路行驶时，驾驶者信息刺激量减少造成防范意识下降，产生高速催眠现象。“高速催眠”是指在高速公路上连续长时间驾车后，由于有效视野缩小，动态视力下降，速度感减弱，并且周围环境单调，驾车时不必担心会车和交叉路口，导致驾驶员大脑活动水平下降而形成“高速催眠”现象，主要表现有注意力分散，判断反应迟钝，甚至引起瞌睡。

三、影响驾驶者行为的主要因素

大量研究表明，人车路三者在交通事故中所扮演的角色不同，人这一要素在交通事故中所扮演的角色可以说举足轻重，人是交通安全的核心。在采用何种措施来减免交通事故发生时，首要考虑的因素就是人的行为，也就是驾驶员的行为（如图5-22所示）。当前影响驾驶者行为的主要因素是驾驶者的交通违法行为和不良的行车习惯。

国际上通常认为，一个地区进入“汽车社会”的重要标志是每百户居民拥有汽车数量达到二十辆左右。只有1亿多人口，国土地域狭小的日本汽车保有量达到7 000多万辆，而美国的汽车保有量超过1亿辆。虽然目前中国的人均汽车保有量每千人不到30辆，与世界平均每千人120辆相差甚远，但是中国正在进入汽车社会则是不争的事实。汽车社会有汽车社会的文明，而汽车文明的核心应该是规则意识。如红灯停、绿灯行，汽车靠右行

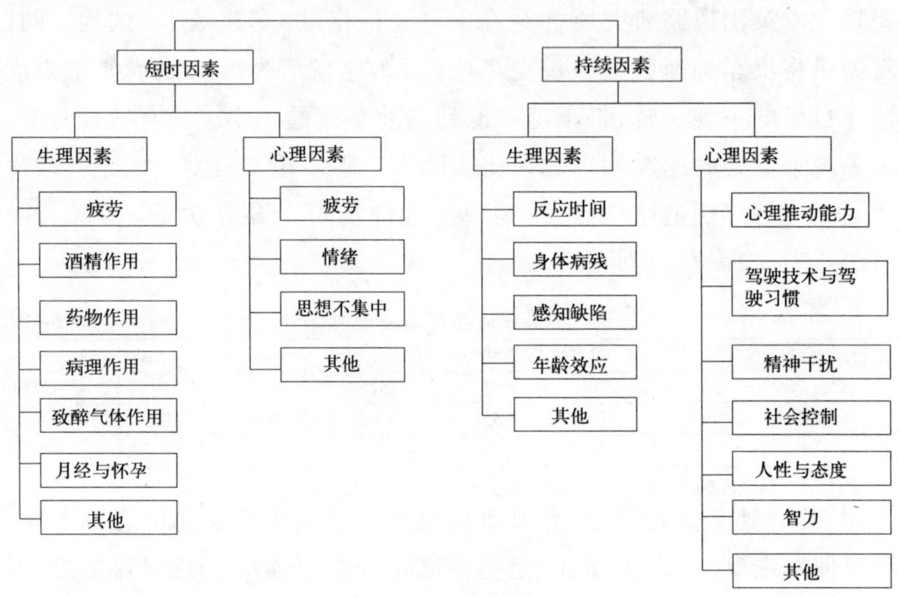

图 5-22　驾驶员的行为因素

驶,行人要走人行横道等。相对发达国家汽车社会而言,中国现代交通意识依然比较浅薄,国民的整体交通法律意识、交通安全意识和交通文明意识不高,交通法规在多数人眼中只是考取驾照的一个工具,违反交通法规现象十分普遍。2005 年全国共查获道路交通违法行为 2. 23 亿起,处罚 1. 71 亿人次,平均每一名机动车驾驶员违法 1. 5 次,每一辆机动车违法 1. 48 次。违法通行、交通秩序混乱是影响通行效率、造成交通拥堵,危害交通安全、导致交通事故的直接原因。一项统计显示,在导致人员伤亡的交通事故 90% 以上交通事故的当事人都有违法行为。

四、驾驶人的证照管理

根据《机动车驾驶证申领和使用规定》,直辖市公安机关交通管理部门车辆管理所、设区的市或者相当于同级的公安机关交通管理部门车辆管理所负责办理本行政辖区内机动车驾驶证业务,对驾驶人要进行资格审查和核发机动车驾驶证。

(一)驾驶人申请取得机动车驾驶的条件

1. 年龄条件

(1)申请小型汽车、小型自动挡汽车、轻便摩托车准驾车型的,18周岁以上,70周岁以下。

(2)申请低速载货汽车、三轮汽车、普通三轮摩托车、普通二轮摩托车或者轮式自行机械车准驾车型的,在18周岁以上,60周岁以下。

(3)申请城市公交车、中型客车、大型货车、无轨电车或者有轨电车准驾车型的,在21周岁以上,50周岁以下。

(4)申请牵引车准驾车型的,在24周岁以上,50周岁以下。

(5)申请大型客车准驾车型的,在26周岁以上,50周岁以下。

2. 身体条件

(1)身高:申请大型客车、牵引车、城市公交车、大型货车、无轨电车准驾车型的,身高为155cm以上。申请中型客车准驾车型的,身高为150cm以上。

(2)视力:申请大型客车、牵引车、城市公交车、中型客车、大型货车、无轨电车或者有轨电车准驾车型的,两眼裸视力或者矫正视力达到对数视力表5.0以上。申请其他准驾车型的,两眼裸视力或者矫正视力达到对数视力表4.9以上。

(3)辨色力:无红绿色盲。

(4)听力:两耳分别距音叉50cm能辨别声源方向。

(5)上肢:双手拇指健全,每只手其他手指必须有三指健全,肢体和手指运动功能正常。

(6)下肢:运动功能正常。申请驾驶手动挡汽车,下肢不等长度不得大于5cm。申请驾驶自动挡汽车,右下肢应当健全。

(7)躯干、颈部:无运动功能障碍。

3. 不得申请机动车驾驶证的情形

(1)有器质性心脏病、癫痫病、美尼尔氏症、眩晕症、癔病、震颤麻痹、精神病、痴呆以及影响肢体活动的神经系统疾病等妨碍安全驾驶疾病的。

(2)吸食、注射毒品、长期服用依赖性精神药品成瘾尚未戒除的。

(3)吊销机动车驾驶证未满二年的。

(4)造成交通事故后逃逸被吊销机动车驾驶证的。

(5)驾驶许可依法被撤销未满三年的。

(6)法律、行政法规规定的其他情形。

(二)机动车驾驶证记载和签注的内容

(1)机动车驾驶人信息:姓名、性别、出生日期、国籍、住址、身份证明号码(机动车驾驶证号码)、照片。

(2)车辆管理所签注内容:初次领证日期、准驾车型代号、有效期起始日期、有效期限、核发机关印章、档案编号。

(3)机动车驾驶人准予驾驶的车型顺序依次分为:大型客车、牵引车、城市公交车、中型客车、大型货车、小型汽车、小型自动挡汽车、低速载货汽车、三轮汽车、普通三轮摩托车、普通二轮摩托车、轻便摩托车、轮式自行机械车、无轨电车和有轨电车。

(4)申请机动车驾驶证的人,应当符合下列规定的年龄条件和身体条件。机动车驾驶证有效期分为六年、十年和长期。

(5)年龄在60周岁以上的,不得驾驶大型客车、牵引车、城市公交车、中型客车、大型货车、无轨电车和有轨电车;年龄在70周岁以上的,不得驾驶低速载货汽车、三轮汽车、普通三轮摩托车、普通二轮摩托车和轮式自行机械车。

从事营运的驾驶人还要经设区的市级道路运输管理机构对有关道路货物运输法规、机动车维修和货物及装载保管基本知识考试合格,并取得从业资格证。

第五节
道路交通安全

从广义上讲，道路交通安全包括道路参与者的安全、道路运输货物的安全、道路及其辅助设施的使用安全、社会安全及公共环境安全等多个方面，尤以对各类道路参与者的安全保障最为重要。

一、道路交通安全与道路交通事故[①]

道路交通安全又总与道路交通事故联系在一起。自从德国人卡尔·奔驰和戈特利布·戴姆勒于1886年发明世界上第一台内燃突机汽车以来，因其高速、快捷、便利，人类开始大规模普及使用这种机器，人类的交通状况发生了质的变革。但与卡尔·奔驰和戈特利布·戴姆勒在1886年心情不同的是，当时他们享受的是人类将以车代步、活动范围将空前扩大的喜悦，而现代人类必须面对的则是交通拥挤、时刻面临车辆威胁的烦恼。因为，汽车在源源不断创造出财富的同时，交通事故也日益增加。

据世界卫生组织（WHO）统计，目前全球每年有约120多万人死于交通事故，因交通事故受伤人数达到5 000万；交通事故造成的社会经济损失占国民生产总值1% ~2%。若不采取措施，预计2020年全球交通事故死伤人数将比2000年增加65%。《世界灾难报告》显示，自汽车问世一个世纪以来，世界公路交通事故共造成3 000万人丧生，远远超过了两次世界大战中罹难人数。故此交通事故和战争、瘟疫一起被称为现代文明的三大"公害"。

---

① 本节主要参考刘冲《道路交通意外事故处理的法律问题研究》一文。

为什么会发生交通事故呢？从表面上看事故的原因是超速超载、酒后驾车等等；然而，即使把上述原因全部排除也不能彻底防止汽车事故。

从道路交通事故产生的历史看，自从人类有了代步工具以后就出现交通事故了，只不过一开始出现的交事故数量少，而且在当时，主要是畜力车等非机动车，造成的损害后果不太严重，因而并没有引发社会问题。到了近代，随着工业革命的进程，尤其是蒸汽机的发明，动力装置被引入交通领域后，汽车作为一项主要的交通工具进入了人们的生活领域，从传统的交通运输工具演变为日常生活用品。到 20 世纪 80 年代来，全球的汽车保有量已达 4 亿多辆①。在美国 2.6 亿人口中，拥有机动车 2 亿多辆，几乎人均一辆。而加拿大仅有 3 114.7 万人，却拥有 4 000 万辆机动车，人均 1.5 辆车。随着机动车保有量的剧增，道路交通事故大幅度攀升，美国每年因道路交通事故死亡人数一直保持在 4 万人左右，加拿大的死亡人数也保持在 3 000 人左右。

我国的情况也是如此。截至 2005 年底，我国民用汽车保有量为3 160 万辆，其中私人汽车保有量为 1 852 万辆，占总量的 58.6%。尽管国家出台了众多的法规、规章，采取了超常规的、极为严格的措施，但重、特大交通事故仍然频频发生，道路交通事故持续上升，道路交通事故死亡人数居世界第一，平均每天死亡近 300 人，成为非正常死亡的第一原因②。参见我国 2003 ~2007年交通事故数据表，如表 5-12 所示。

我国 2003 ~ 2007 年交通事故数据表 **表 5-12**

年代	事故次数(件)	死亡人数(人)	受伤人数(人)	万车死亡率	高速公路(人)
2003	389 773	80 589	322 694	10.8	5 269
2004	465 083	93 550	435 787	9.9	6 228
2005	450 254	98 738	469 911	7.6	6 407
2006	378 781	89 455	431 139	6.2	6 631
2007	327 209	81 649	380 442	5.1	5 925

可见，道路交通事故并非是现代社会的新生事物，而是交通工具产生带来的负面衍生物，而且交通工具越发达，速度越快，危险就越大；交通工具越

① 参见仪君：《道路交通法律制度研究》，黑龙江人民出版社。

② 参见周永康在2003 年 9 月 5 日“全国道路交通安全预防工作电视电话会议”上的讲话。

多,道路交通事故就必然越多。这意味着,要从根本上消除道路交通事故,唯一的可能就是彻底取消了交通工具,但这是根本行不通的。因为人类理性告诉我们,交通工具高速运行与发生交通事故的风险是不可剥离的,只要选择了机动车这种危险机器和它高速行驶所带来的便利,也就选择了发生道路交通事故的可能性。机动车这种危险机器高速运行恰恰是使用交通工具者所追求的目标和付出一定代价后获得的利益。这是现代文明的风险。人类理性可以将现代文明的风险降低到最低限度,但不能因为这种危险机器高速运行所带来的危险性而放弃现代文明。

从道路交通事故产生的原因看,所有的道路交通事故都是人、车、路和环境因素共同形成的。人作为道路交通事故核心要素,其人体的判断、控制、反映能力是有局限的。人体工程学理论研究结果表明,人的注意力和应变力均有一定的界限,即使尽了一切必要的严格的注意义务,损害后果依然可能发生。日本江守一郎教授在《汽车事故工程》一书中把交通事故定义为"由于驾车者每天反复经历的遭遇中存在着错觉,并以每100万次遭遇中有1次严重错觉的比率导致的事件。"驾车者在遭遇次数多的道路上长途行车时,由于错觉会产生许多错误判断,造成几乎相撞的险情,严重的就会导致碰撞事故。据统计,险情的0.8%酿成碰撞事故,碰撞事故的14%成为受伤事故,碰撞事故的0.4%成为死亡事故。

江守一郎教授认为,人在不开车时也会反复产生错觉。手拿餐具和勺子吃饭或喝茶等行为,每天有10次左右。这样,一年就有3 650次。其中,有3、4次因说话入迷等原因使餐具失落的现象是很自然的,无论怎么注意也难以纠正。这样,每1 000次就约有1次因错觉导致的错误行为。任何人都难免发生错觉。这种有错觉的行为在汽车普及化之前就已经存在于人类社会之中了,但并没有构成多大问题。不过是打碎茶碗、摔破膝盖之类的小事而已。到了汽车普及化的时代,驾车者开车在路上来来往往,发生互相有错觉的遭遇,这就招来了汽车事故这一大问题。

江守一郎教授提供的一份美国研究资料表明如下:

汽车每行驶1km,遇到约300起各种事件。这里所谓的"事件"不一定是很大的事。例如,一只鸟飞过,一只狗跑过,某行人的衣裙被风吹拂飘动等,都算做是事件。这些事件不一定全都引起驾驶员的注意。

汽车每行驶1km,被驾驶员注意到的事件约为130件。对于这些被注意到的事件,不是每一件都需要驾驶员作出判断并采取相应的措施。这里所说的判断和措施,不是指什么大的明显的动作,而是指踏一下加速踏板和稍微转动一下方向盘之类的行为。这个意义上来讲:

汽车每行驶1km,遇到需要作出判断的事件约为13件。驾驶员就是这样边判断情况边驾驶汽车,有时也会判断失误。这里所说的失误,不是指严重的错误,而是指类似加速踏板踏得晚了一些,或方向盘转得稍稍过分了一些。从这个意义上讲:

汽车每行驶3km,可能有一次判断失误。行车过程中的小小失误有时会酿成严重的错误。但是,并不是一切严重错误都立刻造成事故,一般仅是出现非常危险的情况。

汽车每行驶800km,可能会遇到一次非常危险的情况。如果按一年行驶16 000km计算,大约每两周半会遇到一次。在非常危险的情况下,有可能发生实际的撞车事故。

汽车每行驶10万km可能会发生一次实际的撞车事故。也就是说,大约6年发生一次。但并非所有的撞车事故都会使人员受到伤害。在大多数情况下,只是在事故中造成汽车挡泥板稍许凹陷或保险杠弯曲之类的损伤。不过,继续这样行驶下去,则可能会发生人员伤害事故。

汽车每行驶70万km,可能会发生一次伤害事故。如果按一年行驶16 000km计算,则相当于44年发生一次这样的事故。但伤害事故不一定就是死亡事故。

发生死亡事故的可能性,约2 600万km一次,相当于在37件伤害事故中有一件死亡事故。

当然,在驾驶员所经历的众多的路上遭遇中,发生汽车事故的概率是极小的。发生错觉不一定导致事故,在千钧一发之际转危为安的情况是有的,因对方没发生错觉而未使事态严重的情况也是有的。但从以上材料可以看出，只要人类存在错觉，交通事故就不可避免。

从道路交通安全法律、法规的制定来看，不可能穷尽全部注意义务。尽管有关道路交通安全的规范做出了相当多的要求和限制，但作为立法来讲，是人类对某类社会现象研究的结果，是用主观方法对客观现象的再认识。要做到客观和主观完全一致是不可能的。也就是说，无论多么严密的法律规则，都不可能穷尽所有问题，存在着主观认识与客观现象的差距。尽管这种差距随着人类文明的进步，会越来越小，但永远不可能完全认识自然，全面反映客观。因此，作为交通安全法律对涉及交通安全义务的设定，永远都不可能穷尽应当限制的范围和具体要求。这意味着通过法律的规定来彻底杜绝道路交通事故客观上是不能实现的，而且法律的滞后性也决定了法律规定与道路交通的实际之间存在差距。特别是随着机动车数量的急剧增加，交通需求的大幅度提高，道路通车里程的迅猛增加，广大交通参与者对通行要求的进一步提高，交通安全的影响因素进一步复杂化，为我们准确、科学、全面地认识影响因素带来了更大的困难。

从道路交通环境看，道路本身具有的线性、坡度、路面、路基以及地势、地形、地貌以及气候等都与交通安全有着直接关系，而道路一经建设完成，不可能随时变动。人类对这些客观自然条件的认知、控制和防范能力是有限的，是永远不能穷尽的。从任何一起道路交通事故发生情况来看，道路交通事故损害后果的发生，是人、车、道路和环境各种因素综合作用的结果，作为直接控制车辆的驾驶人仅仅起着加强或加重损害后果的作用而已。

那么道路交通事故是不是不可预防的呢？

在道路交通技术落后的时代，“人的行为”是诱发交通事故的主要因素，交通管理很大程度上依赖于执法，采用执法的强制手段去纠正人的交通行为作用也很大。但随着车辆的持续不断增加，车速的不断提高，道路的不断拥挤，交通事故的主要诱发因素已从“人的行为”这个单一要素发展为“人、车辆、道路、环境”等多种要素，客观上对道路交通管理的方法与手段提出了更高的要求，要求必须改变原来的道路交通观念，采取新的管理方式，从人、车、道路、环境等各相关方面进行综合治理。如果还是固守在“人看、车巡，死等、死守”的观念上，恐怕难以达到目标。

就高速公路而言，过去那种拼体力、拼消耗的“人看、车巡”的传统安全管理模式已经成为“效率低下”的代名词。通过加大科技投入，提高科技含量，现在情况已经发生了很大的变化：依靠高科技优势承担了大量交通技术设施提供、交通流量控制、交通状况预测、交通数据采集等战略性任务，而交通执法部门主要执行纠正违章、限速、恶劣环境下的交通管制以及少量的公路巡逻等战术性任务。特别是交通监控系统，已在技术上替代了交通执法方面的人力作用。

二、道路交通安全的保障措施

道路交通可以看作是由“道路—汽车—驾驶员”构成的运输系统，系统的安全性必须满足以下要求：(1)驾驶员严格遵守交通规则；(2)运输工具具有良好的技术状况；(3)道路线形满足计算的车流量和车速；(4)通过维修和养护，保证道路的使用质量；(5)设置可变情报板等交通工程设施；(6)改善交通环境；(7)交通秩序维护和交通法规宣传教育等。

从总体上讲，保障道路交通安全的措施可分为主动安全性措施和被动安全性措施两部分。主动安全性措施是指事先通过采取科学、合理的设计、施工、培训、使用规范等一系列技术措施与活动，提高人的交通安全素质、规范工作程序与要求、提高车辆的技术性能和可靠性、保障各类道路设施的使用质量等，从而尽可能避免事故发生。被动安全性措施主要是指交通事故发生时及发生后，充分发挥车辆结构设计以及被动安全性装置、路桥护栏等路侧防护装置的防护作用，通过配备必要的自救用品、启用事故报警系统、配备快速高效的紧急救援体系等一系列措施及工作，尽可能减轻驾驶人、乘员及车外行人的受伤害程度，减轻对货物、设施、环境的影响。

从原理上说，保障道路交通安全的措施主要有三条：一是协调道路与车辆的不相适应，二是避免道路上交通参与者之间或交通参与者和其他交通物体之间的接触，三是减少它们接触时的能量。

1923 年,美国堪萨斯州城市安全委员会主席哈维首先提出 3“E”科学概念。所谓 3“E”科学就是指交通安全执法(Enforcement)、交通安全工程(Engineering)和交通安全教育(Educaticn)。因为在英文里这三个词的第一个字母都是“E”,因此,称为 3“E”科学。

1979 年,日本交通工程学家平尾把 3“E”科学发展为包括三大支柱和六大要素的 3“E”模式。平尾的 3“E”模式,一方面保留了哈维的 3“E”科学概念,他把工程、法制和教育这 3 个“E”作为 3“E”模式的三大支柱;另一方面,他又发展了哈维的 3“E”科学概念:

其一,他把工程作为第一大支柱,因为他把安全和通畅作为一个整体来看待,而且把“工程”发展为包括人体工程、汽车工程与安全工程三位一体的广泛概念。

其二,3“E”模式有六大要素,它们是:人体工程、汽车工程、安全工程、法规、政策与行政以及训练。直接支持“工程”(即交通工程)这个支柱的是汽车工程、安全工程和人体工程这三大要素;直接支持“法制”这个支柱的是安全工程、法规和政策行政这三大要素;直接支持“教育”这个支柱的是对交通参与者的教育训练、合理的政策与行政管理以及关于交通安全的人体工程这三大要素。如图 5-23 所示。

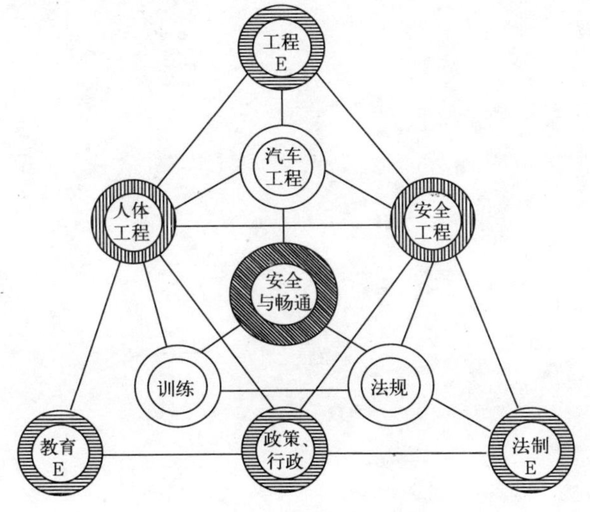

图 5-23　3“E”模式六大要素图示

其三,平尾把哈维的3"E"科学中的法规这个"E"发展成为法制。在这里,"法制"是指法规与管制,加进了交通警察行政、根据交通法规与交通政策以及安全工程设施来对交通进行管制的概念。

20世纪50、60年代起,美国、加拿大、英国、德国、日本等发达国家各自经历了经济高速发展、交通安全状况严重恶化的时期。通过运用"3E"策略,完善交通安全法律体系,调整交通安全政策,明确交通安全责任,强化政府的交通安全管理职能,大力推广和使用新技术、新方法,全面提高道路、车辆的安全性,交通安全状况大为改善。

第六章

高速公路交通执法实务

本章摘要

高速公路交通执法工作主要包括运输市场监管、公路保护和交通规费稽查（2009年1月1日，我国实施燃油税改革，交通规费稽查已不作为交通执法工作的内容，故在本章不做具体阐述）等。随着《中华人民共和国突发事件应对法》的颁布实施，高速公路突发事件处置渐渐成为高速公路管理中的重点和难点。针对高速公路突发事件不同特点应当有不同的处置方法，高速公路突发事件处置不仅是交通执法部门的责任，它更需要完备的社会救助资源及其健全的救援功能，还需要其他部门的协作。各个方面的协调努力是圆满处理各种事故的基本条件。

第一节

公路运政执法

道路运输是综合运输体系的重要组成部分，包括道路客运、道路货运、运输场站、出租汽车和机动车维修等方面的内容。

道路运输管理就是运政管理，属于国家行政管理的范畴，是指各级交通主管部门及运管机构，对道路运输市场和道路运输安全所进行的行政管理。运政管理的目的就是要建立统一、开放、竞争、有序的道路运输市场，实现货畅其流，人便于行。

运政管理的主要职责是“三关一监督”，主要是指严把运输经营者市场准入关，不符合许可条件特别是安全生产不符合要求的运输企业，要建立退出机制；严把营运车辆技术关，对车辆进行定期维护、检测，不符合技术标准的车辆要被强制退出道路运输市场；严把从业人员资格关，建立道路运输从业人员职业资格管理制度，强化从业资格考试，督促运输企业对从业人员定期进行职业道德、职业知识、职业技能和法律法规的培训教育，建立再培训的长效机制，提高从业人员安全意识和安全知识；对出站车辆进行安全检查，防止超载车辆或者未经安全检查的车辆出站，同时禁止无证经营的车辆进站从事经营活动，保证安全生产。

在高速公路执法过程中，主要负责路面监督检查，检查的重点是经营者、从业人员、运输车辆和运输货物是否符合相关法律、法规及规章的规定，特别要重点管理客车和危化品车辆。

一、高速公路运政检查

高速公路运政执法检查的主要内容,主要包括以下几个方面:

(一)驾驶人

从事运输经营的驾驶人员应当符合:

(1)取得相应的机动车驾驶证;

(2)年龄不超过60周岁;

(3)经设区的市级道路运输管理机构对有关客运法律法规、机动车维修和旅客急救基本知识考试合格而取得相应从业资格证。

另外,从事客运经营的驾驶人员3年内无重大以上交通责任事故记录。这里所称交通责任事故,是指驾驶人员负同等或者以上责任的交通事故。

(二)车辆

车辆驾驶员应随车携带行驶证、道路运输证,客运车辆还应具有线路牌。

1. 客车技术要求

(1)技术性能符合国家标准《营运车辆综合性能要求和检验方法》(GB 18565—2001)的要求;

(2)外廓尺寸、轴荷和质量符合国家标准《道路车辆外廓尺寸、轴荷及质量限值》(GB 1589—2004)的要求;

(3)从事高速公路客运或者营运线路长度在800km以上的客运车辆,其技术等级应当达到行业标准《营运车辆技术等级划分和评定要求》(JT/T 198—2004)规定的一级技术等级;营运线路长度在400km以上的客运车辆,其技术等级应当达到二级以上;其他客运车辆的技术等级应当达到三级以上。

高速公路客运是指营运线路中高速公路里程在200km以上或者高速公路里程占总里程70%以上的道路客运。

2. 货运车辆技术要求

(1)车辆技术性能应当符合国家标准《营运车辆综合性能要求和检验方法》(GB 18565—2001)的要求;

(2)车辆外廓尺寸、轴荷和载质量应当符合国家标准《道路车辆外廓尺寸、轴荷及质量限值》(GB 1589—2004)的要求。

对于道路危险货物运输专用车辆还应具备下列要求:

(1)车辆技术等级达到行业标准《营运车辆技术等级划分和评定要求》(JT/T 198—2004)规定的一级技术等级。

(2)配备有效的通信工具。

(3)配备有与运输的危险货物性质相适应的安全防护、环境保护和消防设施设备。

(4)运输剧毒、爆炸、易燃、放射性危险货物的,应当具备罐式车辆或厢式车辆、专用容器,车辆应当安装行驶记录仪或定位系统。

(三)装载

客运车辆、货运车辆、化危品运输车辆的装载是执法检查的重点,对装载的要求包括如下:

(1)严禁超载车辆或者未经安全检查的车辆出站。

(2)严禁客运车辆超载运行,在载客人数已满的情况下,允许再搭乘不超过核定载客人数10%的免票儿童。

(3)客运班车应当按照许可的线路、班次、站点运行,在规定的途经站点进站上下旅客,无正当理由不得改变行驶线路,不得站外上客或者沿途揽客。

(4)运输的货物应当符合货运车辆核定的载质量,载物的长、宽、高不得违反装载要求。

(5)应当采取有效的措施,防止货物脱落、扬撒等情况发生。

(6)禁止货运车辆违反国家有关规定超限、超载运输。

(7)运输爆炸、强腐蚀性危险货物的罐式专用车辆的罐体容积不得超

过 20m³,运输剧毒危险货物的罐式专用车辆的罐体容积不得超过 10m³,但罐式集装箱除外。

(8)运输剧毒、爆炸、强腐蚀性危险货物的非罐式专用车辆,核定载质量不得超过 10t。

二、运政违法行为的处理

在高速公路路检路查中,发现道路运输经营者有违反道路运输法律法规行为的,应该按照《中华人民共和国道路运输条例》的规定予以处理。下面列举了执法工作经常要遇到的几类情况:

(1)对没有《道路运输证》又无法当场提供其他有效证明的客运、货运车辆,可以予以暂扣,并出具《强制措施凭证》。对暂扣车辆应当妥善保管,不得使用,不得收取或者变相收取保管费用。

(2)有违反道路运输法律法规的行为,但拒不接受处罚的,可以暂扣其《道路运输证》等道路运输管理机构颁发的相关证件,并出具《强制措施凭证》,待接受处罚后交还。

(3)发现车辆超载行为的,应当立即予以制止,并采取相应措施安排旅客改乘或者强制卸货。

(4)对危化品车辆有超载违法行为的应当禁止该车进入高速公路,要求该车返回卸载,并通知该危化品生产企业及危化品车辆所属单位。同时根据《中华人民共和国道路交通安全法》第九十二条第四款对单位直接责任人进行处罚。

(5)对高速公路机动车维修的,依照《机动车维修管理规定》管理。

(6)对于其他需要专业技术检验鉴定才能确认的违法行为[不符合《营运车辆综合性能要求和检验方法》(GB 18565—2001)规定的],除明显影响交通安全的以外,一般不得拦车检查。

第二节
公路路政执法

一、路政管理的定义及职责

公路路政管理，是指县级以上人民政府交通主管部门或者其设置的公路管理机构，为维护公路管理者、经营者、使用者的合法权益，根据《中华人民共和国公路法》（以下简称《公路法》）及其他有关法律、法规和规章的规定，实施保护公路、公路用地及公路附属设施（以下统称“路产”）的行政管理[①]。根据原交通部《路政管理规定》的规定，路政管理职责如下：

(1)保护路产。

(2)实施路政巡查。

(3)管理公路两侧建筑控制区。

(4)维持公路养护作业现场秩序。

(5)参与公路工程交工、竣工验收。

(6)依法查处各种违反路政管理法律、法规、规章的案件。

---

① 有的人把“保护公路”理解为仅仅是为了保护公共财产不受侵害，这样是比较片面的。公路是公共产品，基于公共产品的特性，应该按照公共产品来进行管理。路政管理之所以作为一种行政管理行为而不是民事行为，主要是因为其职责是为了维护公路这种公共产品的安全性，从而保障公众使用公路的合法权益。《公路法》第七十八条的规定对造成公路损坏不报告要处以罚款处罚就是基于这样的理念。路政管理要树立公共管理理念，要把保护公路安全作为我们执法的使命。

二、路产保护

《公路法》第七条规定："公路受国家保护，任何单位和个人不得破坏、损坏或者非法占用公路、公路用地及公路附属设施。"保护公路路产是路政管理工作的重点。根据《公路法》的规定，破坏、损坏或者非法占用公路、公路用地及公路附属设施的行为有12项：

(1)擅自占用、挖掘公路的。

(2)未经同意或者未按照公路工程技术标准的要求修建桥梁、渡槽或者架设、埋设管线、电缆等设施的。

(3)在大中型公路桥梁和渡口周围二百米、公路隧道上方和洞口外一百米范围内，以及在公路两侧一定距离内，从事挖砂、采石、取土、倾倒废弃物，不得进行爆破作业等危及公路安全的作业。

(4)铁轮车、履带车和其他可能损害路面的机具擅自在公路上行驶的。

(5)车辆在公路上擅自超限行驶的。

(6)损坏、移动、涂改公路附属设施或者损坏、挪动建筑控制区的标桩、界桩，可能危及公路安全的。

(7)在公路上及公路用地范围内摆摊设点、堆放物品、倾倒垃圾、设置障碍、挖沟引水、利用公路边沟排放污物造成公路路面损坏、污染或者影响公路畅通的。

(8)将公路作为试车场地的。

(9)造成公路损坏，未报告的。

(10)在公路用地范围内设置公路标志以外的其他标志的。

(11)未经批准在公路上增设平面交叉道口的。

(12)在公路建筑控制区内修建建筑物、地面构筑物或者擅自埋设管线、电缆等设施的。

高速公路路产损坏较多的是交通肇事造成公路损坏。一般表现为路面损伤、路面污染(包括油及化学品污染和散落物污染)、防撞护栏及其他附属设施的损坏等。参见高速公路路产项目，如表6-1所示。

高速公路路产项目表　　表 6-1

公路用地	挖掘公路用地、占用公路用地、公路用地取土、挖沙、开荒、采石
路面	损坏路面、污染路面、散落物、占用路面、挖掘路面、挖掘土路肩
交通工程设施	损坏防撞护栏,损坏防眩设施,损坏限速板,损坏紧急电话,损坏高速公路标志,标线,损坏里程碑,损坏界桩
绿化	损坏树木、损坏草坪、损坏花卉
收费设施	损坏收费亭、损坏收费设备
其他设施	损坏挡墙、损坏封闭隔离栅、损坏通信设备、供电设施、河道挖掘等

《路政管理规定》第三十一条规定:“公民、法人或者其他组织造成路产损坏的,应向公路管理机构缴纳路产损坏赔(补)偿费。”路产损坏赔偿费由违法的交通运输参与人承担,标准由省、自治区、直辖市人民政府交通主管部门会同同级财政、价格主管部门确定。公路赔(补)偿费应当用于受损公路的修复,不得挪作他用。

公路赔(补)偿可按下式计算:

$$T = P \times S$$

式中:T——赔偿费(元);

P——单价(元/m^2·d);

S——损坏面积(m^2)。

占用公路补偿费可按下式计算:

$$T = P \times S \times D$$

式中:T——补偿费(元);

P——单价(元/m^2);

S——占用面积(m^2);

D——占用天数(d)。

处理公路赔(补)偿案件,赔偿数额较小,且当事人无争议的,可以当场处理。当场收取公路赔(补)偿费,应当出具收费凭证。

除可以当场处理的公路赔(补)偿案件外,处理公路赔(补)偿案件应当调查取证,询问当事人及证人,制作调查笔录;需要进行现场勘验或者鉴定的,还应当制作现场勘验报告或者鉴定报告。涉及路政处罚的,可以一并进行调查取证,分别进行处理。

当事人对赔(补)偿费数额有异议的,可以向公路管理机构申请复核。公路管理机构应当自收到公路赔(补)偿复核申请之日起15日内完成复核,并将复核结果书面通知当事人。

三、超限运输管理

超限运输是指通过公路建筑限界规定的宽度、高度或总荷载,以及超过公路、公路构筑物限载标准的车辆或物件行使公路。

超限运输车辆是指在公路上行驶的、有下列情形之一的运输车辆:

(1)车货总高度从地面算起4m以上;

(2)车货总长18m以上;

(3)车货总宽度2.5m以上;

(4)单车、半挂列车、全挂列车车货总质量40 000kg以上;集装箱半挂列车车货总质量46 000kg以上。

(5)车辆轴载质量在下列规定值以上:单轴(每侧单轮胎)载质量6 000kg;单轴(每侧双轮胎)载质量10 000kg;双联轴(每侧单轮胎)载质量10 000kg;双联轴(每侧各一单轮胎、双轮胎)载质量14 000kg;双联轴(每侧双轮胎)载质量18 000kg;三联轴(每侧单轮胎)载质量12 000kg;三联轴(每侧双轮胎)载质量22 000kg。

根据《公路沥青路面设计规范》(JTG D50—2006)和《公路水泥混凝土路面设计规范》(JTG D40—2002)进行理论计算,将车辆实际轴载换算为标准轴载,当车辆轴载质量超过标准轴载质量一倍时,车辆行驶沥青路面一次相当于标准车辆行驶256次;车辆行驶水泥路面相当于标准车辆行驶65 536次,可见,超限运输车辆对路面的损坏是成几何级数增加的。研究的结果和实践也表明,轴重的超限会使水泥路面的使用年限缩短40%左右,沥青路面缩短20%~30%左右。一条使用年限为15年的高速公路,如经常进行超限运输,则一般只能使用8年左右。

从原交通部部令《超限运输车辆行驶公路管理规定》来看,超限运输可分为两种：一种是属于超过载质量标准的，如超过车货总质量的、超过轴载质量的；一种是属于超过外廓几何尺寸的，如超长、超宽、超高。

从超限运输车辆有无有效的超限运输手续来分，违法超限运输有两种：一是无《超限运输通行证》或持无效《超限运输通行证》、未悬挂明显标志，或未按公路管理机构核定的时间、路线、时速行驶；二是涂改、伪造、租借、转让《超限运输通行证》，或实际超限运输车辆和货物与签发的《超限运输通行证》上所要求的规格不一致。

为加强对超限运输车辆行驶公路的管理，根据《公路法》的规定，超限运输车辆行驶公路前，其承运人应按下列规定向公路管理机构提出书面申请，并向公路管理机构提供下列资料和证件：

(1)货物名称、质量、外廓尺寸及必要的总体轮廓图。

(2)运输车辆的厂牌型号、自载质量、轴载质量、轴距、轮数、轮胎单位压力、载货时总的外廓尺寸等有关资料。

(3)货物运输的起讫点、拟经过的路线和运输时间。

公路管理机构在审批超限运输时，应根据实际情况，对需经路线进行勘测，选定运输路线，计算公路、桥梁承载能力，制订通行与加固方案，并与承运人签订有关协议。公路管理机构进行的勘测、方案论证、加固、改造、护送等措施及修复损坏部分所需的费用，由承运人承担。

公路管理机构对批准超限运输车辆行驶公路的，应签发《超限运输车辆通行证》。超限运输车辆行驶公路时，应持有《超限运输车辆通行证》，并悬挂明显标志，按核定的时间、路线和时速行驶公路。

四、建筑控制区

高速公路建筑控制区，是指高速公路两侧规定范围内禁止修建永久性建筑的限界，这个限界应以建筑物的滴水为准。

根据原交通部《关于对〈公路管理条例〉中‘永久性构造物或设施’涵义解释的函》(部(91)交函工字486号文)，其中就规定“永久性构造物或设施”，是指在公路两侧建筑红线控制范围内的地面或地下，采用耐久性建筑材料（钢、钢筋混凝土、水泥、砖、木、石及其他材料等）构筑的，使用期限在半年以上的各种构造物或设施（不含公路设施）。

建筑控制区内违法建筑对高速公路造成的危害，主要包括：

(1)对高速公路远景规划和发展造成影响，不利于公路的扩建和改建。

(2)导致高速公路两侧一定范围活动的人员增加，公路防护设施易被破坏和损坏，影响高速公路安全、畅通。

(3)加大了生活、生产垃圾对高速公路的污染，影响公路的美观和公路使用寿命。

《公路法》中规定："除公路防护、养护需要以外，禁止在公路两侧的建筑控制区修建建筑物和地面构筑物；需要在建筑控制区内埋设管线、电缆等设施的，应当事先经县级以上地方人民政府交通主管部门批准。对建筑控制区的范围①，由县级以上地方人民政府按照保障公路运行安全和节约用地的原则，依照国务院的规定划定"。

《重庆市公路路政管理条例》是重庆市关于公路建设、养护管理的地方性法规，该条例规定："建筑控制区的范围，从公路边沟（坡脚护坡道、坡顶截水沟）外缘起，国道不少于20m，省道不少于15m，县道不少于10m，乡道不少于5m，高速公路不少于30m，高速公路立交桥匝道不少于50m。"根据该条例的规定，也可以把高速公路违法建筑、构筑物大致划分为3类：

(1)违法在公路用地范围内设置公路标志以外的其他标志。

(2)违法在公路建筑控制区内修建的建筑物和地面构筑物。

(3)擅自埋设的管（杆）线、电缆。

由于此类案件由于违法行为成分复杂、范围广、查处难度大，是高速公路路政管理机构管理的难点。

---

① 在美国AASHTO的《路侧安全设计指南》提出了路侧净区的概念。路侧净区是指位于行车道外侧边缘与路权限界范围内的区域。路侧净区要求不存在任何危险物，该区域能够确保驶出路外的车辆不发生翻车与碰撞危险，驶出车辆能够在净区无障碍地行驶并安全返回车道。多年的实践经验和研究证明，多数情况下，9m的路侧无障碍净区设计能够很好地保证驶出路外车辆的运行安全。

五、公路占用、利用

除公路防护、养护外,占用、利用或者挖掘公路、公路用地、公路两侧建筑控制区,以及更新、砍伐公路用地上的树木的行为,应当根据《公路法》规定,事先向路政管理机构提交申请书和设计图,办理许可手续。根据《公路法》第四十四条第二款,经批准占用、利用、挖掘公路或者使公路改线的,建设单位应当按照不低于该段公路原有技术标准予以修复、改建或者给予相应的补偿,并承担按原公路技术标准修复或商定按规划标准改建公路的费用。从事此类占用、使用行为的,申请书包括以下主要内容:

(1)主要理由。

(2)地点(公路名称、桩号及与公路边坡外缘或者公路界桩的距离)。

(3)安全保障措施。

(4)施工期限。

(5)修复、改建公路的措施或者补偿数额。

对在公路用地范围内设置厂(店)名牌、宣传牌、地界牌、广告牌、标语牌等公路标志以外的其他标志,申请书则应当包括以下主要内容:

(1)主要理由。

(2)标志的内容。

(3)标志的颜色、外廓尺寸及结构。

(4)标志设置地点(公路名称、桩号)。

(5)标志设置时间及保持期限。

公路管理机构要对申请单位的上述申请进行现场勘查,调查核实后,双方签订协议,颁发许可证。协议内容包括:

(1)工程概况:工程名称、位置、工程施工时间要求等。

(2)施工组织:施工队伍的责任、施工期限、施工期间安全。

(3)安全生产责任事故的处理办法。

(4)收费补偿办法。

按照高速公路的要求,一般来讲,下穿管线最小深度在原地1m以下,并低于边沟沟底0.5m。油气管道的防护层,应在公路红线范围以外,条件限制时,距离边沟外缘间的安全距离,石油管道应大于10m;天然气管道应大于20m;油气管道与大中型桥梁的距离应大于100m;管道作业开挖位置在路基20m以外,要求采取顶管加保护措施埋设。

配电高压线路不少于12m的净空高度,送电线路应高于路面8m以上,而且要考虑与高速公路正交、斜交锐角大于60°,受条件限制时,也必须大于40°。

六、公路养护施工安全管理

高速公路施工包括道路养护工程施工作业和涉路施工工程作业。根据高速公路路面施工的特点,高速公路施工安全管理主要包括两个方面:

其一,交通安全管理。由于高速公路路面维修是在交通繁重的高速公路上进行的,施工的特点:一边是交通量大、行车速度高的道路交通,一边是紧张作业的路面施工。因而容易形成相互干扰的现象,稍不小心,则会引发安全事故。

其二,施工本身的安全管理。由于高速公路路面施工不能将交通完全封闭,施工场地狭小,施工机械移动困难,容易产生事故。

《路政管理规定》第八条规定:“除公路防护、养护外,占用、利用或者挖掘公路、公路用地、公路两侧建筑控制区,以及更新、砍伐公路用地上的树木,应当根据《公路法》和本规定,事先报经交通主管部门或者其设置的公路管理机构批准、同意。”但公路防护、养护影响交通安全的,应当按《道路交通安全法》第三十二条的规定,征得公安机关交通管理部门的同意。因此,高速公路施工作业单位在施工作业前应按照规定组织编制和报送施工组织方案和交通组织方案,并严格按经审查同意的施工组织方案、交通组织方案以及安全生产规定进行施工作业。

高速公路道路养护施工作业应当遵守下列规定。

1. 施工车辆

(1)必须保持施工车辆转向器、制动器、灯光装置等机件齐全有效,符合高速公路通行标准;严禁施工单位使用报废车辆、禁止驶入高速公路的车辆以及车况不良的车辆进入高速公路施工作业。

(2)施工单位车辆进出施工区域,应注意观察并主动避让正常行驶的车辆。

(3)施工作业车辆不得在施工区域外随意停放。

(4)施工车辆装载必须符合高速公路行车要求,不得将物料、泥土带出作业区域污染路面。

(5)严禁在高速公路上穿越中央分隔带掉头或转弯、倒车、逆行。

(6)利用车辆进行养护作业时,应当在公路作业车辆上设置明显的作业标志。公路养护车辆进行作业时,在不影响过往车辆通行的前提下,其行驶路线和方向不受公路标志、标线限制。

2. 施工人员

施工现场首先应确定现场安全负责人,并落实岗位职责;高速公路施工作业单位应加强对施工作业人员的管理,发现施工作业人员有违反安全规定或有其他安全隐患的,应及时采取有效措施予以纠正。施工作业人员应遵守下列规定:

(1)必须接受由高速公路路政管理机构组织的安全教育、岗前培训以及作业规程训练。

(2)进行施工作业时必须着安全标志服,戴安全帽。

(3)不得在作业区域外活动或将任何机具、物料置于作业隔离区以外。

(4)不准擅自变更交通控制标志和区域,或扩大作业范围。

(5)不准随意横穿高速公路,确因施工作业需要穿越高速公路的,必须在确保安全和不妨碍车辆正常行驶的前提下快速通过。

(6)不得有其他违反高速公路管理的行为。

施工人员穿着标志服既可保障自身安全和行车安全,又是区分施工人员和一般行人的标志,便于控制和管理。标志设置后,任何施工人员未经高速公路路政管理机构同意,不得擅自移动,施工人员还必须保持施工标志的正确设置和日常清洁,保持标志的视认效果。

3. 施工材料、器具的堆放

高速公路施工作业的材料、器具必须堆放在作业隔离区以内,应堆放整齐，不得零散堆放，堆放高度不得影响行车视线，施工作业的废弃物应及时转运。施工单位应指派专职人员对施工作业的材料、器具进行管理。

4. 施工区域交通控制

施工单位应按照有关标准、规范的规定在施工路段设置标志，必要时还应安排专人进行管理和指挥，以确保施工作业路段的行车安全。施工区域安全标志应根据高速公路交通的实际需要和施工作业区的长度、宽度设置，除高速公路特殊要求使用的一些专门施工作业标志外，施工安全标志均应采用《道路交通标志和标线》(GB 5768—1999)规定的标准。下面分别介绍几类施工作业的基本要求：

(1)仅占用紧急停车带的施工作业：此类作业最为常见，施工区域位于车辆行进方向的右侧，横向占道的最大宽度为紧急停车带边缘(以标线为界)，可以使用"前方施工"、"靠左侧行驶"、"限速"等标志牌及反光锥形标引导车辆行驶，施工作业人员在相对隔离的区域内活动，从而保证行车及施工作业的安全。

(2)占用超车道的施工作业：此类作业的施工区域位于车辆行进方向的左侧，横向占道的最大宽度为超车道边缘(以标线为界)，可以使用"前方施工"、"靠右侧行驶"、"限速"、"禁止超车"等标志牌及反光锥形标隔离施工区域并引导车辆行驶，由于超车道一侧的车速很快，因此要求施工安全标志设置的纵向距离加大，在实际中遇到有坡度、弯道的路段时，应在坡顶或转弯开始的前方不小于200m的位置开始设置施工安全标志。

(3)占用紧急停车带和行车道，或占用超车道和行车道的施工作业：此类作业施工区域占道的范围较大，仅留有超车道或紧急停车带供车辆行驶，除需按前述(1)、(2)种情况的要求设置施工安全标志外，还要再加大标志设置的纵向距离，加强限速控制，先设置"限速60"，再设置"限速30"，引导车辆慢速通过施工区域，从而保证行车和施工作业和安全。

(4)占用半幅路面，需改道另一侧双向通行的施工作业：此类作业的施工区域横向占据了车辆行进方向的整个路面，可以利用施工区域纵向前、后的中央分隔带活动护栏，或拆除部分中央分隔带的护栏板，硬化拆除部分的绿化带路段后，在前、后开口处分别设置“前方施工”、“导向”、“限速”、“双向行驶”、“禁止超车”等标志牌及反光锥形标，引导车辆在施工区域路段减速、变道、双向行驶，在驶离施工区域路段后恢复正常行驶。此类施工作业的工程量大，工期较长，需要签订专门的《安全管理协议》，落实施工单位的安全管理责任，设专人负责施工安全标志设置的正确位置和日常清洁，遇有紧急情况及时上报并实行快速处置。

(5) 夜间施工作业应在施工区域起点设置照明灯和红黄频闪警示灯，警示灯应安装于路栏或独立活动支架上，高度以 120cm 为度，必要时应指派专人指挥交通。

(6) 大修工程、需半幅或全幅断道施工的维修保养和养护专项工程，以及在同一施工区域占用行车道超过 10 日的养护施工工程，应提前 5 日向社会公布。

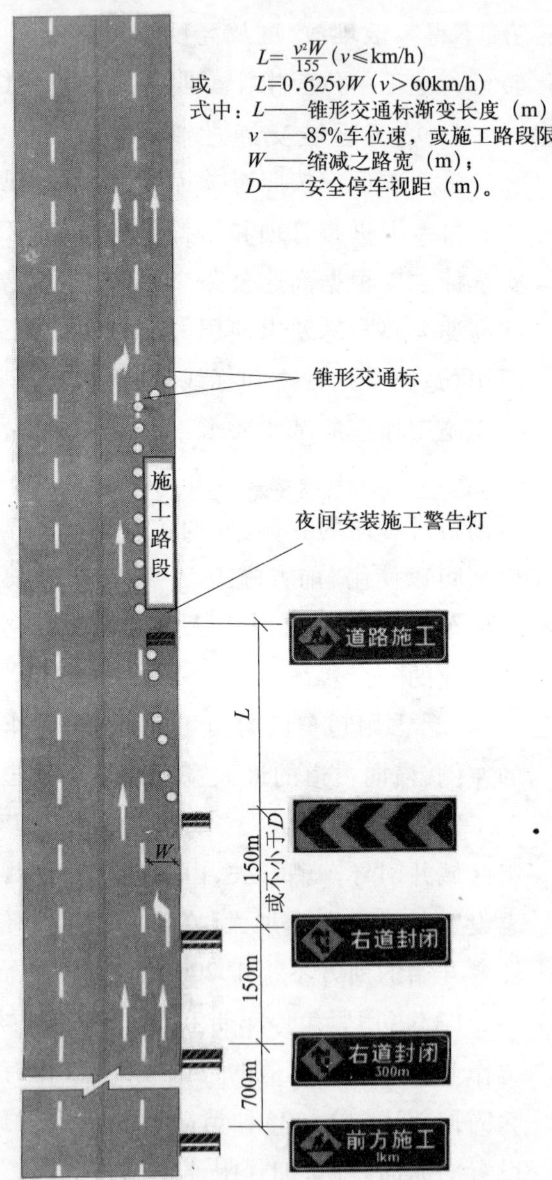

图 6-1　同向车道中有一条车道路面施工时路面布设图例

(7) 因滑坡、塌方、泥石流等自然灾害需要养护（抢险）作业时，施工作业单位应当设置抢险作业控制区，按有关规定在工作区两端设置安全设施，设专人观察险情。需要车辆绕行的，应当在绕行路口设置标志。

(8)在车辆运行高峰期施工作业，施工单位指派专人负责维持交通，并利用可变信息板等信息渠道及时发布限流、分流信息。发生交通堵塞时，应实施交通管制。

参见高速公路施工作业交通控制标准示意图，如图 6-1 和图 6-2 所示。

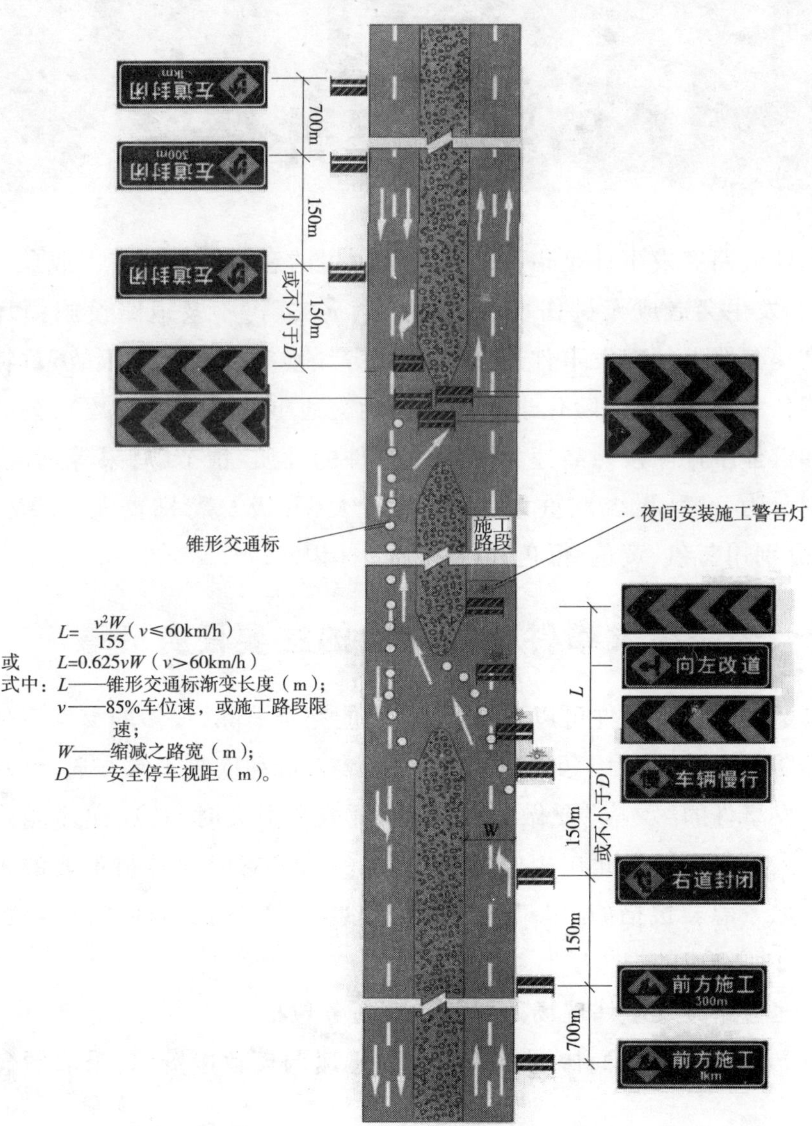

图 6-2　高速公路一侧施工，利用中央分隔带紧急开口绕行时的设施布设图例

第三节

公路突发事件处置

高速公路突发事件是指在道路上所发生的意料不到的有害或危险的事件,它的发生会造成人员伤亡、车辆损坏、火灾、污染及道路设施损坏等结果。高速公路上的突发事件通常包括恶劣气候等自然灾害事故、重特大道路交通伤亡事故(含危险化学品运输车辆交通事故和火灾事故)、公共卫生安全和群体事件。按照高速公路突发事件的性质、情节、后果等情况,由低到高划分为一般(Ⅳ级)、重大(Ⅲ级)、特大(Ⅱ级)、特别重大(Ⅰ级)四级预警,分别用蓝色、黄色、橙色和红色加以标识。

一、公路突发事件现场处置的主要任务

高速公路突发事件可以预防,但不可能完全消除,很多的突发事件也是难以预防的。因此,为了更有效地救护事故人员和恢复正常交通,针对高速公路突发事件的"反应"要做到快速,尽量减少损失时间,这样才能确保事故现场人员安全。因此在相应的预案设计中,节省时间是很重要的。在事发后采取紧急救援措施,以最快的反应速度、用最短的时间排除事故,降低突发事件所造成的损失。

高速公路突发事件现场处置的主要任务包括:

(1)及时获取信息,协调有关各方面迅速调集救援资源,采取紧急救援行动。

(2)提供紧急救援(消防、救护、清障和环保等)服务,并进行现场处理。

(3)维修和牵引故障车辆,帮助驾驶员摆脱困境。

(4)实施交通管制方案,如关闭路口匝道等。

(5)在交通事故可能影响的范围内,为行车的驾驶员和乘客提供信息服务。

二、高速公路行政执法机构职责

高速公路执法机构在获悉突发事故灾难信息后,必须在第一时间到达现场,迅速了解、掌握事故灾难情况,按处置预案及时开展突发事故灾难救援和维护交通秩序工作(如图6-3所示)。

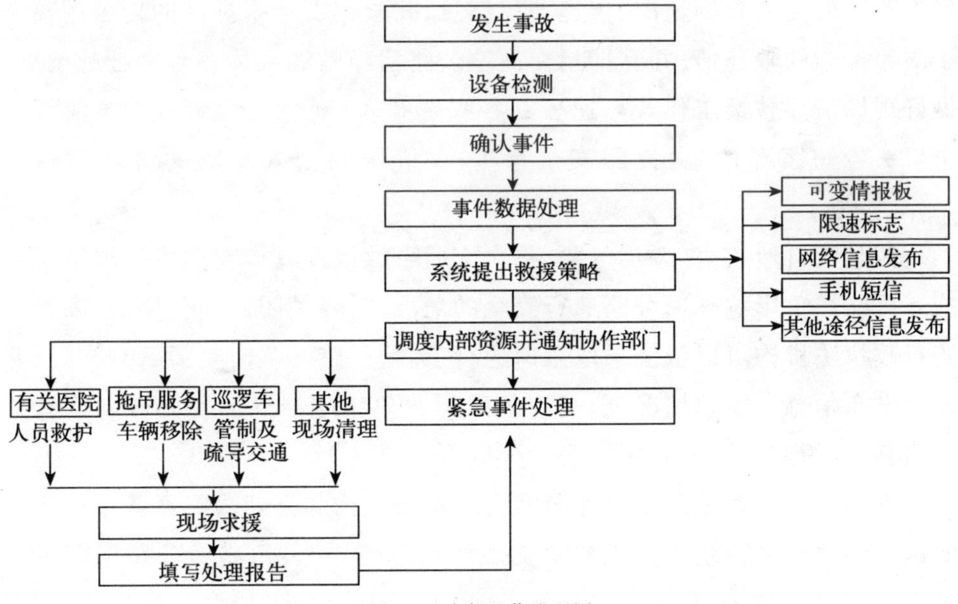

图6-3　内部工作流程图

作为高速公路执法机构,在遭遇突发事件时,一般要行使以下主要工作职责:

一是获悉事故信息后,应迅速查明突发事故灾难的危险性、严重程度和可能造成的后果,并立即报告。报告应说明以下内容:事件类型、发生地点、危害程度、所需援助、原因初步判断、基本情况、危险状态和可能造成的后果。

二是预案启动后,高速公路执法机构有关的执法人员应立即到岗,做好交通控制和勤务准备工作。

巡逻车全部到位,迅速安排人员到交通管制路段和站点实施交通管制,维护交通秩序。对于有条件改道通行的,执法人员须在实施交通管制路段后方,到就近的开口处开启中央活动护栏,设置交通标志,配备1~2名执勤人员,做好交通控制和指挥工作,引导车辆改道行驶,实施半幅路面双向通行;在不具备车辆通行条件时,应立即封闭通道,指挥车辆驶离危险区域。在实施特级、一级和二级管制措施后,应及时通报辖区交警支(大)队,配合疏导阻塞车辆。

三是要求高速公路监控中心通过可变情报板,及时发布突发事故灾难发生路段的交通管制情况,传递路况信息,并根据现场指挥部的指令调整电子限速标志的限速值;并立即指派高速公路清障救援人员和车辆赶赴现场,做好现场清障救援工作。高速公路各收费站入口收费员,向过往车辆驾驶员口头告知路况信息,提醒安全行车,做好限制驶入车辆的解释和疏导工作。

四是因自然灾害、恶劣气象、重大交通事故以及其他突然发生严重影响或者可能严重影响高速公路通行安全的情况,需要关闭高速公路的,高速公路行政执法机构可以依法采取限速通行、关闭公路等临时交通管制措施,并及时发布信息。紧急情况下,高速公路运营单位应当立即实施限制或者关闭措施,组织路网调度和区域交通分流。

五是关闭高速公路由高速公路行政执法机构和高速公路经营单位负责实施。高速公路行政执法机构负责现场指挥疏导车辆,高速公路经营单位负责关闭收费站入口,设置必要的交通分流引导设施,协助疏导交通,并通过公众媒体和可变信息板等设施发布信息,在收费公路出入口向通行车辆进行提示。

当然,高速公路突发事件处置不仅是交通执法部门的责任,它更需要完备的社会救助资源及其健全的救援功能,除了自己本身具备的监控设施、巡逻车、紧急电话、养护设施外,还需要其他部门的协作,如公安、消防、医疗和环境保护等部门。因此,高速公路突发事件处置工作必须由事故发生地区、县、市政府成立高速公路突发事故灾难现场指挥部，作为处置高速公路突发事故灾难现场组织指挥机构，统一指挥协调高速公路突发事故灾难应急处置工作，交通、安监、环保、卫生、公安等各相关职能部门按照职责配合。各个方面的协调努力是圆满处理各种事故的基本条件。

三、高速公路突发事件处置方法

高速公路常见的突发事件主要包括：恶劣气候、重大交通事故、化学危险品泄漏、汽车火灾、群体性事件等，针对不同的事件的特点应当有不同的处置方法。

（一）恶劣气候特别处置

恶劣气候，主要指雨、雾等灾害性天气影响高速公路行车安全的自然状况。以优先保护人民群众生命安全为第一原则，把保护生命安全作为事故处置的首要任务。在秋冬和冬春交替时节，应加强与气象部门沟通信息，提前掌握雾情，并加大巡逻密度，及时发现高速公路气象变化情况，在不同条件下，采取限速、限制车种、组队间隔放行、部分封闭、完全封闭等不同的交通管制措施。

一般情况下，采取非封闭交通管制措施；当出现严重雾情，大范围（10km以上）能见度低于30m，或在雾区已经发生交通事故时，按照“主线优先、客运优先、城区优先”的原则，视不同情况采取部分或全部封闭管制措施。

能见度不足30m或能见度不足50m但已经发生事故，不能保障车辆完全通行时，实行特级管制。除特别紧急公务、紧急抢险救护等特殊车辆在巡逻车带领下通行外，禁止其他各类车辆驶入高速公路。

对高速公路在行车辆，通过巡逻车喊话和可变情报板发布信息，要求其开启雾灯、近光灯、示廓灯、前后位灯以及危险报警闪光灯，并就近驶离高速公路或进入服务区休息等待。

能见度在30m以上、50m以下，不能保障所有车辆完全通行时，实行一级管制。禁止危险化学品运输车辆、“三超”车辆（超宽、超高、超长，下同）、大型客货车辆、未安装后防雾灯车辆和后尾灯不亮的小型车辆驶入高速公路；管制路段限速30km/h，禁止超车，开启雾灯、近光灯示廓灯、前后位灯及危险报警闪光灯，保持车辆间距不小于30m。

能见度在50m以上、100m以下时，实行二级管制。禁止危险化学品运输车辆、“三超”车辆、重载大货车及后尾灯不亮的其他车辆驶入高速公路；管制路段限速50km/h，开启雾灯、近光灯、示廓灯和前后位灯，保持车辆间距不小于50m。

能见度在100m以上、200m以下时，实行三级管制。管制路段限速70km/h，开启雾灯、示廓灯和前后位灯，保持车辆间距70m以上。

如果遇到暴雨等灾害性天气参照以上措施处理。

（二）重大交通事故处置

在获悉事故信息后，须问明事故发生地点、报案人姓名、是否阻断交通、人员伤亡等基本情况，并做好书面记载。距离事故发生地最近的巡逻车迅速赶往现场，在正常情况下，先期应急人员必须在15min内赶到事故现场。到达事故现场后，应分别视不同情况采取不同的控制方案。控制事故现场，采用锥形反光标志筒、前方事故（提示）标志牌、限速、禁超等标志牌将事故现场区域与通行车道隔离开；夜间事故现场，应适当扩大控制范围，并尽可能增设频闪强光灯等夜间警示工具。

发现受伤人员，应及时通知“120”急救中心或直接通知就近的当地医院实施救助；对危重伤员，可以临时征用合适的过往车辆协助救护工作，同时记录驾驶员的手机号码，以便了解伤员的去向；需破折设备救援的，通知消防特勤大队施救。

对当场死亡的人员，应通知当地殡仪部门前来运送并保管尸体。在移送尸体前，应对死者衣内的遗留物品进行专门清点、登记和拍照或摄像。

在事故现场的处理过程中，应尽快排除能引起堵塞的车辆和人员，恢复公路的正常通行。现场勘查工作不要纠缠无关紧要的细节。

（三）危险化学品泄漏处置

接到报警后，应及时向驾驶人、押运人员及其他有关人员了解运载物品的名称、性质、性状、运载总量、漏失数量及施救要求和可能造成的危害程度,并立即报告,组织力量赶赴现场。在进入事故现场前,首先应确定安全距离,选择在现场的上风或侧上风地带,通过外部观察和询问有关人员,查清现场的基本情况。如现场周围环境情况、现场部门、现场被困人员情况、中毒人员数量,燃爆或污染面积、危险化学品名称、数量、理化性质、泄漏的部位、时间和范围等。根据掌握的现场基本情况确定封闭区范围,设立标志和警戒岗。现场封闭后要及时疏散危险区域无关人员。事故现场得到基本控制后,经现场指挥部同意,救援人员以作业组为单位进入现场进行内部处置。严禁非抢险车辆和人员进入封闭区,确保紧急救援通道畅通。

对于有毒、易燃易爆物品已经发生泄漏的情况,在了解所载物品性质前,不得进入警戒区域。要采取交通管制措施,中断左右线车辆通行,疏散危险区域的人群,设置300~500m的禁区,并立即向消防部门报警;对有毒物品可能流入江河污染水源的,应同时通知环境保护部门;做好事故区域周边的安全警戒,待消防专业人员到达现场消除危险状态后,再行勘查现场和疏通工作。遇到发生危险品泄漏的事故,对危险化学品的吊装、转运和陈放应采取严密、稳妥的施救方案,必要时,可请有关化工专业单位协助,防止在现场施救过程中、转运过程中以及存放过程中出现险情。

(四)汽车火灾处置

高速公路汽车火灾的主要特点如下:

(1)燃烧蔓延快。高速公路上的火灾,其燃烧物品多为易燃品,如汽油、柴油等燃料。又处在相对高处,风力大于地面,故风助火势,燃烧蔓延速度相当快。

(2)容易发生群死群伤。高速公路车辆发生火灾,其起火部位多为发动机。当火灾发生时,常会造成人员惊慌失措,进而引起拥挤、踩踏。当火灾涉及电路部位时,常会使车门控制失灵而无法开启,从而造成群死群伤。

(3)容易发生爆炸及流淌火灾。道路上行驶的车辆,其装载物品的危险性具有不确定因素。当行驶途中车辆发生火灾时,难免会发生意想不到的事情。如危险品罐体间碰撞发生爆炸;气体泄漏遇明火而引起爆炸;液体泄漏产生蒸汽遇明火发生爆炸;也可能发生可燃液体泄漏遇明火引发的流淌火灾。

(4)高速公路火灾经济损失大,影响大。由于进口车辆、车载物品、特种车装备高级仪器设备等,这些车载物价值相当大,有些在百万元以上,一旦发生火灾,会立即引起交通堵塞,造成部分路段交通中断。交通一旦瘫痪,经济上将造成巨大损失,政治上影响也较大。

(5)疏散困难。高速公路上发生火灾事故,会使人员、物品、车辆无法及时疏散;同时,事故车辆的制动咬刹、爆胎、车辆变形等均使其不能迅速撤离现场。

(6)救援难度大。高速公路交通事故导致数辆、数十辆、甚至上百辆汽车相撞,且随时可能发生起火燃烧或爆炸。车辆毁坏变形或坠入路沟,众多驾驶员和乘客被困在受损车辆内无法逃生,随时都有生命危险。多车多点相撞时,救援点多,线路长,事故造成道路堵塞,救援装备和人员难以接近事故现场,疏散人员极为困难。

(7)水源缺乏,取水困难。由于高速公路是全封闭的,且没有设置消防水源,因此灭火救援时的供水主要依靠消防车的自备水。即使事故地点附近有水源,但高速公路的路基一般要高于周围环境,且有隔离栏等阻碍,取水非常困难。

针对上述特点,执法人员到达事故现场后,在保障自身安全前提下迅速进入现场,了解初步情况,并根据现场具体情况划分安全警戒线,安全警戒线分为外围警戒和火灾现场警戒。外围警戒要及时消除路障,劝阻无关人员、车辆离开现场,维持好建筑物外围秩序,为消防队到场展开灭火创造有利条件。火灾现场警戒要及时指挥疏散人员,看管好抢救出来的物件。

在隧道火灾中,应根据隧道风向,确定现场安全警戒区域和撤离通道的走向,指引受困人员沿隧道检修道的逆风方向撤出隧道。对两侧隧道设有互通通道的,组织受困人员撤离到另一侧隧道。禁止车辆原地掉头,要督促受阻车辆驾驶员带领乘坐人员弃车撤离。

(五)群体性阻路事件处置

发现有人群聚集,应注意及时发现苗头,向上级机关报告事件的时间、地点、人数、行进方向等,并通报当地公安机关。同时,组织人员一方面在高速公路外进行控制,向参与者和周围群众宣传、解释有关政策与法规,疏散围观人群;另一方面对进入高速公路上的人员要进行疏导工作,劝其离开,尽力防止其进入高速公路车道,同时,在人群聚集的车行方向的前方进行交通控制,使车辆缓行通过,避免意外事故发生。如人群聚集造成交通堵塞状态,应立即通知各收费站暂缓车辆进入,同时封闭堵塞路段,将车辆控制在堵塞路段外,协助公安机关实施处置工作。

(六)公共卫生事件处置

高速公路执法机构在获悉国家和政府公布的重大传染性疫情等公共卫生安全事件信息后,应密切关注疫情动态,配合卫生防疫部门做好高速公路省际入口对旅客检疫和车辆消毒工作。发现疑似病例及时向市卫生防疫部门和医院联系,并立即向市政府报告,同时做好车辆、人员隔离消毒工作。凡接触病源传播途径人员要加强自身防护,做好消毒和保持个人清洁卫生工作。

第七章

高速公路交通事故处理

本 章 摘 要

受地域环境影响，高速公路上的交通事故具有自身的特点。地处山岭重丘区的重庆，高速公路交通事故的地域特点更加突出。掌握高速公路交通事故处理的程序和现场处置的一些基本要求，能更有效地实现对高速公路安全的管理。

第一节

交通事故概述

一、交通事故概念

道路交通事故作为与汽车工业发展相伴而生的一项公害，已引起全世界的关注。根据《中华人民共和国道路交通安全法》（以下简称《道路交通安全法》）第一百一十九条第五项规定，交通事故是指车辆在道路上因过错或者意外造成的人身伤亡或者财产损失的事件。分析该概念，可以得到构成交通事故的四个基本要素。

1. 道路

道路的概念有广义与狭义之分。广义上的道路是指供各种车辆和行人通行的工程设施。

就狭义上的道路而言，就是《道路交通安全法》第一百一十九条第一项的规定所指："道路是指公路、城市道路和虽在单位管辖范围但允许社会机动车通行的地方，包括广场、公共停车场等用于公众通行的场所。"这是《道路交通安全法》指明的适用于交通事故发生的道路的概念，它强调了道路通行权的公共性，也就是说，在不具有通行权公共性的场所发生的事故不属于交通事故的范畴。同时，也应以事态发生时所在的位置，而不是事态发生后车辆所在的位置来判断是否在道路上，如车辆驶出路外翻车，应认为是在道路上。

2. 车辆

这里所指的车辆包括机动车和非机动车。车辆要素要求交通事故中至少有一方为车辆,与车辆无关的事故不属于交通事故。例如,行人之间发生碰撞造成损害后果的事故,就不属于交通事故。

3. 造成交通事故的原因是当事人的过错或意外

(1)过错包括两种情况:一种是过失,指应当预见自己的行为可能发生危害社会的结果,因为疏忽大意而没有预见,或者已经预见而轻信能够避免,以致发生危害后果;另一种是故意,指行为人明知自己的行为会发生危害社会的结果,但希望或者放任这种结果的发生。这两种情况都是反映行为人实施过错行为时的主观心理状态。

(2)意外是指行为在客观上虽然造成了损害结果,但不是出于故意或者过失,而是由于不能抗拒或者不能预见的原因造成的。意外分为两种情况:一是人力不能抗拒的原因,如自然灾害;一是驾驶人不能预见的原因,如行人利用机动车自杀。将意外事件纳入交通事故的范围,其意义在于适用交通事故的赔偿原则赔偿受害人的损失,保护受害人的合法权益。

4. 具有损害后果

交通事故必须具有损害后果,既无人员伤亡又无财产损失的事故不属于交通事故。

以上4个要素缺一不可,是构成交通事故的充分和必要条件。

由于研究交通事故的角度不同,对交通事故还可以有不同的定义。从交通心理学的观点认为,交通事故是在人、车、路、环境构成的人机系统中,刺激(信息)—反应(判断)—操作无数闭合循环的某一环节失误;从统计学的观点分析,把交通事故看成是由于错觉而引起的行车遭遇的概率现象;从法学的观点认为,构成交通事故要同时具备四个属性要件(事故主体要件、交通工具要件、交通空间要件和损失后果要件)和两个个性要件(主观要件和行为的违法性要件)。

从国外对交通事故的定义看,日本道路交通法中的规定是,凡在道路或供一般交通适用的场所因车辆之类的交通所引起的人身伤亡或物品的损害,均成为交通事故。美国国家安全委员会对交通事故所下的定义是:所谓交通事故是车辆或其他交通物体在道路上所发生的意想不到的有害的或危险的事件,这些事件妨碍交通行为的完成,其原因常常是由于不安全的行动或不安全条件,或者是两者的结合,或者一系列不安全行动或一系列不安全条件。

二、交通事故性质

性质是一种事物区别于其他事物的根本属性。认识交通事故的属性,将有助于我们认识交通事故的规律性和交通事故处理的有关问题。这里介绍由于当事人的过失引发的交通事故的性质。

(一)交通事故是一种随机事件

1. 随机事件的定义

世界上的事物基本上可分为两大类:一类叫做确定性事件,一类叫做随机事件。确定性事件内部各因素之间的关系是确定的,可以用数学公式表示;随机事件内部各因素之间的关系是不确定的。例如,气温、气压与下雨之间的关系是不确定性关系;交通流量、道路条件、车辆运行环境、气候条件等与交通事故之间的关系是不确定性关系。

什么是随机事件呢?在相同的条件下进行的无限重复的,且实验结果不一定相同的实验叫做随机实验。在随机实验中,可能出现也可能不出现的事件叫做随机事件。随机事件具有偶然性,不能像确定性事件那样,使用数学公式准确地预测和控制它。

2. 交通事故的随机性

交通事故是一种随机事件,这主要是由交通参与者行为的随机性决定的。心理学研究表明,人的行为过程是一个感知、判断、动作的心理过程。动作的幅度、速度、力量和准备性受到大脑的觉醒程度、输入输出神经的传输速度、肌肉的疲劳程度、个性心理特征等因素的影响。在不断变化的人们自身状态的影响下,这些因素随时可能改变,不可能长时间恒定在某一状态。人类行为的差异性决定了人类行为的随机性。

交通事故与交通参与者的过错行为紧密相关,正是人类行为的随机性和过错行为与交通事故之间的紧密关系,决定了交通事故是一种随机事件。

交通事故是一种随机事件还与交通事故发生的环境条件的随机性有关。交通事故发生的环境条件包括车辆运行的道路环境和交通环境。车辆运行的道路环境是指车辆运行到道路某一点时,该点的道路类型(城市道路、公路、山区道路、平原道路等)、道路等级(高速公路、四级公路、快速路、主干路、支路等)、路面结构(路面材料、路面摩擦系数、道路宽度、道路横断面结构等)、道路线形(弯道、上坡、下坡、直线)等情况。车辆运行的交通环境是指车辆运行时,在道路上运行的其他机动车、非机动车、行人情况等。

道路交通系统是一个复杂的动态系统。在车辆运行过程中,人、车、路之间的位置关系,车辆运行的道路环境和交通环境随时发生变化,使车辆运行的道路环境和交通环境呈现出随机性。交通事故往往是在俗称为"巧合"的情况下发生的,这种巧合反映出影响交通事故发生的环境条件的随机性。

在道路交通系统中,交通参与者的行为还受到道路环境和交通环境的影响,道路环境和交通环境的随机性使交通参与者行为的随机性增强。正是环境条件的随机性和交通参与者行为的随机性,以及他们之间的相互作用使交通事故成为一种随机事件。

交通事故的随机性决定了其规律属于统计规律。所谓统计规律是指从大量的同类现象中总结出来的,反映总体性质的规律。因此,研究交通事故的规律性应使用到数理统计方法、灰色系统方法等。

(二)交通事故是一种违法事件

违法是指一切违反法律、法规的规定,从而造成某种危害社会的过错行为。在交通事故中,事故责任者的交通安全违法行为违反了《道路交通安全法》或其他交通安全法律、法规的规定,造成了人员伤亡和财产损失,破坏了正常的道路交通秩序,是一种违法行为。由这种违法行为引起的交通事故是一种违法事件。

广义的违法包括刑事违法、民事违法和行政违法等一切违法行为。刑事违法即犯罪,是指一切触犯刑律应受刑事处罚的行为。民事违法是指违反民事法律、法规的行为,如果交通事故责任者的交通安全违法行为违反了《中华人民共和国刑法》(以下简称《刑法》)第一百三十三条的规定,构成交通肇事罪,那么交通事故就是一种刑事犯罪案件。对于构不成交通肇事罪的交通事故责任者的交通安全违法行为则是一种违反了《道路交通安全法》的行政违法行为,这时的交通事故是一种行为违法事件。交通事故造成了人员伤亡和财产损失,交通事故责任者侵犯了国家、集体和个人的财产拥有权,侵犯了公民的人身健康权,交通事故责任者的交通安全违法行为又同时是一种民事违法行为。因此,依照民法,交通事故是一种民事侵权损害事件。

为了充分发挥交通安全法律、法规的作用,维护交通安全法律、法规的尊严,保证交通安全法律、法规的实施,健全社会主义法制,国家不仅要求交通参与者必须遵守交通安全法律、法规,而且还要对一切违反交通安全法律、法规的实施。对于构成交通肇事罪的事故责任者,根据《刑法》第一百三十三条的规定和《最高人民法院关于审理交通肇事刑事案件具体应用法律问题的解释》的规定,追究其刑事责任。对于尚不构成刑事处罚的事故责任者,根据《道路交通安全法》、《道路交通安全法实施条例》和其他交通安全法规、规章的规定,对其进行行政处罚。损害赔偿义务人对交通事故造成的人员伤亡和财产损失,根据《民法通则》、《道路交通安全法》和《最高人民法院关于审理人身损害赔偿案件适用法律若干问题的解释》的规定,应当承担民事赔偿责任。

所以,根据事故责任者的交通安全违法行为、交通事故损害后果的严重程度和事故责任的大小,交通事故责任者要分别承担民事责任、行政责任甚至刑事责任。

三、交通事故特征

研究交通事故的特征可以帮助我们更深刻地理解交通事故的本质,寻求研究交通事故发生规律的方法，制订预防交通事故的有效措施，公平、公正和依法处理交通事故。

1. 交通事故的因果性

在相互联系的许多自然和社会现象中，一个现象的出现，必然引起另一个现象的出现，则前一个现象叫做原因，后一个现象叫结果。发生交通事故作为结果，是由交通安全违法行为造成的，交通安全违法行为是交通事故发生的原因。例如，强行超车造成迎头相撞事故。这样交通事故原因与结果之间的必然联系就叫做交通事故的因果性。当然，交通事故与事故原因之间的联系形式是多种多样的，例如，一天中午，天下大雨，个体运输户驾驶员姚某，驾驶大货车去苗圃拉树苗，返回途中，由东向西行至秋湖公路窑上村翻水槽时，撞毁路边8个护墩，四轮朝天翻入翻水槽内，槽内水深1.5m，造成车上装卸工2人死亡，1人重伤，车辆严重损坏。很显然，这里的下雨与交通事故的结果之间，就没有必然的因果关系。

从交通事故与原因之间的联系可以看到：引起事故发生的原因往往是多方面的，当其中一部分原因出现时，不足以引发事故。但是，这些"部分原因"确是事故发生的隐患，只要我们采取措施，消除这些隐患，就可以有效地预防交通事故的发生。

2. 偶然性

交通事故属于随机事件，随机事件具有偶然性，所以交通事故具有偶然性。因此，某一起交通事故是哪些人、什么原因、什么事件、什么地点发生的，事故后果是什么，这些都是在事故发生以前无法准确预测到的。

某些人仅仅认识到交通事故的偶然性，用确定性事件的思维方法来认识交通事故这个随机事件，就会产生一种错误的认识：交通事故的发生是无规律可循的。在这种错误认识的指导下，这些人只是把"预防为主"的交通安全管理方式喊在口头上，整天忙于处理交通事故，不扎扎实实地做好交通事故预防工作，其结果只能是交通事故越处理越多。

交通事故的发生是有规律的，交通事故的发生遵从统计规律。统计规律是从大量的同类现象中总结出来的反映总体性质的规律。交通事故属于随机事件，可以用概率论和数理统计作为数学工具来研究交通事故的规律。认识到交通事故发生的规律，就可以有的放矢地采取措施，有效地预防交通事故的发生，做到防患于未然。

3. 潜伏突发性

虽然交通事故是突然发生的，但是随着时间的推移，交通事故的发生有一个从原因到事故发生的演变过程，有一个一系列交通安全违法行为和不安全状态相互作用，不断扩大，直至事故发生的积累过程，这就是所谓的交通事故的潜伏突发性。

交通事故的潜伏突发性表明，虽然事故的发生是突然的，但是事故有一个从萌芽状况不断增长，直到事故发生的发展过程。在这个过程中，因果关系的演变发展是受一定规律支配的。我们认识和掌握了交通事故发生的规律，就可以预测事故因果关系发展与演变的起点、轨迹、动力条件和终点，采取措施，将交通事故消灭在萌芽状态。

四、交通事故分类

对交通事故进行分类的目的主要是为了满足交通事故统计和处理工作的需要。按照分类方式不同，交通事故分类方法有如下几种：

（一）按事故损害后果分类

以交通事故的损害后果为标志，可将交通事故划分为死亡事故、伤人事故和财产损失事故。根据公安部《交通事故统计暂行规定》的规定，划分标准如下：

1. 死亡事故

死亡事故是指造成人员死亡的交通事故，包括交通事故受害人在交通事故现场当场死亡和因抢救无效死亡的。

在交通事故统计中，死亡以事故发生之日起 7 日内死亡的为限，7 日以后死亡的以重伤统计。在交通事故处理中，追究当事人的刑事责任、行政责任或民事赔偿责任时，死亡不以事故发生之日起 7 日内死亡为限。

2. 伤人事故

伤人事故是指造成人员重伤、轻伤或轻微伤的交通事故。

根据司法部、最高人民法院、最高人民检察院、公安部联合发布的《人体重伤鉴定标准》的规定,重伤是指人肢体残废、毁人容貌、丧失听觉、丧失视觉、丧失其他器官功能或者其他对于人身健康有重大伤害的损伤。

根据最高人民法院、最高人民检察院、司法部联合发布的《人体轻伤鉴定标准(试行)》的规定,轻伤是指物理、化学及生物等各种外界因素作用于人体,造成组织、器官结构的一定程度的损害或者部分功能障碍,尚未构成重伤又不属轻微伤害的损伤。

根据公共安全行业标准《人体轻微伤的鉴定标准》(GA/T 146—1996)的规定,轻微伤是指造成人体局部组织器官结构的轻微损伤或短暂的功能障碍。

在交通事故统计时,伤人事故是指造成人员重伤或者轻伤的交通事故,仅造成人员轻微伤的交通事故不进行统计。

3. 财产损失事故

财产损失事故是指没有造成人员伤亡,仅造成财产损失的交通事故。财产损失是指交通事故造成的车辆、财产直接损失折款,不含现场抢救(险)、人身伤亡善后处理的费用,也不含停工、停产、停业等所造成的财产间接损失。

(二)按事故形态分类

在《道路交通事故信息采集表》中,交通事故按照形态可分为:碰撞、刮擦、碾压、翻车、坠车、失火和其他等7种。

1. 碰撞

碰撞是指交通强者的正面部分与他方接触的事故形态。在高速公路上按照碰撞双方的性质不同,碰撞可以分为汽车与汽车、汽车与行人、汽车与固定物等碰撞。碰撞的特征是:第一,至少有一方是正面接触;第二,接触能量大,影响双方的运动状态。

汽车与汽车碰撞还可分为正面碰撞、侧面碰撞、尾随碰撞等形态。正面碰撞是指相向行驶的车辆正前部(含前部左右角)碰撞。侧面碰撞是指车辆的接触部位有一方是车辆侧面的碰撞。尾随碰撞是指同车道同方向行驶的车辆,尾随车辆的前部与前车的尾部碰撞。撞固定物是指车辆在行驶过程中,与固定物(不包括机动车及行人)相撞的事故形态,如撞桥梁端头、收费亭等。二次碰撞是指事故发生以后,本事故以外的其他车辆进入现场再次发生交通事故的事故形态。撞静止车辆是指一方车辆为零速度的碰撞,如撞击路面停放的车辆。

2. 刮擦

刮擦是指交通强者的侧面部分与他方接触的事故形态。车与车刮擦分为同向刮擦和对向刮擦。同向刮擦是指同向行驶的车辆在后车超越前车时发生的两车侧面刮擦;对向刮擦是指相向行驶的车辆在会车时发生的两车侧面刮擦。刮擦的特征是接触能量较少。

3. 碾压

碾压是指交通强者对弱者的推碾或压过的事故形态。碾压的特征是弱者与车辆轮胎的胎面接触。在碾压之前,一般有碰撞或刮擦现象。

4. 翻车

翻车是指车辆在行驶中,因受侧向力的作用,使一部分或全部车轮悬空、车身着地的事故形态。翻车分为侧翻、仰翻和滚翻。车身的侧面着地,车轮朝向侧面的称为侧翻。车身的顶面着地,车轮朝上的称为仰翻。滚翻是一种特殊形态的翻车,是指车身横向翻转角度为360°或360°以上的翻车,最后的状态可能是侧翻或者仰翻,侧面或顶面与地面接触。翻车可能是由碰撞或其他原因引起的,当只要出现了翻车现象,即可认为是翻车。

5. 坠车

坠车是指车辆整体脱离路面,经过一个落体的过程,落于路面高度以下地点的事故形态。坠车与翻车的区别是,坠车有一个离开路面的落体过程。

6. 失火

失火是指车辆在行驶或发生事故过程中,起火造成损害的事故形态。

7. 其他

除碰撞、刮擦、翻车、坠车、失火以外的事故形态。

（三）按事故等级划分标准分类

根据公安部《关于修订道路交通事故等级划分标准的通知》（公通字[1991]113 号）规定，交通事故分为轻微事故、一般事故、重大事故和特大事故四类。

1. 轻微事故

是指一次造成轻伤 1 至 2 人，或者财产损失机动车事故不足 1 000 元，非机动车事故不足 200 元的事故。

2. 一般事故

是指一次造成重伤 1 至 2 人，或者轻伤 3 人以上，或者财产损失不足 3 万元的事故。

3. 重大事故

是指一次造成死亡 1 至 2 人，或者轻伤 3 人以上 10 人以下，或者财产损失 3 万元以上、不足 6 万元的事故。

4. 特大事故

是指一次造成死亡 3 人以上；或者重伤 11 人以上；或者死亡 1 人，同时重伤 8 人以上；或者死亡 2 人，同时重伤 5 人以上；或者财产损失 6 万元以上的事故。

上述规定是根据交通事故损坏后果，满足交通管理统计工作的需要而进行的分类。对于生产经营活动中的事故，根据《生产安全事故报告和调查处理条例》第三条的规定，也分为 4 个等级，分别如下：

（1）特别重大事故

是指造成 30 人以上死亡，或者 100 人以上重伤（包括急性工业中毒，下同），或者 1 亿元以上直接经济损失的事故。

（2）重大事故

是指造成 10 人以上 30 人以下死亡，或者 50 人以上 100 人以下重伤，或者 5 000 万元以上 1 亿元以下直接经济损失的事故。

（3）较大事故

是指造成 3 人以上 10 人以下死亡，或者 10 人以上 50 人以下重伤，或者1 000万元以上5 000万元以下直接经济损失的事故。

(4)一般事故

是指造成3人以下死亡,或者10人以下重伤,或者1 000万元以下直接经济损失的事故。

(四)按事故主要责任者的交通方式分类

按照交通事故主要责任者的交通方式的不同,可将交通事故分为机动车事故、行人事故、乘车人事故。机动车事故还可以分为汽车事故、摩托车事故、电车事故、专用车事故等。如果当事双方负同等责任,则按相对交通强者一方计。

第二节 高速公路交通事故分析

一、高速公路交通事故主要特点

同普通道路相比,高速公路上的交通事故具有自身的特点。深入学习和研究高速公路交通事故的特点,可以给高速公路交通安全管理、交通事故的预防和对策分析,以及交通事故的处理等工作提供非常重要的帮助。

高速公路交通事故主要有以下4个特点:

1. 高速公路重大交通事故受车流量影响较大

高速公路建设通车后,会迅速带动沿线地方经济,并吸纳周边普通道路的车辆,分担大量的道路运量,2007年上半年,重庆高速公路占重庆市公路里程的2.45%,但承担了重庆市29.5%的旅客运输量和13.9%的货物运输量。从调查情况来看,渝长高速公路、长涪高速公路和长万高速公路开通后,长寿区自1999～2007年发生在普通道路上的事故死亡人数年均减少29%。同时,车流量增大导致高速公路重大交通事故绝对指标上升,但从相对指标分析,却是呈现下降趋势。参见重庆高速公路近年来重特大事故数据表,如表7-1所示。

重庆高速公路近年来重特大事故表 表7-1

项目 时间	里程(km)	车流量 (万辆)	重大事故 数(件)	特大事故 数(件)	受伤人数 (人)	死亡人数 (人)
2004年	461	5 592	51	7	195	89
2005年	714	7 614	84	10	167	132
2006年	760	7 984	88	7	200	126
2007年	760	9 370	75	10	200	113

2. 高速公路交通事故损害后果受车速影响较大

在高速公路上,由于汽车的行驶速度快,汽车运行时动能大,冲击力强,且易发生剧烈的翻滚,造成十分惨重的后果,加上相当多的驾驶员及乘客未养成系安全带的习惯,发生交通事故时往往活生生地被抛出车外,造成十分严重的后果。

3. 高速公路交通事故社会影响较大

高速公路承担了大量的道路运输任务,在道路运输中起着重要作用。高速公路发生交通事故后,由于分道行驶和出入口控制进出的高速公路特性,会造成单向或双向车辆受阻,特别是连环追尾事故,造成道路瘫痪,如不及时疏导分流,会影响大量车辆通行,引发大量人员滞留,带来巨大社会影响。

4. 高速公路事故车辆构成较为单一,事故形态较为简单

主要表现为撞钢板护栏、尾随相撞两种形态。由于高速公路排除了道路横向干扰,分车分向行车,避免了对向会车相撞等普通道路事故形态,同时,由于高速公路特有的防撞设施,也使坠车等事故形态大为减少。由于避让不及造成的追尾和车辆失控单方肇事造成道路设施损毁的情形十分突出,这是高速公路交通事故区别于普通道路交通事故的一个明显特征。2007年1～9月期间,重庆高速公路发生的事故中,这两种类型的事故就占

到了事故总数的70%。

5. 高速公路交通事故发生地集中

从事故发生的路段来看,高速公路多发生在下坡、急弯、施工路段、易积水处。这样情况主要是由于汽车高速行驶时,与地面的摩擦力减少,车轮易发生侧滑、水滑现象导致车辆失控。

6. 高速公路交通事故抢救伤员困难

从伤者救助方面来看,伤员运送路途远、时间长、抢救困难,客观上增加了事故死亡人数,这是高速公路交通事故的又一个突出特点。高速公路虽然是连接不同城市的通道,但事故现场往往处于荒郊野外,伤者若不是同伴拦车送医院就只有等交通管理者赶赴现场后再行抢救。这一过程所花费的时间最快也是半个小时甚至一个小时,运送路途的遥远往往使一些本可以挽救的生命最终消逝①。

二、高速公路交通事故分布和原因分析

(一)从事故发生时间分布来看,车流高峰时段和夜间交通事故突出

根据重庆的气候特点,1~3月份取8:00~19:00为白天段,4~6月取7:00~20:00为白天段,对2007年上半年全市高速公路的统计,夜间事故与事故总数相比,事故数占36.44%,驾乘人员死亡占48.7%,行人死亡占64.9%。但按照白天和夜间的车公里分布比较,夜间事故的数量、频率大大高于白天事故,事故后果也较严重。

根据对2005年度交通事故发生时间段的研究,高速公路事故多发时段主要集中在9:00~13:00和14:00~17:00两个车流高峰时段,重大事故主要多发生在3:00~6:00、10:00~12:00、17:00~20:00和22:00~24:00四个时段。这就印证了突出两个特点:第一,白天(7:00~19:00)车流量大、

① 根据澳大利亚的研究,交通事故的人员死亡主要发生在3个时间:碰撞后发生的几分钟内,约占死亡人数的50%;事故后的1~2h内,约占死亡人数的35%;事故后的30d内,约占死亡人数的15%。

事故多,但重特大事故少;第二,夜间(19:00~7:00)车流量小、事故少,但重特大事故多。

夜间事故多发的主要原因是:(1)进入夜间后,驾驶员的兴奋度较差,多数人接近于半清醒状态,所以相比之下,夜间行车较白天行车容易发生车祸。根据人体生物钟的反应,从深夜到第二天早晨这段时间,驾驶员的精神状态最差。(2)夜间货运车辆增多,由超载引发低速行驶、尾气冒黑烟、车辆故障占道大量存在,增加了发生事故的可能性。(3)夜间有很多驾驶员都是经过了相当长时间的连续驾驶,生理上出现疲劳的现象,行车打盹,车辆可能出现失控状态。(4)有些道路的标线、轮廓标等缺失或失效,失去方向诱导作用,这也是晚间事故多发的不可忽视的因素。

(二)从驾驶人行程区间来看,更多的表现出尾端效应

高速公路尾端效应的产生,主要在于驾驶员的心理变化。驾驶员在行车时,都有希望迅速到达目的地的心理需求,并且这种心理需求会随着目的地的临近而更加强烈。因此,有的驾驶员在高速公路行程的尾端会不自觉地出现超速行驶等违法行为,加之经过长途行驶,疲劳现象会出现,思想较放松,大大增加了事故发生的几率。参见2005年重庆市内高速公路交通死亡事故统计表,如表7-2所示。另以成渝高速公路重庆段为例,成渝高速公路重庆段左右线共长218km,其中丁家(31km)至西环立交(0km)31km(成都回重庆方向尾端),占总里程的14%,而在该路段2006年1~9月发生的重大交通事故数量占事故总量的29%。

2005年重庆市内高速公路交通死亡事故统计表 表7-2

	进入方向		驶出方向	
	次数	死亡	次数	死亡
成渝高速	4	7	9	13
渝涪高速	0	0	11	18
渝黔高速	3	7	5	9
渝合高速	1	1	0	0
长万高速	2	2	0	0
合计	10	17	25	40

(三)从车型构成来看,各类车型交通事故表现出不同的主要特点

高速公路车型主要由高速运行的货车、大客车、小客车构成。从统计情况来看,货车车流量约占高速公路路网总车流的30%。

1. 货车事故主要表现为严重超载超限、疲劳驾驶、车况不良

(1)货运车辆承包或挂靠经营,运输企业的安全生产主体责任不到位。目前,货运企业普遍采取的挂靠经营方式导致运输企业安全责任主体缺失,内部劳动组织混乱。绝大多数挂靠单位与驾驶员、车主只是简单的费用缴迄关系,安全生产管理制度流于形式。多数挂靠车辆驾驶员表示从未参加过车属单位组织的安全学习,有的驾驶员甚至对自己的车属单位和车属单位地址都不了解。

(2)货车从业人员的素质较低。从统计资料表明,从事道路货物运输的从业人员中,约70%为农民工。重庆高速公路货车专题调查情况也表明:88.9%的货车驾驶员承认文化层次低;72.2%的驾驶员认不全高速路上的交通标志;66.7%的驾驶员深夜出车,部分驾驶人员对所驾驶的车辆车况、安全设施完全不熟悉,有的甚至连车辆证件都不知道在哪,对车辆的三角警示标志、消防设备就更是茫然不知。以上问题在驾龄较长的“老驾驶员”中显得尤为突出。

(3)车辆超限超载对交通安全造成了极大危害。超限超载会加大车辆发动机、钢板、轮胎等多方面的负荷,造成车辆损害,导致爆胎、制动失灵等危险情况极易出现,引发交通事故;因惯性作用,超载超限还会使车辆的制动距离延长,一旦发生紧急情况,车辆不能在有效距离内停止,加大了交通事故发生的可能性;有超载超限行为的车辆一旦发生交通事故,将会加大碰撞时的撞击力,从而增大事故后果,导致悲剧发生;另外,超载超限车辆在高速公路上行驶时,因负荷过重,往往达不到高速公路对车辆的最低时速要求,与其他行驶车辆形成较大的速度差,极易引发追尾事故。据统计,70%的道路安全事故是由于车辆超限超载引发的,50%的群死群伤性重特大道路交通事故与超载超限有直接关系。

导致超限超载违法行为屡禁不绝的根本原因,是目前货运企业普遍存

在的挂靠经营方式和车主追求违法超限超载带来的利益而陷入超限超载恶性循环。货运企业除收取管理费用以外,从不组织安全学习,从不传递有关信息,几乎不履行安全主体应当承担的管理责任,当承运人(车属单位)被处罚时,处罚会转嫁到挂靠经营户承担。这种极为松散、极不负责的组织形式是导致目前超限超载行为治理困难和货运车辆事故高发的真正原因。

2007 年 6 月 1 日起,重庆高速公路执法部门利用计重收费设施,采取针对货运企业非现场处罚的方式,有效遏制了严重超限超载违法行为。据统计,从 2007 年 10 月 31 日起,高速公路车流总量和货车流量变化不大,但是,严重超限超载车辆明显下降,超限 100% 以上的货车在车流总量中的比例,由 6 月份的 0.7% 下降到目前的 0.02% 。此类车辆的绝对数由最初的 300 ~ 400 辆 1 天下降到了目前的 20 ~ 40 辆 1 天。

(4)疲劳驾驶造成驾驶人由于连续驾驶车辆等原因,失去对道路情况观察反应能力和对车辆的控制能力,而导致交通事故发生。疲劳驾驶产生原因是多方面的:一是追逐利润,漠视安全,由于货运市场的低门槛,在货运经营中出现以车为家的"父子车"、"夫妻车",连续长途驾驶,不能得到较好的休息;二是超限超载运输过程中为躲避高速公路管理者检查,采取长期夜间行车引起疲劳;三是季节的变化引起人的生理反应,特别是春困等原因,如不能得到及时调整,也会形成疲劳驾驶。

(5)车况不良这类事故主要表现在货运车辆尾部无防撞装置或者防撞装置达不到标准、后位灯等灯光装置不全和爆胎等,主要有以下三方面原因:

一是大型货运车辆尾部无防撞装置或者防撞装置达不到标准。大型车辆与小型车辆之间的速度差是酿成致死追尾事故的第一诱因。国家强制标准《机动车运行安全技术条件》(GB 7258—2004)对除半挂牵引车和长货挂车以外,总质量大于 3 500 kg 的货车和挂车的后下部必须装备防护装置作出强制性规定,并明确该装置的作用是发生追尾碰撞时,机动车必须具有足够的阻挡能力,以防止发生钻入碰撞。《汽车和挂车后下部防护要求》(GB 11567.2—2001)是对《机动车运行安全技术条件》(GB 7258—2004)的完善,对车辆后下部防护装置的安装提出具体要求和技术标准。

从理论研究来看,因为货车的车速慢、体积大,所以在高速公路上很容易被小汽车从后面追尾。因此香港在20世纪80年代就已经规定货车的车架尾部必须加装下伸的防撞栏,这样被小汽车追尾时,可用小汽车的发动机舱来缓解一下撞击,吸收碰撞过程中30%～50%的碰撞冲量,以最大限度保护小汽车上的人。如果没有货车下部防撞装置,小汽车追尾时发动机舱嵌入货车车底,结果直接撞向驾驶舱,从而导致更大伤亡。从事故处理实践来看,小汽车与安装有标准后下部防撞装置的货车发生追尾事故,均未出现钻入货车尾部的情况,对减轻事故损害后果作用十分明显。

从目前的情况看,货车后部防护装置的安装和普及在短时间内难以完全实现。在重庆高速公路的重特大交通事故中,追尾事故占53%,在追尾事故中前车为货车的又占到追尾事故总数的90%以上。尤其是小型客车与未安装后下部防撞装置或安装不符合标准的货车发生追尾事故占追尾事故总数的34%,而死亡人数占追尾事故死亡总数的50%以上。

二是爆胎事故。爆胎事故一般都是在车辆速度较快的情况下突然发生,如果驾驶员在轮胎爆裂时惊慌失措,或下意识紧急制动,很容易造成车辆方向失控甚至翻车,造成的损失可能非常严重。爆胎的原因是多方面的,是一种复杂的轮胎破坏现象。爆胎事故危险大,车毁人亡概率高,保险公司不理赔,致使有些人谈虎色变,认为爆胎防不胜防。其实只要弄清爆胎的根本原因,找到祸根,问题是不难解决的,甚至能迎刃而解。

轮胎缺气行驶是爆胎的祸根。车辆的缺气行驶时,随着胎压的下降,轮胎与地面的摩擦成倍增加,胎温急剧升高,轮胎变软,强度急剧下降。这种情况下,如果车辆高速行驶,就可能导致爆胎。如果车辆低速行驶,也会伤胎,而且潜伏期长,隐蔽性大,更有危害性,为以后高速行车埋下爆胎隐患。只要认真解决了轮胎缺气行驶的问题,对受过伤的轮胎不要再使用,防患于未然,就可以有效地预防爆胎。

三是汽车尾灯。驾驶员以前方慢速行进的汽车尾灯为目标高速追超,由于大型车的尾灯较小,目测不准,待发觉跟得过于靠近时已为时太迟,结果发生追尾相撞车祸。此外,大型货车或小客车亮着尾灯停靠于路肩,后方驶来的车辆会与它们相互吸引而相撞。由于汽车制动和尾灯存在缺陷,上述缺陷有可能导致其他汽车驾驶者难以发现存在问题的汽车正在制动,从而造成追尾事故。

2. 小型车事故主要表现为超速行驶和不系安全带

(1)超速行驶

目前,高速公路的设计速度为120km/h、100km/h和80km/h。设计速度是公路设计时确定几何线形的基础参数,用于规定一个路段的最低设计标准。设计速度对一特定路段而言是一固定值,但不能保证线形标准的一致性。它是在气象条件良好、车辆行驶只受公路本身条件影响时具有中等驾驶技术的人员能够安全顺适驾驶车辆的速度。但在实际的驾驶行为中,没有一个驾驶员能自始至终地去恪守这一固定车速。现有路段观测结果表明,实际的行驶速度总是随公路线形、车辆动力性能及驾驶员特性等各种条件的改变而变化。只要条件允许,驾驶者总是倾向于采用较高的速度行驶。

针对高速公路限速,社会存在广泛争议。有人认为高速公路本身就应该允许高速,不应该过低限制车辆速度。有人认为应根据车型、汽车的可控性和安全等级限速。有人认为应按车道限速。还有人认为高速公路姓"高",不应该限速。

我们认为,车辆超速行驶并不是指高速行驶,而是指车辆行驶速度超过一定道路环境的要求。例如,15km/h速度可适宜在城市道路上行驶,而60km/h速度可适宜在郊区或路况好的公路上行驶。然而,在拥挤的城市街道上,10km/h速度也可太快。在不同的道路环境下,驾驶员决策的复杂性是不同的,在困难道路环境下,驾驶员要做出复杂的决策。因此,确定道路环境的安全速度,应结合驾驶员知觉和对付潜在危险的能力来考虑。

那么,超速行驶的主要影响表现在:

一是超速行驶影响驾驶员的视觉。车辆在行驶中,驾驶员的视野、动视力、周边视力都随车速的变化而变化。有人测试,时速40km时,驾驶员可以观察到90°~100°(视野度)范围内的物体;时速为105km时,就只能观察到40°内的物体了。时速为40km时,一般驾驶员可看清前方200m以内的物体;时速为100km时,就只能看清160m以内的物体了。超速行驶,使驾驶员视野变窄,视力减弱,对前方突然出现的险情,难以及时、准确、妥善地进行处置,容易引发交通事故。

二是超速行驶使制动非安全期延长。车辆的制动距离主要受车速制约。由于惯性作用,车速越快,制动距离越大,制动非安全期越长。车速每增加1倍,制动距离约增加4倍。超速行驶制动非安全期延长,也就增大了事故发生的可能性。

三是超速行驶影响车辆的操作稳定性。超速行驶车辆操作稳定性恶化,特别是在弯道处行驶,由于离心力的作用,易使车辆向回转中心外侧发生侧滑或倾斜。有人测算,在同等条件下,车速提高1倍,其离心力就会增大3倍。过大的离心力使车辆变得极难驾驭,甚至失控。此时,如果在路面附着系数较小的道路上行驶,就可能侧滑、撞车或撞岩;如果在路面附着系数较大的道路上行驶,就可能造成翻倾等事故。

四是超速行驶增加道路上的交织点和冲突点。因为超速行驶,造成超车的机会就会增多,每次超车,都必须提高车速进行高速交会;被超者则需减速让行,这就增加了道路上的交织点和冲突点,从而增加了发生事故的可能性。

五是超速行驶会造成心理紧张,措施失当。驾驶员在超速行驶中,如果突然遇到意外情况,心理就会极度紧张,慌乱之中根本无暇冷静思考、准确判断,采取的紧急措施常常是顾此失彼、欲避却趋,交通事故往往就在此时发生了。

高速公路行驶时,行驶速度一旦超过120km/h,每提速1km,危险性就会增加3%。京津塘高速公路2002~2004年共发生事故2 829起,共有779人受伤、193人死亡,追尾事故量占全部事故量的53.55%,是京津塘高速公路的第一事故诱因,而追尾事故的发生常常源于小型车超速、大型车低速引发的大小车之间的速度差。在同一条路上,行驶车辆的相对速度差越大,危险也就越大(这个速度不是它运行的速度,而是它能够发挥的速度)。

交通安全是人、车、路以及环境的统一,各个元素对交通事故都有影响。由于我国机动车的组成结构畸形,整体的结构性能就比较差,要使整个交通运行达到畅通,需让每辆车的速度接近车流的平均速度,这也正是限速和治理超速的根本原因。

(2)不系安全带

安全带的作用在于,通过把人束缚在座位上使惯性得到缓冲,减轻和消除损害,防止惯性使车内乘员甩出车外或与方向盘、挡风玻璃等设施发生二次碰撞,对其身体造成损害。据汽车碰撞实验室得出的数据,汽车以40km/h的速度行驶发生碰撞时,身体前冲的力量相当于从4层高的建筑上抛下一块50kg重的水泥块,根据专家介绍,安全带的使用能够使交通事故死亡率降低37%~45%。2006年,在重庆高速公路上死亡的驾驶人中仅有4%的人系了安全带,在乘车人中仅有5%的人系了安全带,不系安全带的死亡人数是系安全带死亡人数的22.5倍。

3. 从事故形态来看,追尾事故成为其主要形态

追尾事故是高速公路上最常见的一类事故。当追尾事故发生后造成后车再次撞击,形成对高速公路影响较大的连环追尾事故,其通常是数十辆车,甚至上百辆车相撞的特大交通事故,追尾事故的发生除了小型车超速造成以外,还与大型车低速行驶、违法停车、行驶中未保持安全距离有关。

低速行车造成的"流动障碍"是驾驶员无法预见的,也无法设置提醒、指示标志。在夜晚或其他恶劣气候情况下,往往使后车措手不及,特别是一些低速行驶的车辆如果灯光不全,更易造成事故。低速行驶的原因大多数与违法超限超载有关。

高速公路车速较快,驾驶员很难判断前方车辆是移动的还是静止的,尤其是夜间,较难判断车辆的移动速度。有的车辆在夜间行驶时发生故障,停在路边进行修理,未在车身后设置任何警告标志,有的甚至把车辆停放在行车道上,成为引发交通事故的一大隐患。参见重庆市2002~2003年一季度400km交通事故形态统计,如表7-3所示。

重庆市2002~2003年一季度400km交通事故形态统计表 **表7-3**

事故形态	尾随相撞	撞固定物	侧(正)面相撞	翻车事故	刮擦事故	坠车事故	其他事故
事故次数	79	64	45	40	13	4	47
所占比例(%)	27.1	21.9	15.4	13.7	4.5	1.4	16

从上表我们可以看出,撞固定物比例较高,而撞固定物大部分是由于违

法停车造成的。

有些驾驶员对保持车距的必要性不以为然，存在着像普通道路一样的跟车习惯，在高速运行的情况下，当前车发生意外或采取紧急措施时，尾随车辆无足够的反应时间和反应距离，从而发生追尾事故，甚至发生连环追尾的恶性事故。

（四）从交通参与者来看，行人事故和自驾车事故值得关注

1. 行人事故

行人事故主要表现在行人横穿高速公路时被高速公路行驶车辆的撞击导致受伤或死亡。根据调查，行人进入高速公路穿行主要有着几方面原因：

（1）沿线居民穿行高速公路。沿线村民上路的原因比较明确，就是为进行日常的生产、生活活动。重庆高速公路2007年上半年的行人死亡事故中，村民占40.54%。村民发生行人事故大多数在白天，主要集中在8:00～9:00和19:00～20:00，这正是出门和回家的高峰时段。事故地点多为人口居住比较集中或活动频繁的地区。参见高速公路典型路段行人上路调查，如表7-4所示。

高速公路典型路段行人上路调查表 表7-4

路段		经济原因		时间原因		行走的舒适性	
		高速公路开通前	高速公路开通后	高速公路开通前	高速公路开通后	高速公路开通前	高速公路开通后
渝黔高速公路	綦江大桥路段（78km）	村民出行，乘渡船单程需0.5元，往返需1元	直接走高速公路，不需花钱	单程要花40min左右；如果下大雨，綦江水猛涨，渡河的小木船被迫停运，村民就是想乘船过河也不行，只有走高速公路	单程只需10min左右	村民先要下一段长坡，到綦河边花钱乘小木船渡河，然后再上一段长坡	可以直接通过平坦的高速公路，走綦江大桥过綦江河
渝涪高速公路	沙溪到洛碛段（70km）	村民出行，单程平时车费要2元，春节涨到4元	直接走高速公路，不需花钱	单程要花2h左右	单程只需40min左右	爬坡上坎，山路崎岖	可以直接在平坦的高速公路上行走

对于高速公路沿线村民上路，一直以来，人们大多认为其原因是因为沿线村民文化差，缺乏道路安全知识。实际上，通过我们的调查，沿线村民大多数都了解进入高速公路行走是一种违法行为，而且非常危险，部分村民们

也曾目睹过惨剧的发生。虽然，高速公路也修建了上跨天桥、下穿涵洞、路旁辅道等附属设施以减少对村民出行的影响，但由于农村地区公路网络建设还不能满足经济发展的需要，部分村民借助高速公路进行人员和货物的出入；同时已有的路侧辅道不能满足老百姓日益增长的出行需求，加之有些辅道本身受损严重未得到及时修复，有些供行人通行的涵洞不具备通行条件，造成沿线居民出行困难，致使大量居民破坏隔离网，冒险进入高速公路引发交通事故。在高速公路周边的农村路网和农村客运并未形成的现状下，要求其遵守法律十分困难。

(2)无行为能力和限制行为能力的农村中小学生。这类人员进入高速公路的目的大多数是为了玩耍，对车辆行驶速度没有确切的感知，发生事故的时间主要集中在放学时段和节假日，事故地点集中在高速公路沿线中小学附近。

(3)流浪乞讨人员。部分流浪乞讨人员(包括智障者)没有得到有效的救助，通过高速公路徒步回家，引发交通事故。这部分人发生事故的时间主要集中在夜间的各个时段，事故地点遍及高速公路全路段。在重庆高速公路2007年的行人死亡事故中，流浪乞讨人员和沿线村民各占59.46%和40.54%。

(4)施工人员、服务区工作人员。这类人员自恃熟悉高速公路工作人员和道路情况，降低了安全意识，任意穿行高速公路，发生事故的时间主要集中在工作时间，事故地点集中在施工场地、服务区周围。

2. 自驾车事故

自驾车事故是近年来高速公路交通事故显著上升的一类事故，“有车一族”在享受社会经济发展和个人收入增加所带来的交通快捷的同时，也正在为忽视交通安全付出代价。自驾车事故从外在表象来看，驾驶人的驾驶经历普遍不长或平时很少驾驶，车辆多是轻小型代步车，乘坐人员多是朋友、亲戚和家人。

在2006年公安部交管局公布全国道路交通事故情况中，个人自用机动车肇事增多。全国个人自用机动车导致事故造成39 730人死亡，占总死亡人的23.7%；同比增加14 211人，上升55.7%。

2006年，根据重庆高速公路重特大事故数据统计，乘车死亡人员与该车驾驶人员关系是直属亲戚的占30%，朋友关系的占30%，雇佣关系的占11%，同事关系的占6%，完全无关系的占2%，乘车人、售票员等无直接关系的占21%。从数据可以看出，直属亲戚、朋友、同事等符合自驾车事故乘客特征的人员占到66%。

自驾车事故的社会危害性是较大的，1971年，以国务院批转卫生部、商业部（现商务部）、燃料化学工业部（现工业和信息化部）《关于做好计划生育工作的报告》为标志，中国开始计划生育，按照中国人的生育习惯，24～34岁是生育高峰年龄。由此推算，目前60～70岁以下的父母亲大多只有一个孩子，0～36岁的人大都是独生子。这意味着当交通事故发生并造成人身伤害时，大多数年轻的父母面临的是丧失唯一子女的痛苦，年老的父母同时还面临失去唯一的孙子女的痛苦。

自驾车事故的发生是由于驾驶员缺乏高速公路风险意识和行车常识。《道路交通安全法》及相关的法律、法规对进入高速公路的车辆行驶速度、行驶车道、车间距离、系安全带、临时停靠、遇紧急情况临时设置交通标志等都有规定。但由于部分驾驶员的风险意识不强，违章超速、超车、超载、逆行、倒车，不按规定车道行驶，车辆高速行驶车间距离不足、高速公路上随意停车的现象较多，驾车时使用无线电话，影响注意力，遇紧急情况能力降低；自驾车驾驶人还由于经验不足，遇到紧急情况时不能采取正确的处置方法，导致交通事故。

（五）从道路环境来看，交通事故的发生与道路通行设施的完好有密切关系

国内外大量交通事故的统计分析结果表明，随着车辆动力性能的提高，道路等级的提高，汽车行驶车速不断上升，由于道路条件如线形设计不合理，交通标线标志不齐，路面存在安全隐患等原因，诱发事故的发生。①

---

① 2005年10月7日上午9时40分左右，张建国的女儿张倩等四人乘坐车牌号为鲁YR5713的轿车在济青高速下行线173km500m处行驶时，突然驾驶员看到前方有一大坑，随即转方向，不料车辆失去控制，翻到了路边的沟里，致使乘车人张倩等两人死亡，另外两人受伤，驾驶员张某也受重伤。死者张倩的父母将山东高速公路股份有限公司告上法庭，法院一审判决山东高速公路股份有限公司承担事故70%的责任。此类似的案件时常见于报端。

天气、气候等原因也是诱发高速公路交通事故的重要因素之一。高速公路的行车安全,相对来讲受天气和气候等环境的因素的影响较大。特别是在雨、雾、冰等情况下,高速公路上更容易发生交通事故。参见2007年国内部分调整公路连环撞车事故情况表,如表7-5所示。在这些条件下,高速公路的行车视线、道路摩擦系数、制动距离、汽车抗侧滑能力、方向盘转角等都发生了很大的变化,如果驾驶员不能适应这些变化,不能采取有效措施,就很容易发生交通事故。

2007年国内部分高速公路连环撞车事故情况表 表7-5

路段	时间	死亡人数	受伤人数	事故车辆数	原因
合徐高速102km处	3月25日6时	11人	约30人	26辆	大雾
成乐高速59km处	1月6日7时许	5人	多人	7车	团雾
成渝高速青杠路段	4月13日6时40分许	5人	36人	52辆	团雾
连霍高速525km	2月12日7时40分	4人	13人	40多辆	突发团雾
苏宁靖盐高速公路兴泰段	1月25日清晨	7人	5人	8车	团雾
宁洛高速界首段	1月21日清晨	5人	8人	18辆	大雾
京珠高速886km段	上午7时30分	3人	20余人	30余辆	团雾
沪昆高速325km处	2月11日7时50分	11人	39人	82辆	大雾

(六)从交通管理来看,交通管理落后是交通事故的其中一个因素

高速公路的交通管理方式尚不完善,不能有效地制止发生在高速公路上的违法行为,不能有效地消灭事故发生的隐患。

高速公路是现代社会和经济发展的产物,因而高速公路的管理不但需要而且必须采用现代化的管理方式,才能与之相适应。由于种种原因,我国高速公路的管理模式普遍来讲还比较落后,大多数高速公路的管理还承袭普通道路的管理模式,如对高速公路上的超速行驶、违法变更车道、违法停车等很容易诱发交通事故的行为,基本上还不能完全地制止和给予相应的处罚,同时对于一些雨、雾、冰雹等灾害性气候还没有有效的预测和控制手段,大多数工作还依靠人工管理和控制。因此,提高科技管理手段和增加科技管理装备是完善交通管理的一条重要途径。

第三节

交通事故处理程序

交通事故处理程序是指交通管理机关在依法处理交通事故的过程中，需要遵循的交通事故处理行为的方法、形式、步骤、权限、时限和顺序构成的交通事故处理过程。

1. 交通事故处理程序的分类

按照交通事故处理程序的繁简程度不同，可以分为简易程序和一般程序两种。

(1)简易程序

简易程序是指交通管理部门对未造成人身伤亡、财产损失轻微的交通事故，办案人员在现场处理完结的交通事故处理程序。适用简易程序处理事故，对于方便当事人、减少行政成本和提高事故处理效率都是有利的。

根据《道路交通事故处理程序规定》，交通管理部门对下列交通事故可以按照简易程序处理：

①未造成人身伤亡、财产损失轻微的事故。根据《道路交通事故处理程序规定》第十五条及《道路交通安全法》第七十条第二款规定，适用简易程序的条件有三条：一是未造成人身伤亡；二是财产损失轻微；三是当事人对事实或者成因有争议的，以及虽然对事实或者成因无争议，但协商损害赔偿未达成协议的。这三条必须同时具备，才能适用简易程序处理事故；否则，就应当按一般程序全面收集证据，以防止出现错案。

②伤情轻微，当事人对事实及成因无争议，但对赔偿有争议的交通事故。这种情况下，适用简易程序要同时满足三个条件：一是受伤人员认为自

己的伤情轻微；二是当事人各方对事故的事实及成因无争议；三是当事人仅对赔偿问题有争议。满足这些条件适用简易程序的，办案人员一定要在事故认定书的事实部分将其写明，并由当事人签名确认。

参见交通事故现场处理（简易）程序图，如图 7-1 所示。

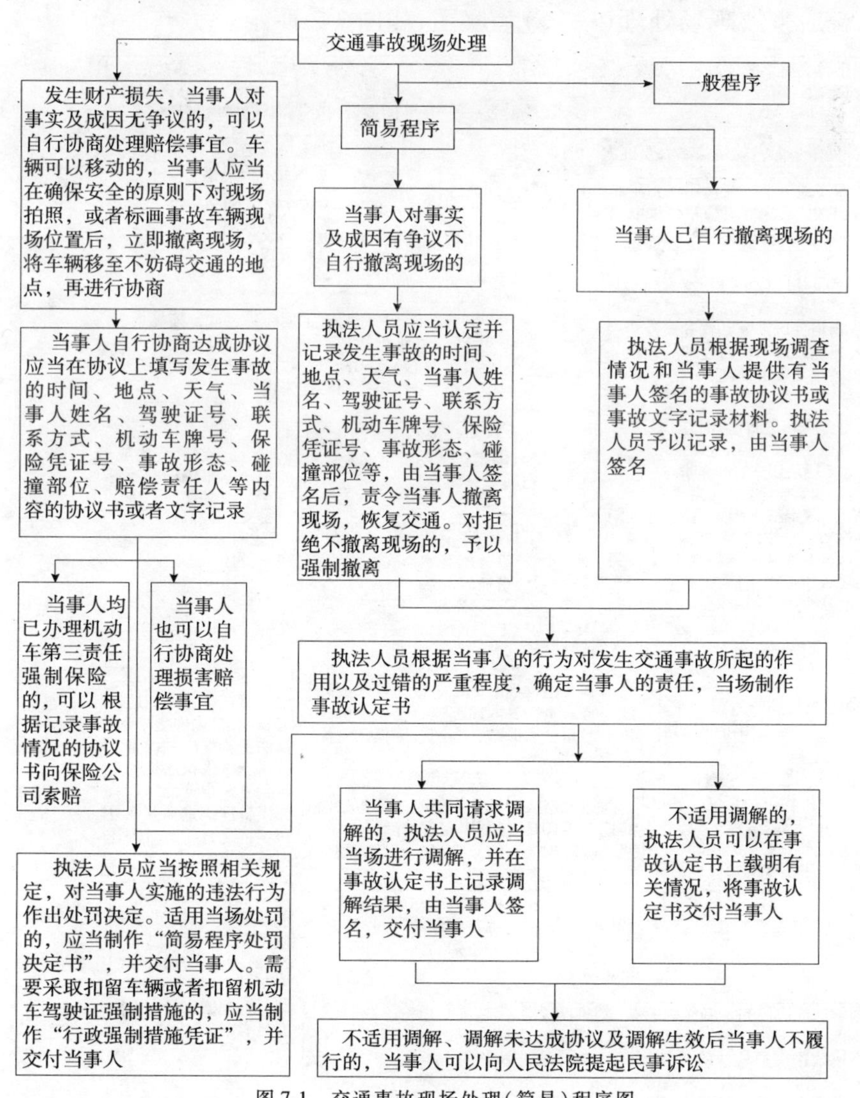

图 7-1　交通事故现场处理（简易）程序图

（2）一般程序

一般程序是指除适用简易程序以外,一般情况下交通事故处理适用的程序。一般程序主要包括案件受理、立案、调查、取证、责任认定、责任重新认定、处罚、损害赔偿调解、移送案件等步骤。普通程序的适用范围:重大事故、特大事故、涉外交通事故、财产损失较大的事故、案件复杂的一般事故等。

参见交通事故现场处理(一般)程序图,如图 7-2 所示。

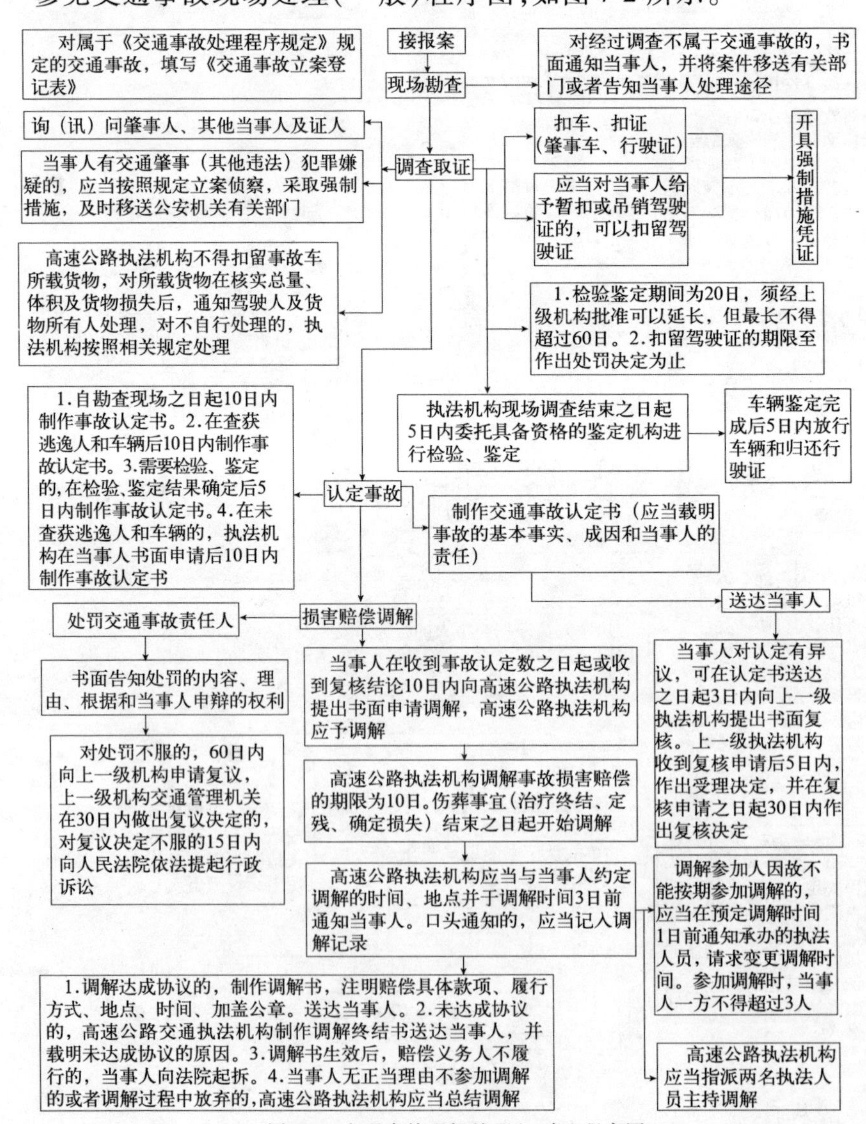

图 7-2　交通事故现场处理(一般)程序图

需要注意的是，简易程序和一般程序并不是绝对的，在适用简易程序处理案件过程中，发现情况有所变化，案情比较复杂的，应转为一般程序进行处理。

2. 交通事故处理期限与审批

(1)交通事故处理的期限

交通事故处理的期限是指由《交通事故处理程序规定》等法律、法规规定的事故处理程序期间或公安交通管理部门制订的具体时间。交通事故处理期限有期间和期日两种方式。期间的法律意义在于其指明了一定法律关系存续的时间范围。

在交通事故处理过程中，严格执行法定期间制度，不仅能保证事故处理程序的正常进行，缩短事故办案时间，提高办案效率，而且也是严格执法、依法办案的重要方面。办案人员违反了期间规定，视为交通事故处理程序违法。因案情的需要，事故处理期间可以申请延长，但须经上级公安机关交通管理部门的批准，并规定延长的期间不得超过法定的期间。

期日是公安交通管理部门制订当事人或有关人员参加事故处理某一程序活动的具体日期。在事故处理中，召集各方当事人同时到场公布交通事故责任，召集各方当事人或代理人同时到场公布责任重新认定，通知各方当事人或代理人参加损坏赔偿调节等程序均采用期日制度。

(2)事故处理的审批

事故处理的审批制度是指交通管理部门在处理交通事故中，实行上级对下级或办案人员监督的机制。《交通事故处理工作规范》第四条规定："公安机关交通管理部门办理交通事故案件实行办案人员负责、分级管理和领导审批制度。"在事故处理工作中，实行领导审批制度，可以有效地进行内部监督，纠正违法违纪现象，防止工作偏差，确保依法公正办案。

审批交通事故处理意见时，应填写《道路交通事故处理审批表》附事故案卷材料，按审批权限上报审批，《道路交通事故处理审批表》一式两份，一份审批机关留存，一份归入事故档案。

第四节

交通事故现场处置

交通事故现场是指交通事故发生的空间场所，即发生事故的人员、车辆、牲畜、物体以及与事故有关的痕迹、物证所在的地点。

交通事故现场是判断交通事故发生过程的客观依据。因此，现场勘查是分析事故原因的基础，对交通事故处理具有重要意义。现场勘查可以概括为：对交通事故现场的情况（当事人、车辆、道路和交通条件）用科学的方法进行时间、空间、心理学和后果的调查，并把这些调查结果完整地、准确地记录下来的工作。在现场勘查中必须尊重客观、尊重科学、实事求是，认真地、细致地、周密地把现场勘查工作做好，为正确处理交通事故提供可靠的依据。

一、交通事故现场分类

以现场是否变动为标志，可将交通事故现场分为：原始现场和变动现场两类。

1. 原始现场

原始现场是指保持了交通事故发生后现场的原始状态，现场上的车辆、人员、散落物、痕迹等均没有改变或遭受破坏的现场。原始现场仍然保持事故发生后车辆、人员、散落物和痕迹的相互位置关系，对判断事故发生过程、分析事故原因有重要意义。但由于各种因素，真正的原始现场比较少。

2. 变动现场

变动现场是指交通事故发生后，由于人为或自然原因，部分或全部改变了现场原始状态的现场。现场变动原因如下：

(1)自然影响。因下雪、下雨、刮风、冰雪融化等自然因素的影响，造成现场或物体上遗留下来的痕迹模糊不清或完全消失。

(2)抢救伤者。因抢救伤者变动了现场上的车辆和有关物体的位置。

(3)排除险情。如为救火、防止爆炸等而移动车辆。

(4)保护不善。现场上的痕迹被过往车辆和行人碾踏、抚摸而模糊或消失。

(5)特殊情况。执行特殊任务的车辆或首长、外宾乘坐的车辆发生交通事故后，急需继续执行任务和为了首长和外宾的安全而使车辆驶离现场，或其他原因不宜保留的现场。

(6)事故当事人为逃避责任、毁灭证据，故意改变或布置现场的物品、痕迹。

(7)事故肇事者为逃避责任，故意驾车逃逸。

(8)事故发生后，当事人没有发觉而驾车驶离现场。

现场勘查人员到达现场后应立即查清现场类别，若为变动现场，还要查清现场变动的原因和内容，并将以上内容记入"现场勘查笔录"。

二、交通事故现场处置

现场处置包括现场保护和现场勘查。现场处置有两个方面的意义：一是最大限度地使交通事故现场保持事故发生后的原始状态，便于事故处理机关根据从事故现场获得原始、客观的数据，对事故进行分析，从而准确地对事故定性、定责；二是保护、控制事故现场能够防止二次事故的发生，并对伤员展开有序的抢救工作。特别是在高速公路上，由于车流量大、车速高，如果不能及时获取交通事故信息，不能缩短现场处理的持续时间，则由此引发的连续追尾事故和堵塞时间要比普通公路严重得多。公安部交通管理科研所的专家也认为，许多多车追尾的大事故都是由于某一单车小事故没有得到及时排除造成的。因此，控制事故现场防止二次事故发生是非常重要的。

(一)现场保护[①]

(1)赶赴现场处理交通事故应当按照规定穿着反光背心，夜间佩戴发光或者反光器具，携带交通事故现场勘查器材。

(2)最先到达事故现场的执法人员，应当迅速了解事故情况，组织抢救受伤人员，及时将事故发生的时间、地点、肇事车辆、伤亡及损失情况按规定上报。

(3)根据勘查需要划定现场保护范围，原则上应当将可能遗留与交通事故有关物品、痕迹的地方全部划入。在现场保护区的周围可使用移动警示标志和发光或反光锥筒设置隔离标志，禁止无关人员进入和触摸、挪动、攀登、践踏现场的任何物品、尸体和痕迹，驾驶员、乘客等人员应当安排在安全地带等候。

(4)设置警示标志，封闭现场。在这里要注意5个方面的要求：

①高速公路的事故现场在来车方向设置警示标志，白天距现场来车方向200m外停放警车示警，放置发光或者反光锥筒、警告标志、告示牌等，发光或反光锥筒间隔30m设置1个，派人警戒并指挥过往车辆减速、变更车道。夜间或者雨、雪、雾等能见度低于500m时，在距离现场来车方向500～1 000m外停放警车示警，放置发光或者反光锥筒、警告标志、告示牌等，发光或反光锥筒间隔20m设置1个。如图7-3所示。

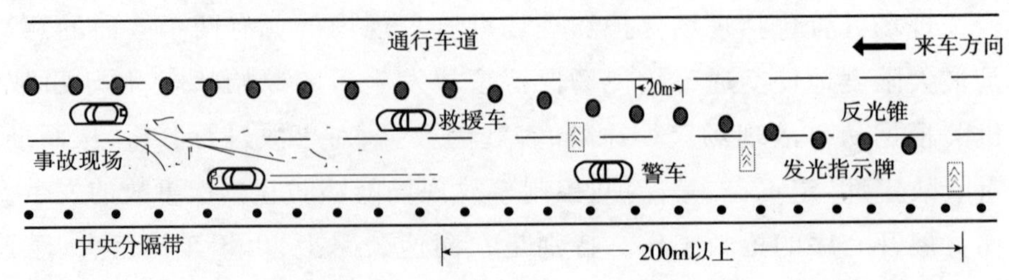

图7-3 交通事故现场防护图

① 参见《广东省交通事故处理规范》。

②坡路须在坡峰(最高处)设置红色反光(或发光)锥桶或反光警示标志。如图 7-4 所示。

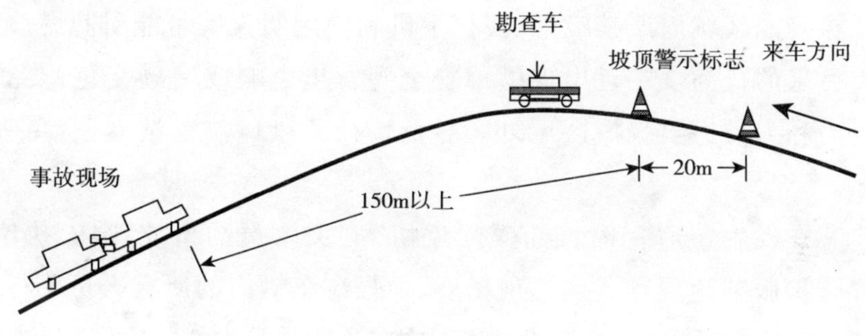

图 7-4　坡路交通事故现场防护图

③设置时,应当面向来车方向由远至近码放锥桶或警告标志。撤除时由近至远逐一撤除锥桶或警示标志。

④指挥现场勘查车、指挥车等车辆依次停放在警戒线内的来车方向,位于警示标志的起始点,急救车、消防车停放在事故车辆附近便于施救的位置,现场勘查车、指挥车、急救车、消防车开启警灯,夜间还应当开启危险报警闪光灯和示廓灯,有警灯的要闪烁,直到现场清理完毕。

⑤遇雨、雾、沙尘等低能见度气象情况,现场设置的移动警示标志、发光或反光锥筒和警戒人员的距离、密度,应比正常气象条件下增加一倍,设有可变信息板的路段应当及时发布事故信息,提醒驾驶员减速或绕行通过现场。必要时封闭全部车道、现场路段或道路。

(5)特殊事故现场的安全防护,特殊事故现场对执法人员的处置经验和能力提出更多的具体要求,在特殊事故现场的安全防护中更要注意以下事项:

①运载易燃、易爆、剧毒、易腐蚀、放射性等危险物品的车辆发生交通事故。在距离中心现场前后 1 000m 外设置警示标志和隔离设施,双向封闭道路,严禁无关人员、车辆进入;同时要立即报告当地人民政府,通知有关部门到现场处理。按照有关应急预案的规定,启动相应级别的响应机制。现场处理人员要根据人民政府、应急指挥部或者有关负责部门的指令,经有关部

门划定隔离区，封闭道路，疏散过往车辆、人员，禁止无关人员、车辆进入现场。待险情消除后方可勘查现场。

在警戒区域内严禁吸烟、拨打手机和使用明火等可能引起燃烧、爆炸等严重后果的行为。一旦出现槽罐安全阀发出声响或槽罐变色，要立即将现场警力和人员撤至警戒区域外。尽量选择上风口位置站立，避免吸入有毒气体。

②在发生“疫情”时，遇有与“疫情”有关人员的事故现场，执法人员必须穿防护服到达现场。到达现场后，须强令车辆内的所有人员不得下车；在距事故车辆前后50m以外设置警戒线，及时采取临时交通管制措施，阻断交通，禁止一切车辆、行人通行；在警戒线外拍摄、摄录现场情况；运送车辆可以继续行驶的，由当事驾驶员标注车辆位置后迅速撤离现场；运送车辆不能继续行驶的，要及时通知救援中心调集车辆转移事故车内人员，待事故车辆消毒后再由清障车拖移；办案执法人员待现场消毒后再进行勘查。

③当事故现场的车辆或物品发生火灾时，应首先通知消防部门；同时用灭火器或者沙土、棉被、折叠的棚布等蒙盖。如果是燃油着火，切勿用水泼。

④了解到事故现场存有爆炸物，立即通知有关专业部门到现场处理险情；同时迅速疏散现场人员到安全区域，并切断交通。在爆炸发生时，立即选择在土堆、树木和建筑物后方就地卧倒，并用手护住头部。

⑤事故现场有濒临倒塌和坠落的建筑物、电杆、树木、车辆和其他物体时，首先通知有关部门处理，疏散建筑物内人员和围观群众，然后再设法固定。对于无法支撑的应划定警戒范围，禁止人员进入，或者予以拆除。

⑥对有易燃物、有毒物、腐蚀物、污染物泄漏的交通事故现场，尽可能查清泄漏物种类、属性和泄漏源，并立即通知有关专业部门到场处理。在专业救援人员到达现场前，不要让有毒和腐蚀性物质沾在手上和皮肤上。对流淌在地面的泄漏物，不要随意践踏，应用泥土筑围拦截，现场如有容易被腐蚀、污染的物品，应采取转移、遮盖等保护措施。

(6)对存留在现场的车辆、尸体、痕迹，要妥善保护；对可能因时间、地点、气象等原因，导致痕迹或者证据灭失的，应当及时测试、提取、保全。对于尸体,用草席、白布等物遮盖;对于现场痕迹和物品,遇不良天气时应根据需要做适当遮盖,对一些细微或易挥发、易消失的痕迹、物品要做适当标记,有条件的可以先予提取;对有汽油等可燃物质泄漏的现场,要杜绝火种,严防发生火灾或爆炸事件。

(7)事故现场有通车条件的,应当及时开辟通道,指挥疏导车辆缓速通过现场或绕行分流。为了保证交通畅通,在不影响现场勘查取证的前提下,做好标记后,可暂时移开一些物品,开辟通道。

(8)对现场中因抢救和疏导交通需要移动的肇事车辆、人体或有关物体,应做好相应的标记或照相、摄像固定,记录他们的原始位置、方向、姿态,并保护好人身、车体上的痕迹和附着物。

(9)确认肇事人,查验肇事人身份证件、机动车驾驶证、工作证及机动车行驶证等有关证件,审查证件的真伪,验明身份。勘查现场期间,责令肇事人不得离开现场或者与无关人员谈论交通事故情况。遇有造成人员伤亡的交通事故,视情况可以对肇事人依法采取必要的强制措施。

(10)应当根据现场勘验等情况,确认案件的性质。对属于交通事故的,按规定进行调查取证。对不属于交通事故的,应当通知相关部门、单位,待相关部门、单位人员到达后,移交案件。

(二)现场勘查

现场勘查对于交通事故处理具有重要意义,在接到报警后,勘查人员应当赶赴现场,及时迅速、全面细致、客观真实地依法勘查现场。现场勘查主要有以下几个方面的内容:

(1)确定事故发生的时间。事故发生时间用一天24小时表示,如21时35分。可以通过询问当事人、记录接报案时间、事故车辆上受撞击损坏的钟表等多方面的因素来确定事故发生的时间。

(2)确定事故地点。高速公路上发生的交通事故要按路名、车辆行进方向、公里数来确定事故发生地点。

(3)勘查道路和交通环境。根据事故的具体情况,应勘查道路的线形、路面宽度、车道设置情况、地形、交通标志、视距、横断面、天气、道路照明情况、交通控制方式等内容,并调查道路及交通环境与事故发生的联系。

(4)勘查现场痕迹。包括勘查现场路面、车身、护栏、树木、尸体、物品上遗留的与事故有关的各种痕迹,以便分析痕迹形成的过程和原因,重现事故发生的经过。

(5)勘查道路、车辆、痕迹、物品、尸体之间相互的位置关系。在勘查过程中,要运用照相、摄像、绘制现场图、制作现场勘查笔录等方式,记录勘查过程及结果。

(6)发现和提取物证。在交通事故现场中,一些细小的毛发、血迹、纤维、漆片、玻璃、塑料等物品,都可能会对交通事故的处理起决定性的作用,因此,在现场勘查时要善于发现,并运用科学的方法提取与事故有关的各种物证。

(7)确定事故当事人,查实身份,监护肇事人。交通事故当事人是指交通事故中事故车辆的驾驶人员、事故责任者和事故受害人。在大多数事故中,确定当事人不是一件困难的事情,但在交通事故逃逸案件、冒名顶替案件、需要确定驾乘关系的案件中,确定当事人就会遇到麻烦,需要开展大量的工作。

(8)寻找证人,现场调查访问。在现场寻找证人,并对证人情况进行记录,如有条件,应在现场对当事人、证人进行调查,了解当事人的交通安全违法行为,查清事故原因。

(9)车辆勘验。车辆勘验包括车辆常规勘验和车辆技术状况检验。常规勘验包括车型、颜色、车辆号牌、车体痕迹等内容。车辆技术状况检验属鉴定的范畴,可委托具有相关资质的鉴定机构完成。通常是事故原因可能与车辆技术状况有关的事故或有人员死亡的事故需要进行车辆技术状况检验。

(10)尸体检验。用照相、摄像、现场图、现场勘查笔录等方式记录尸体在现场的原始位置和状态,以及与其他元素间的位置关系后,尸体应由法医进行检验,目的是确定死亡原因。

(11)清点现场遗留物品。勘查人员应当对当事人或其他人员遗留在现场的随身物品进行登记，保存当事人遗留物品和有使用价值的物品，防止遗失。收集、清理、核对物品要由两人以上进行并填写《交通事故遗留物品清单》；遗留物品在交还当事人或其家属、单位时，接收人应在《交通事故遗留物品清单》上签字；对未知名死者的遗留物，应当妥善保管或者上交有关部门处理。现场登记时应当会同见证人或当事人对遗留物品的名称、数量、特征等进行登记。必要时，应当对登记物品拍照。

(12)现场复核、清理。现场勘查完毕，现场勘查指挥人员应当对现场图、现场勘查笔录进行复核、发现错误及时更正，确认无误后签字。现场复核的内容包括：

①案件性质、事故损害后果是否清楚；

②事故现场的证据是否按要求收集齐全，形式是否符合要求；

③事故基本事实是否清楚；

④事故当事人是否已确定，证人是否已查找；

⑤是否已按规定对有关人员、车辆、证件采取强制措施；

⑥是否遗漏相关人员的签名，当事人拒绝签名或无见证人的，是否注明原因。

现场勘查结束后，现场勘查指挥人员应当组织清理现场。通知殡葬服务单位或者有停尸条件的医疗机构将尸体运走存放；能移动的事故车辆应立即移走；无法移动的，将事故车辆拖移至不妨碍交通的地点或停车场内；对暂时无法拖移的，须开启事故车辆的危险报警灯或者在车后设置危险警告标志。完成以上工作后，撤离现场，恢复交通。

第八章

行政证据调查

本 章 摘 要

证据是了解案件真实情况和处理案件的基础和依据。证据调查由收集证据和审查判断证据两个方面的工作组成。收集案件证据材料的技巧和运用证据规则认定案件事实的能力，是执法人员基本的职业要求。

第一节

行政证据概述

一、证据的概念

什么是证据？简言之，证据就是证明的依据。如《中华人民共和国刑事诉讼法》第四十二条规定："证明案件真实情况的一切事实，都是证据。"这是从立法上对刑事诉讼中的证据所下的定义，但它也同样符合民事诉讼和行政诉讼中的证据含义。可以说，证据就是指证明真实情况的一切事实。

根据《中华人民共和国行政诉讼法》（以下简称《行政诉讼法》）第三十一条规定，证据有以下几种：(1)书证；(2)物证；(3)视听资料；(4)证人证言；(5)当事人陈述；(6)鉴定结论；(7)勘验笔录、现场笔录。最后，以上证据经法庭审查属实，才能作为定案的根据。

二、行政证据的种类

行政证据包括行政程序中的证据和行政诉讼证据，由于现今行政证据主要规定在行政诉讼法及最高人民法院证据规定中，因此行政程序中的证据应以行政诉讼证据为主要参照物。

对行政证据的形式规定主要载于最高人民法院《关于行政诉讼证据若干问题的规定》中，其中对证据的形式及特殊要求做出了明确规定。原交通部颁发的《交通行政处罚程序规定》（交通部令[1996 年]第 7 号）第十五条规定:"交通管理部门必须对案件情况进行全面、客观、公正地调查,收集证据;必要时,依照法律、法规的规定,可以进行检查。证据包括书证、物证、视听资料、证人证言、当事人陈述、鉴定结论、勘验笔录和现场笔录"。

1. 物证

物证是以物质的存在、特征或属性证明案件真实情况的一种证据,其最基本的表现形式是物品和痕迹。在交通事故调查中常见的物证有交通肇事车辆、被损坏的公路防撞护栏或路面、建筑物等。

物证应当符合下列要求:

(1)提供原物。提供原物确实有困难的,可以提供与原物核对无误的复制件或者证明该物证的照片、录像等其他证据。

(2)原物为数量较多的种类物的,提供其中的一部分。

2. 书证

书证是以文字、符号、图形记载的内容来证明案件事实的书面文件或其他物品。一般来说,书证都具有书面形式,如驾驶证件、运输单据、超限运输通行证、介绍信以及图形照片等。

书证应当符合下列要求:

(1)提供书证的原件,原本、正本和副本均属于书证的原件。提供原件确实有困难的,可以提供与原件核对无误的复印件、照片、节录本。

(2)提供由有关部门保管的书证原件的复制件、影印件或者抄录件的,应当注明出处,经该部门核对无异后加盖其印章。

(3)提供报表、图纸、会计账册、专业技术资料、科技文献等书证的,应当附有说明材料。

(4)被告提供的被诉具体行政行为所依据的询问、陈述、谈话类笔录,应当有行政执法人员、被询问人、陈述人、谈话人签名或者盖章。法律、法规、司法解释和规章对书证的制作形式另有规定的,从其规定。

3. 证人证言

证人证言是指证人通过回忆就自己所知道的案件情况所作的陈述。证人证言是一种最普遍、最常用的证据。由于人的记忆生理规律所决定,证人的记忆不像物证那样容易丢失,有利于证据的收集和运用。

证人证言应当符合下列要求:

(1)写明证人的姓名、年龄、性别、职业、住址等基本情况。

(2)有证人的签名,如不能签名的,应当以盖章等方式证明。

(3)注明出具日期。

(4)附有居民身份证复印件等证明证人身份的文件。

4. 当事人陈述

当事人陈述是指与案件有利害关系,并不能承担法律后果的人对案件事实所作出的陈述。当事人陈述是案件调查中广泛适用的一种证据,但由于当事人陈述中可能存在的主观片面性,不能轻信,应结合其他证据进行审查。

5. 现场勘查笔录

现场勘查笔录是指人员对违法行为发生地的有关物品、场所进行的调查活动及结果所作的客观记录。包括勘查笔录、现场绘图、现场照片或现场录像等。

《行政诉讼法》将勘验笔录与现场笔录并列为一款,实际上两者为不同的证据类型。勘验笔录与民事、刑事诉讼中的勘验笔录相同,是对现场或物品进行勘察,检验所作的笔录;而现场笔录是行政机关工作人员在实施具体行政行为时,对现场情况所作的笔录。最高人民法院《关于行政诉讼证据若干问题的规定》第十五条对行政机关向人民法院提供现场笔录的要求作出了规定,但对勘验笔录未提出要求,因此其标准要求应当参照现场笔录。

根据最高人民法院证据规定,现场笔录,应当载明时间、地点和事件等内容,并由执法人员和当事人签名。当事人拒绝签名或者不能签名的,应当注明原因。有其他人在现场的,可由其他人签名。法律、法规和规章对现场笔录的制作形式另有规定的,从其规定。

6. 鉴定结论

鉴定结论是指受委托或聘请的具有专门知识的人,对案件中某些专门性问题进行鉴定后所作的书面结论。鉴定是为解决案件中凭借普通常识无法判明的专门性问题,以断明条件事实。如公路桥梁损坏程度鉴定等。

在行政程序中采用的鉴定结论，应当载明委托人和委托鉴定的事项、向鉴定部门提交的相关材料、鉴定的依据和使用的科学技术手段、鉴定部门和鉴定人鉴定资格的说明，并应有鉴定人的签名和鉴定部门的盖章。通过分析获得的鉴定结论，应当说明分析过程。

7. 视听资料

视听资料是通过音像设备记录能够证明案件真实情况的资料。如照片、录像带、电话记录等。

当事人向人民法院提供计算机数据或者录音、录像等视听资料的，应当符合下列要求：

(1)提供有关资料的原始载体。提供原始载体确有困难的，可以提供复印件。

(2)注明制作方法、制作时间、制作人和证明对象等。

(3)声音资料应当附有该声音内容的文字记录。

在实践中，对偷拍、偷录能否作为证据缺乏专门规定，而最高人民法院《证据规定》第五十七条规定，“以偷拍、偷录、窃听等手段获取侵害他人合法权益的证据材料”不能作为定案的根据，即采取这种手段获得的证据只要不侵害他人合法权益，就能被法院采用，实际上承认了它的合法性。

第二节 行政证据调查要求

证据调查是指依据法律规定，运用科学的方法和技术手段，对与案件有关的时间、空间、物品等进行的现场调查和实地勘查，包括对当事人和有关人员进行的现场调查访问,并将所得的结果,客观、完整地记录下来,将有关证据提取、固定下来的整个工作过程。

在证据调查过程中,应主要调查实体性事实和程序性事实。

1. 实体性事实

实体性事实是由实体法规定的,行政机关做出行政决定必须查清并证明的事实。它是行政程序中证明对象的主要部分。可分为:

(1)主体事实,即所确认的违法当事人是否明确、肯定,是否是本人或法定代表人,受委托人是否有授权委托书。在这点上,由于行政案件中大量使用法律文书等文字材料,主体的一致性非常重要,否则就是出现无权代理及当事人推诿、抵赖等,影响行政效率。

(2)行为事实,即主体是否实施了法律肯定或否定行为的事实,对于有逾期不改正,有明确要求的,当事人是否有逾期不改正的行为。

(3)情节事实,即是否有法律规定的各种情节的事实。

(4)结果事实,主体行为造成结果的事实是否严重,是否对社会有重大危害等。

2. 程序性事实

可分为以下三种:

(1)程序形式事实,即执法人员人数要求及出示执法证件;笔录及文书制作规范;送达形式符合规定。

(2)顺序事实,即立案—调查—告知—决定—送达。

(3)期限事实即立案、结案期限、举证期限、告知及听证期限、送达期限等行政机关拒绝当事人请求事项的原因事实。行政机关拒绝当事人请求事项的,应当说明理由,并承担拒绝请求原因事实的证明责任。

证据调查是一项艰苦细致的工作,同时也是一项非常重要的基础性工作。调查不同种类的证据,应当按照各自的特点和特殊要求进行,以保证证据的客观性、相关性和合法性,使证据形成完整的证明系统。

根据规定,对与案件有关的物品或者现场进行勘验检查,应当制作勘查笔录或勘查图,并用照相机或摄像机拍摄有关证据材料。询问证人和当事人,应当制作《询问笔录》。需要采取抽样调查的,应当制作《抽样取证凭证》。涉及专门性问题的,应当指派或者聘请由专业知识和技术能力的部门和人员进行鉴定,并制作《鉴定意见书》。证据可能灭失或者以后难以取得的情况下,可以先行登记保存,制作《证据登记保存清单》。

一、勘查记录

勘查记录是调查人员运用科学方法和现代技术手段,对有关情况进行实地勘验、检查后,将结果完整、准确地加以记录并用以反映现场勘查情况的文字材料。勘查、检查笔录一般由负责勘查的人员指定专人制作,并与现场勘查、检查同步进行。

(一)勘查记录的内容

现场勘验的主要任务是了解案件发生经过、搜集、保留证据、记录和固定现场情况。勘查记录的内容由首部、正文、尾部三部分组成。首部的基本情况栏要写明的发生(现)的时间、案发地点、报案(发现)的时间、来源和报案人(发现人)的姓名、职业、住址和联系方式。现场勘查人员、参加人员的姓名、职务和分工情况等;现场见证人的姓名、职业、住址、职务、工作单位和联系方式等;起止时间、勘验的顺序、方法等情况。

正文部分记载勘验所见,内容包括:案发地点、位置、周围环境情况以及现场与周围环境的关系等。如违章建筑物,要写明违章建筑物所在某条道路的多少公里处的建筑控制区内,违章建筑物的方位、建筑物的某一侧与道路边缘的距离以及与周围建筑物的相互关系等情况。现场中心场所的具体情况,包括位置、范围、四周环境,与主要参照物的关系、距离;现场上其他场所的情况以及反常情况等。

尾部内容包括:提取现场物证、书证的情况,拍照、录像、绘图的内容、种类和数量;现场勘查人员指挥人员、参加人员、记录人员、照相、录像、绘图人员以及见证人员和其他参加人员签名(盖章)、签署制作时间等。

(二)勘查、检查笔录制作的要求

(1)要使没有亲自参加现场勘查的人,能根据现场勘查记录记载的内容,对现场情况得到一个符合实际现场的概念。必要时,可以根据现场勘查记录恢复现场的原状。

(2)现场勘查记录应详细地记载勘查所见的情况,不要记载那些与案件没有关系的内容。在事故处理过程中需要了解现场上某一情况时,现场勘查记录能作为考查的依据。

(3)保证笔录的客观性,不允许办案人员进行分析判断,不准用任何猜测记载。能够客观、全面地反映现场情况,起到证据作用。

(4)笔录的语句要确切,通俗易懂,不能用含义不清的词句,如较近、不远、旁边、可能、大概等字样。凡是多次勘查现场,都应依次制作补充笔录。现场图、现场照片、物证照片,应作为勘查、检查笔录的附件,一并列入案卷。

参见交通事故现场勘查记录范例(范例8-1)。

范例8-1　　　　交通事故现场勘查记录

事故时间:19××年9月11日4时20分

接报时间:19××年9月11时4分40分

事故地点:东三环国贸桥上,天气:晴,路面性质:沥青。

开始勘查时间:19××年9月11日4时55分,结束勘查时间19××年9月11日6时30分。

简要案情:钱××驾驶农用三轮车,上乘赵××、刘××两人,由北向南行驶到上述地点时,适有李×驾驶切诺基小客车随后驶来,李×发现三轮车后,在制动向左打轮过程中,小客车的右前部与农用车的左后部相撞,小客车驾驶员李×受伤;农用车乘车人赵××受伤;驾驶员钱××受伤,送天坛医院抢救无效于当日死亡,两辆车损坏。现场勘查记录如下:

一、接报及组织分工

(1)接报:19××年9月11日3时50分,122指挥中心接张×报案,东三环国贸桥上,一辆客车与一辆三轮车相撞,有人员伤亡,接报后第七大队刘××、张××、孙××、陈××赶赴现场。

(2)现场分工,到达现场后,立即对现场进行交通控制,并迅速抢救伤员;同时,通知120救护车和救援车,并向上级汇报相关工作。对现场勘查进行分工。

指挥员刘××,勘查员张××、孙××,绘图员陈××。

二、现场道路状况

现场位于朝阳区东三环路国贸桥上由北向南下桥处,该路为机、非隔离,中心物体隔离道路,中心隔离水泥墩宽2.00m,高0.50m,上植松树墙,宽1.50m,高1.10m,松树墙中有铁护栏,护栏高1.20m,双向行驶六条车道,其中小型车道宽3.40m,混合车道宽3.60m,大型车道宽3.60m,路面平坦,视线良好。

三、路面痕迹

李×驾驶的京××××××号切诺基小客车肇事后,头东偏北,尾西偏南,尾部跨在中心隔离带上,该车右前轮、右后轮距由南向北行驶方向的小型车道与混合车道分道线分别为1.70m和4.40m,右后轮距离由南向北方向国贸桥标志牌10.20m,在由北向南行驶的大型车道内,头东偏北,尾西偏南,停有钱××驾驶的河北××××××号农用三轮车,农用三轮车的前轮、右后轮分别距由北向南行驶方向的大型车道与混合车道分道线(下同)1.10m、3.00m。在农用三轮车北侧,距农用三轮车前轮5.40m处路面上,遗留有血迹,面积为40cm×10cm,中心距分道线3.40m。在血迹北侧5.60m处的大型车道内,遗留有河北××××××号农用三轮车的左后轮,轴心距分道线3.40m,在农用三轮车的北侧混合车道内,距农用三轮车左后轮轴心1.50cm处的路面上,遗留有农用三轮车左后轮的挫印条,长5.00m,起点距分道线1.80m,终点距分道线1.30m,在距挫印起点北侧3.20m处的混合车道内,路面上遗留有切诺基小客车的制动痕,制动印痕呈北偏东,向南弧形至道路中心的隔离带边沿,左前轮制动印痕长18.60m,右前轮制动印痕长24.10m,右前轮制动痕起点距分道线2.00m,制动印痕终点处的中心隔离带边沿有5.20cm的撞击痕,撞击痕终点处的小型车道内,遗留有农用三轮车的前轮,该轮距中心隔离带1.80m。撞击痕终点距隔离带上中心铁护栏断口南侧端5.10cm。

四、车辆痕迹

李×驾驶的京××××××号小客车肇事后，前挡风玻璃破碎，右侧大灯、转向灯、前保险杠被撞变形，由车头右侧大灯内侧边缘至右后门前端撕裂变形，左前轮及右前轮轮胎外裂，轮鼓变形，后保险杠左侧破裂，长0.96m，距地高0.52m。

钱××驾驶的河北××××××号农用车肇事后，前轮及左后轮被撞脱落，车厢后侧槽板变形，距左侧端点0.20m处向内凹陷，右侧槽箱板变形，距后侧端点0.52m处向内凹陷。左后大灯脱落，右后车灯线路陈旧痕断开。

五、车辆交通检测

李×驾驶的京××××××号小客车于1998年元月14日经北京市车辆管理所人工检测：该车转向系统已无法检验，制动系统工作有效。同一时间对钱××驾驶的农用三轮车进行人工原地检测：该车转向系统、制动系统无法检测，灯光系统失效。现场指挥刘××，勘查员张××，孙××，绘图员陈××，摄录员赵××，法医李××，见证人宋××。签名：王××。

六、现场摄像、拍照、现场图绘制

本次现场摄像资料1份，拍照35张，制作现场图1张。

二、现场笔录

根据我国《行政诉讼法》的规定，现场笔录是一种独立的行政诉讼证据种类，在该法第三十一条第(七)项中，与勘验笔录并列。

(一)现场笔录的概念及其特征

现场笔录有其存在的价值和独立的必要性。现场笔录应当具备以下几个主要特征：

(1)现场笔录制作的主体是行政机关或者法律、法规、规章等授权的组织(可统称为行政执法机关)，不能包括人民法院等其他司法机关。

(2)现场笔录制作的时间是在行政案件发生的过程中。现场笔录的最基本的特征是其"现场性"、"即时性"，最大的效果是"保真"。从证据的种类来看,应当属于原始证据。现场笔录制作的地点是在案件发生的现场。这与现场笔录制作时间的现场性是一致的。

(3)制作程序要符合法律、法规、规章或者规范性文件的要求。制作人员要有行使勘验、检查的权力,要有当事人或者其成年家属以及见证人在场,见证人与案件无利害关系,勘验、检查人员、被邀请参加人员、见证人、当事人应在笔录上签名或者盖章等。

(4)现场笔录的内容是行政执法人员对自己耳闻目睹、检验检查等案件事实的记载。包括听到的、看到的、摸到的、闻到的,或者用仪器检测到的事实。

总之,现场笔录是行政执法机关为行政目的,按照行政程序的要求,在现场对案件发生过程中的事实予以记载的证据种类。它具有主体的特定性、制作时间地点的即时性、程序的合法性、内容的原始性的特点。

(二)现场笔录的识别

作为一种证据,现场笔录与其他证据的确存在交叉、兼容的现象,需要认真地进行识别和区分。

(1)现场笔录与勘验笔录。勘验笔录是指行政执法人员对违法现场或者物品进行勘验、检验、测量、绘图、拍照,并将情况和结果如实记录下来而制作的笔录,勘验笔录所记载的对象是现场或者物品。制作、形成的时间是在事实发生之后,具有滞后性的特点;而现场笔录是行政执法人员在事实发生过程中制作的,具有现场性、即时性的特点。这就是两者的最主要区别。

(2)现场笔录与书证、物证。书证是指记载或表达某些情况并以其内容或涵义来证明案件事实的文字、符号、图片等材料,其物质属性通常为纸张、金属、石块、竹木等,其形成方式通常有书写、印刷、绘制、刻制等;物证是指用来证明案件事实的物品或痕迹,物证以其存在的形状、性质、特征等证明案件的事实。现场笔录是以其记载的内容发挥证据的效力,与物证相比是发挥作用的方式不同,两者最大的区别是形成的时间不同,书证大都是在案件发生之前就已经存在;而现场笔录则是在案件发生的现场或者过程中形成的,具有即时性。

(3)现场笔录与当事人陈述。当事人陈述是当事人向行政机关就案件事实所作的叙述和承认。陈述主要包括两方面的内容:一是有关案件事实的叙述和说明;二是对裁决和处理的要求和请求。从当事人陈述形成的时间看,有当事人在现场所作的陈述,有当事人脱离现场之后所做的陈述。当事人陈述和现场笔录的最大不同是形成的时间不同,当事人陈述时间上已不具备现场性的特点,并不完全具备现场笔录的特征。

(4)现场笔录和证人证言。证人证言从笔录形成的时间看,大都是在案件事实发生之后形成的。制作笔录的地点即使是在现场,因其不具备"在事实发生的过程中"制作的特征,仍然是普通的证人证言。

(5)现场笔录与视听资料。视听资料是证明案件事实的录音带、录像带以及从电子计算机中提取的资料。这两种证据存在重合的现象时,应当以现场笔录来使用。如交通管理部门在交通路口安装的进行实时监控的电子设备,在查处违章行为时,以所摄取的录像带作为基本证据。这里的录像带是一种视听资料,也是现场笔录。理由是:第一,完全符合现场笔录的基本特征;第二,随着科学技术的发展,对现场笔录的理解也应当脱离以往那种原始物质概念,现场笔录并不意味着行政执法人员一定要亲临现场,现场笔录也不一定必须用"笔"记录;第三,视听资料是一种普通的证据种类,在刑事、民事、行政诉讼中都存在,而现场笔录是一种特殊的证据,仅存在于行政诉讼中。按照"特别法优于普通法"的原则,应作为现场笔录使用。

(三)现场笔录的证据力

现场笔录的证据力,就是现场笔录作为证据使用时的分量。现场笔录相对于其他证据而言,证据力是比较强的。即使现场笔录为"孤证"时,也可直接作为定案的根据。这是因为:第一,现场笔录属于原始证据。本身直接来源于案件的事实,相对于派生证据而言,原始证据的证据力强。第二,现场笔录属于直接证据,能够直接用以证明案件事实,相对于间接证据而言,证据的可靠性、证据力更大、更强。第三,现场笔录的制作程序比较严格。第四,现场笔录所记载的内容与案件的相关性最强,往往也最具实质性的内容。

参见现场笔录范例(见范例 8-2)。

范例 8-2　　**现 场 笔 录**

<table>
<tr><td>事由</td><td colspan="3">渝 A12345 号车装载情况的确定</td></tr>
<tr><td>地点</td><td colspan="1">人和收费站出口</td><td>天气</td><td>晴</td></tr>
<tr><td>时间</td><td colspan="3">2007 年 6 月 3 日 12 时 30 分至 2007 年 6 月 3 日 12 时 40 分</td></tr>
<tr><td rowspan="3">执法人员</td><td>姓名</td><td colspan="2">单　位</td></tr>
<tr><td>易 × ×</td><td colspan="2">重庆市交通行政执法总队高速公路支队</td></tr>
<tr><td>陶 × ×</td><td colspan="2">重庆市交通行政执法总队高速公路支队</td></tr>
<tr><td colspan="4">现场记录如下:
在检查中发现,该车通过收费站 1 号通道出站时,计重设备显示屏显示该车车货总重 53t。该车为三轴货车,行驶证标注单位为重庆汽车运输总公司。收费道口检测人员是重庆市高速公路发展有限公司渝涪分公司收费员 × × ×。
以上情况,还有录音、录像、照片、通行票等予以佐证。
执法人员签字:易 × ×、陶 × ×　　当事人或见证人签字:× × ×
2007 年 6 月 3 日　　2007 年 6 月 3 日</td></tr>
</table>

填 写 说 明

1. 按《现场笔录》表格设计填写事由、现场地点、事件发生时间、执法人员姓名单位。

2. 现场记录内容填写执法人员听到的、看到的、摸到的、闻到的,或者用仪器检测到的事件事实。

3. 现场记录内容填写必须客观实录,不能加以评论,记录内容必须贴近案情,突出重点,详略得当。

4. 记录完毕后,按照法定程序由当事人或见证人签字,当事人或见证人不签字的,应当由执法人员注明理由。

5. 根据情况,《现场笔录》可以独立作为确认事实的证据,也可和其他证据结合作为确认事实的证据。

6. 现场记录适用:一是主要用于固定容易消失的违法证据,如违反车型车道行驶、非法营运、尾气冒黑烟等;二是主要用于关联各种证据,如超限超载中车辆号牌、通行票、照片等证据证明指向的关联;三是记录具有证据性质的执法活动,如超限超载和超速非现场处罚中对技术监控资料的提取。

三、现场绘图

(一)概述

现场绘图,是指运用制图学的原理及方法对案件有关的场所进行客观记载的一种方法。现场绘图的目的是直观地表达案发现场的各种物体、车辆位置、形状、状态、大小及相互之间和周围环境之间的关系。它是现场勘查的重要组成部分,能用形象的方法反映现场的原始状态和变动后的情况,以补充现场笔录、现场照相和录像的不足。现场绘图能排除各种障碍物的阻挡,通过几何图形形象的描绘现场中心及周围环境等,并能根据每一案件现场的具体情况,灵活应用各种绘图形式和技巧,克服文字表达的限制,准确、醒目地绘制出现场及物证的尺寸、面积、规格、大小、位置关系、形状和数量等。参见交通事故现场图范例(见范例8-3)。

现场图是根据正投影和中心透视的原理,利用标准的图例和线形,按一定比例将现场的地形、地物、地貌、道路、交通设施、交通元素、遗留痕迹、散落物等绘制在图纸上的示意图。

根据制作原理、成图过程以及表达的内容不同,现场图可分为现场记录图、现场比例图、现场断面图、现场立面图等。现场记录图,也称现场草图。勘查现场时,对现场环境、事故形态、有关车辆、人员、物体、痕迹的位置及其相互关系所做的图形记录。现场比例图是为了更形象、准确地反映勘查记录材料,按规范的图形符号和一定的比例重新绘制的现场全部或局部的平面图形。它一般是在现场勘查结束后,利用绘图仪器,按一定比例和规范绘制的;也可以利用计算机辅助绘图完成。**现场断面图**,也称现场剖面图。表示现场某一横断面或纵断面某一位置上有关车辆、物体、痕迹相互关系的剖面视图。**现场立面图**,表示现场某一物体侧面有关痕迹、证据所在位置的局部视图。现场立面图常用来表示车体痕迹或被撞物体上痕迹的具体位置。

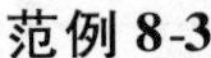

范例 8-3　　　　　交通事故现场图

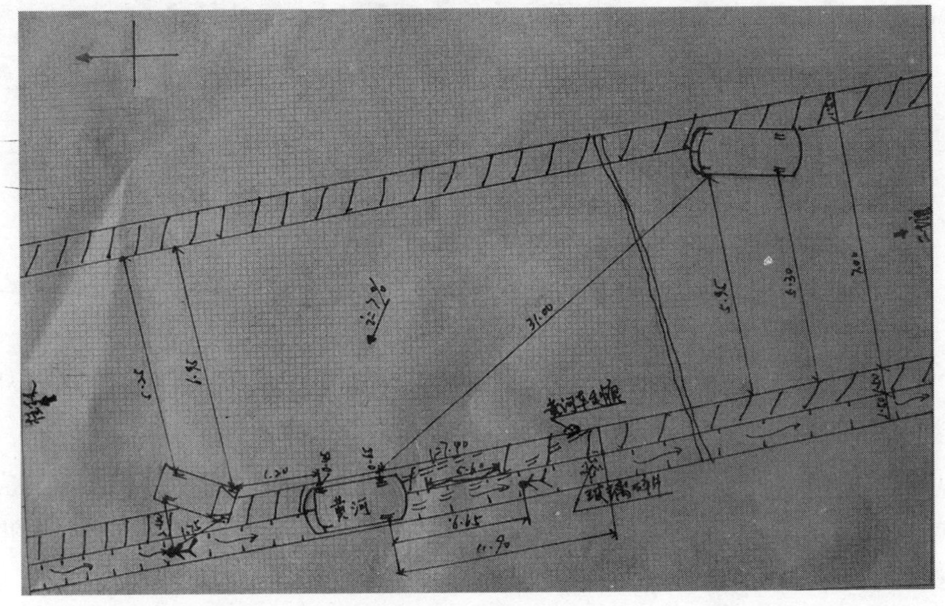

(二)现场绘图的基本要求

(1)在绘制现场图时,首先应对整个现场有个总的概念,才能把图形布置好,绘得清楚、简单、准确,以防止遗漏;但是,也不能将现场上与事故无关的一切物体都绘入图内。

(2)现场图的比例可根据现场面积的大小灵活确定,通常用1:200。

(3)图上应准确地表示出损坏路产的物体和痕迹的原始位置,同时必须与现场勘查笔录记载的内容吻合。

(4)现场图上必须注明图的名称、测量方法、比例、方位、图例及其他说明,绘制的日期及绘图人的签字。

(5)现场图的图纸和图线规格要求:现场图应使用交通运输部文书中的格式。图线宽度在0.25~2.0mm间选择。在同一图中同类图形的图线应基本一致。参见各种线形标准样式,如表8-1所示。

各种线形标准样式 表 8-1

名称	线形	宽度	使用范围
标准实线		b(0.4~1.2mm)	一般可见轮廓线(包括车辆、房屋设施、桥梁等的轮廓线)
粗实线		$>b$	公路线性、图框线、标题标栏线等
中实线		$b/2 \sim b/3$	标志牌、指路牌、树木等非比例符号
虚线		$b/2$	运动中的车辆轮廓线、行驶、行走路线
细实线		$b/4$	尺寸界线、尺寸线、边坡线、车辆翻滚路线
点画线		$b/4$	公路中心线
折断线		$b/4$	假设断开部分的折线
指示线		$b/4$	指示某些部分并加以说明的标志线

(6)现场图尺寸数据与文字标注的要求:现场数据以图上标注的尺寸数据和文字说明为准;标准尺寸以厘米(cm)为单位时,可不标注计量单位;现场丈量的尺寸一般只标注一次。需更改时,应做好记录;标注文字说明应当准确简练,一般可直接标注在图形符号上方或尺寸线上方,也可引出标注。

(7)制作现场图的图形符号应符合《交通元素符号》和《地物符号》标准的规定(如表8-2 和表8-3 所示)。如《交通元素符号》和《地物符号》标准中未作规定的,可按实际情况绘制,但应在说明栏中注明。图形符号的比例要求如下:

①需按比例绘制的图形符号:房屋、道路形式、结构、桥梁、路边构筑物图形符号;机动车、非机动车图形符号、动态痕迹的长度;道路隔离带(桩);图中各主要要素间的图形符号。

②可不需按比例绘制的图形符号:动态痕迹的宽度、交通安全设施;当地物很小或没有必要按实际尺寸缩绘的地物,如里程碑、电杆、树木等,采用一种特写的符号表示即可。

交通元素符号图

表 8-2

名称	符号	名称	符号
血迹	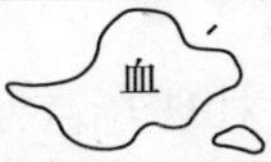 血	死伤人员	
载重车	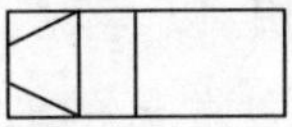	血迹	
小轿车	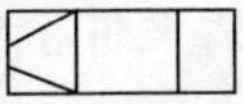	遗留的位置	 提包 鞋
大客车	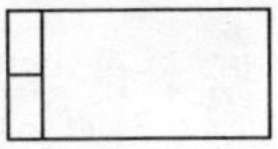	吉普车	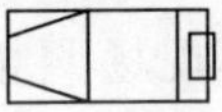
运行中的车辆位置		拖挂车	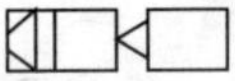
车辆挂擦碰撞痕	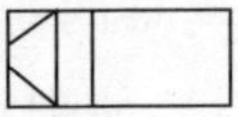		

地物符号

表 8-3

名称	符号	名称	符号	名称	符号
路面凸出部分		树木侧面		道路雨水品	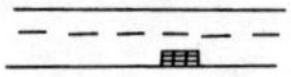
路面凹坑		树木平面		下坡道	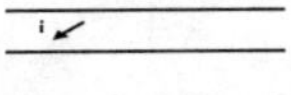
路面积水		禁令标志		上坡道	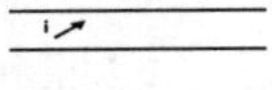
水塘		警告标志		桥	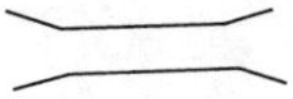
碎石、沙土等堆积物		指示标志		漫水桥	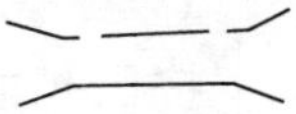
障碍物		指路标志		路肩	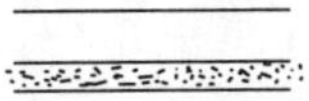
田地		指路牌	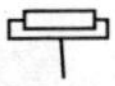	桥梁	
旱田		路名牌		隧道	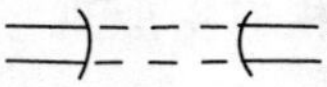
水田		电杆		涵洞	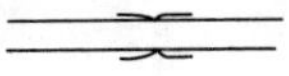

四、现场照相

现场照相是指运用专门的照相技术,对现场环境、有关物证以及物与物之间的位置和相互之间的关系等进行照相,以客观、真实、全面地记录、固定现场情况。拍照、录音、录像是行政程序中常见的收集证据的手段,能够全面和客观的反映案件事实全貌,有利于查清案件事实。

(一)现场照相的要求

现场照相是在普通照相的基础上,根据案件现场勘查的要求而发展起来的一种专业照相技术。现场照相既是一种记录手段,同时也是一种记录检验手段。现场照相要求真实、迅速、准确。具体要求如下:

(1)照相的内容应当与交通事故勘查笔录的有关记载相一致。勘查现场时,可根据需要和实际情况确定拍摄项目,使现场照片、勘查笔录和现场图能够相互印证、相互补充,有力地证明交通事故事实。

(2)照相应当客观、真实、全面地反映被摄对象。

(3)照相不得有艺术夸张,影像应当清晰、反差适中、层次分明、形象完整。

(4)照相一般使用标准镜头。因为标准镜头成像与人眼观察物体一致,透视关系合理,变形量小,真实感强。

(5)照相做到目的明确、中心突出,每一张现场照片都应有其特定的内容,能独立说明整个问题。

(二)现场照相的分类

按照相的表现目的不同,可以分为方位照相、概貌照相、中心照相和细目照相4种,每种照相方式可反映的内容与范围各有侧重点。

1. 方位照相

从远距离采用俯视角度拍摄案件现场所处的位置及周围环境情况。照相应摄取现场周围的地形、地物,而且还应同时摄入能够显示现场位置的永久性标志物,如路标、里程桩等。如图8-1所示。

2. 概貌照相

从中远距离采用平视角度拍摄案件现场范围内的物证情况。概貌照相应从不同的角度,不同的方向和位置进行拍摄,表现出各物证之间的位置关系,防止与案件有关的物证被遮盖或遗漏。如图8-2所示。

图8-1 方位照相

图8-2 概貌照相

3. 中心照相

在较近距离拍摄案件现场重要物证和中心位置的状态,主要痕迹物体及他们之间的相互关系。中心照相应用不同位置拍摄同一物体,以便反映物证完整和确切的形状。如图8-3所示。

4. 细目照相

在近距离或微距拍摄那些不能在物体整体照片上清楚看到的细节,表现物证局部的状态。拍摄镜头应与拍摄对象垂直,并将有厘米刻度尺与拍摄对象平行放置,同时摄入画面。如图8-4所示。

图8-3 中心照相

图8-4 细目照相

（三）照相的基本方法

1. 直线相向拍摄

从相对方向上的两个位置分别拍摄同一物体，可表现拍摄对象在现场中的状态和位置。如图 8-5 所示。

2. 直线平行拍摄

沿着所拍摄物体的平面由一端向另一端直线平行移动，分段拍摄，然后将照片拼凑成一张完整的照片。如图 8-6 所示。

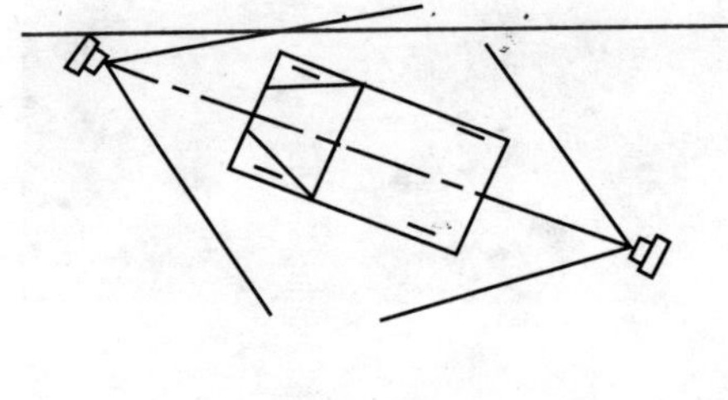

图 8-5　直线相对拍摄

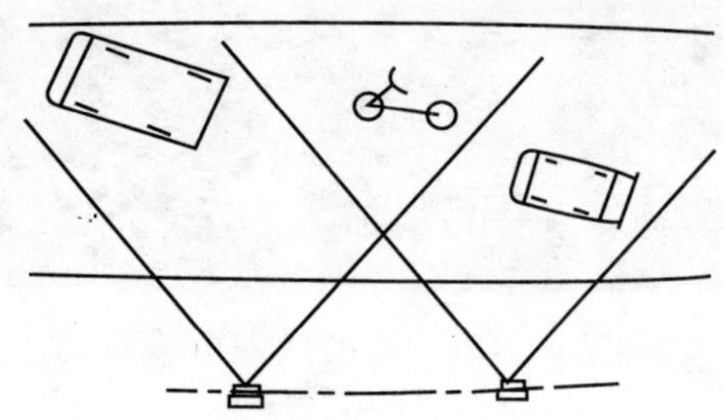

图 8-6　直线平行拍摄

3. 原地回转拍摄

在选好的固定点上，每拍摄一次将相机原地转一定角度分段拍摄。如图 8-7 所示。

（四）照片的编排、标记与说明

根据案件的需要，首先对现场照片进行分类和挑选，照片的内容应当与勘查笔录的有关记载一致。一般情况下，照片编排顺序是从案件现场方位到概貌、中心和细目，也可以根据拍摄的顺序编排。

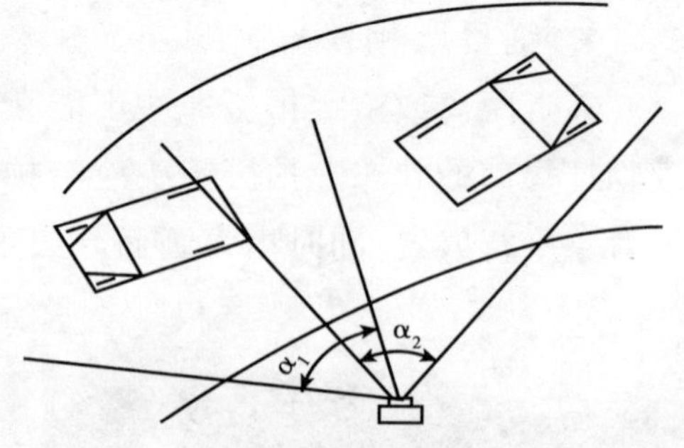

图 8-7　原地回转拍摄

现场照片必须辅以标记和文字说明，否则不易看出它要说明的具体内容。标记用直线画在照片上，顶端为所示物，下端伸出照片下沿 5mm，由左向右依次编号，再按编号分别加以文字或数据注释。也可以在局部后部照片处划框形线，用箭头指向整体照片中心具体位置，或者用各种符号表明照片中的具体物品位置,另加文字或数据注释。标注适用红色,文字用蓝黑墨水书写。

(五)录像记载的内容与方法

录像是指运用专门的摄像技术对现场环境、有关物证以及物与物之间的位置和相互之间的关系等进行拍摄,以客观、真实、全面地记录、固定现场情况。

五、询问笔录

询问,是通过与案件有关人员或案件知情者谈话或问话方式了解案件情况的一种活动。询问是一种依照法定程序进行的执法活动,也是人员必须具备的执法基本功之一。

1. 询问的种类

询问分正式询问和非正式询问。

正式询问是指调查人员依照法律规定所进行的具有法律效力的询问。在进行正式询问之前,应当向被询问者出示相关的调查机关的证明文件和身份证件,并告知被询问者在参与调查过程中所享有的权利和承担的责任。正式询问应个别进行,并制作笔录。

行政程序中的询问指正式询问,是指询问人员依照法律规定进行的具有法律效力的询问。

非正式询问是指调查人员为了解案情而与有关群众进行的一般性谈话。非正式询问过程中,询问者可以表明身份,也可以不表明身份,或者让某个能接近被询问对象的其他可靠人员与被询问对象就案件有关情况进行谈话。不具有完善的询问程序,也不具有法律效力,一般不制作询问笔录。询问知情人、目睹人和可能的线索人,必须征求询问对象的意见。

非正式询问一般应在被询问者工作单位或住所进行,询问当事人则可通知被询问者到高速公路管理的工作场所。根据工作需要,也可以选择一般公共场所(如公园、茶楼、车站等)或某些特殊场所(如医院、车内、货场等)进行询问。

2. 询问的基本内容

一般而言,询问的最终目的就是询问者(调查人员)引导和说服被询问者(当事人、证人)接受正确的观点,真实地陈述其了解和掌握的案件事实情况;所以,询问必须针对询问对象,围绕案件事实的基本构成要素(何事、何时、何地、何情、何故、何物、何人)来进行,主要解决"问什么"和"怎么问"的问题。

案件事实:各种的事实都是由一些基本要素构成的,这些案件事实要素可以简称为"七何"即何事、何时、何地、何情、何故、何物、何人。

何事:是指什么性质的案件。案件的性质一般是比较明确的,由路产损失案件、超限运输案件、违法建筑案件等。

何时:指的就是案件发生的时间特征。它包括三层含义:一是案件是什么时间发生的;二是案件的过程持续了多长时间;三是案件与其他事件的时间关系。

何地:是指案件发生的空间特征。它包括案件发生地以及其周围的自然环境和社会环境。案件的发生地一般位于公路、公路用地以及建筑控制区内。

何情:是指案件发生时的情况。它包括案件发生的方式和过程。

何故:是指案件发生的原因。它包括主观原因和客观原因。

何物:是指与案件有关的物体。如被损坏的公路、行驶公路的履带车、超限运输通行证等。在大多数情况下,这些物体都会成为案件的物证。

何人:是指与案件有关的人员或单位。它包括当事人、知情人、关系人等。

3. 询问的基本方法

(1)告知权利和义务

调查人员首先向询问对象说明来意后,按照法律的有关规定,向询问对象告知作证的权利和义务,阐述相关的法律要求,确立询问人与询问对象之间的询问与被询问的角色关系。调查人员在这个阶段要创造和谐的谈话气氛,唤醒并强化询问对象的作证意识。

(2)倾听自由陈述

一般在询问之初,大都由被询问人自由陈述。在这一阶段,询问人必须给询问对象以充分的表达空间,表述其所知道的案件情况。不管询问对象的陈述中有无漏洞、矛盾和不符合案情事实之处,都要让其能够在没有询问人干预的情况下,陈述自己所了解或掌握的全部案情事实。询问人需要做的是,通过听取询问对象的陈述,进一步了解其知情程度和作证态度,对询问对象的陈述作出完整的记录,为下一步的重点提问做好准备。

询问人在询问对象自由陈述的过程中,应当注意:一是注意倾听询问对象的陈述,不要轻易打断询问对象的陈述;二是集中注意力,提高并保持识别、接受有价值信息的灵敏度;三是在询问对象因记忆出现陈述障碍时,询问人适当提醒,继续陈述。

(3)提问和盘问

在询问对象自由陈述后,调查人员针对其陈述的内容,有目的地提出重点问题,要求其补充自由陈述中不具体、不明确的地方。当发现被询问人故意隐瞒或陈述前后矛盾时,就要改为盘问,追问其自由陈述中出现的漏洞和矛盾,了解询问对象所陈述案件事实的主要情节和关键细节,以及所涉及的人和物。

例如,在交通事故的调查中,应着重询问以下几方面问题:

①被询问人的姓名、别名、曾用名、出生年月日、户籍所在地、暂住地、籍贯、出生地、民族、职业、文化程度、家庭情况、社会经历、驾驶经历、考取驾驶证的时间和驾校名称、年审情况、是否受到过刑事处罚或者行政处理、有无交通安全违法和事故记录等情况。

②案件发生的时间、地点、所驾车辆、车型、号牌及车辆所有者、车辆保险情况、年检情况、出行事由、行车路线、乘车人数、载物等情况。

③行驶(走)的方向、路线、速度和行驶状态(非机动车是骑行还是推行、行人是跑还是走)。

④发现对方或情况的距离、当时的判断和采取的措施、车辆的技术状况。

⑤对方的行驶方向、路线、行驶速度、行驶状态、是否有措施。

⑥双方如何接触、接触部位、接触点在道路的位置、接触后造成的后果。

⑦案件发生后双方的(停、倒)位置、抢救伤员、维护现场和报案的情况。

⑧现场的自然状况(路面情况、标志标线、信号灯情况、夜间路灯照明情况、视线、天气等)。

⑨是否饮酒、用药及休息情况。

调查人员在询问的过程中,往往需要处理询问对象在询问过程中提出的各种异议。例如,与询问人预期不相一致的态度和行为。这种异议的处理技巧,就是说服技巧。特别是在被询问人明显狡辩或者矢口否认,闭口不谈时,应保持冷静,利用其言辞矛盾,适当使用证据,有针对性地采取对策。

(4)审核询问笔录,作好善后工作

在询问结束时,调查人员必须按照法律的规定,仔细检查内容,修正笔录,其中的不当之处,交付询问对象核对。询问对象在以阅读或听读等形式核对询问人根据自己的陈述所作的笔录时,如果发现不准确的地方,可以要求调查人员对笔录进行相应的修改,及时补充遗漏或纠正错误,使询问笔录客观、完整、准确。询问笔录经调查人员和询问对象核对并确认没有错误后,应当履行相关的法律手续,按规定签字或盖章。

有关询问还应该注意以下问题:

①凡是知道案件情况的人,都有作证的义务,但生理上、精神上有缺陷或者年幼、不能辨别是非、不能正确表达的人,不能作为证人。

②询问时,执法人员不得少于两人。

③询问证人可以到被询问人的所在单位或者住处进行,必要时,可通知被询问人到执法机关提供证言。

④询问不满 18 岁的被询问人,应当到其住所、学校、单位或者其他适当地点进行;必要时,也可以在执法机关进行。询问时,可以通知其监护人或

者教师到场。

⑤询问聋、哑人,应当有通晓聋、哑手势的人参加,并在询问笔录上注明被询问人的聋、哑情况以及翻译人的姓名、住址、工作单位和职业。询问不通晓当地语言文字的人,可以配翻译人员。

⑥询问时,应告知被询问人对办案人员的提问有如实回答的义务,以及对与本案无关的问题有拒绝回答的权利。

⑦办案人员不得向被询问人泄露案情或者表示对案件的看法。在没有确凿的证据时,不要轻易表态。

⑧询问工作在文字记录的同时,可以根据需要录音、录像。

⑨对于需要再次进行询问的询问对象,应当与其商定下一次询问的时间、地点和有关事项;如果需要,询问人还应对询问对象进行必要的保密教育。

⑩严禁以威胁、引诱、欺诈以及其他非法的方法收集证据。

4. 询问笔录的制作

(1)首部。主要记录文书名称(已印制)、询问次数、询问时间、询问地点、询问人姓名及工作单位、记录人姓名及其工作单位、被询问人基本情况。

(2)正文。这是询问笔录的主要部分,为询问内容。记录询问、提问及被询问人陈述的内容,采用一问一答的方式;正文的开头部分应向被询问人表明身份,然后告知其对办案人员的提问有如实回答的义务,以及对与本案无关的问题有拒绝回答的权利,并记录被询问人的具体答话态度;询问结束时,应询问并记录"以上所说是否属实?能否完全负责?"等固定用语和答话。

(3)尾部。被询问人对该笔录审核无误后,签署"以上笔录我看过(或向我宣读过),与我说的一样(相符)"等固定用语,并由其逐页签名或盖章。被询问人拒绝签名或者捺指印的,应当在笔录尾部注明。

第三节

行政证据运用

由于行政证据与行政诉讼证据有着特殊的关系，即在行政诉讼的合法性审查中所具有很强的案件主义色彩，决定了行政执法程序中的证据适用必须严格参照行政诉讼证据规则。《行政诉讼法》第三十二条为我国行政执法机关做出行政行为确立了一项基本要求和原则，即“行政有证在先原则”，该原则要求行政执法机关作出决定以前，必须收集到充足的证据，收集到的证据在可能后置的行政诉讼程序中也能达到充分的程度。《行政复议法》对该原则也做出了类似规定：被申请人不按照本法第二十三条规定提出书面答复，提交当初做出具体行政行为的证据、依据和其他有关材料，视为该具体行政行为没有证据、依据，决定撤销该具体行政行为。

虽然没有制定专门的行政程序法和行政证据规则，但在我国的行政立法中，《行政诉讼法》和《行政处罚法》和最高人民法院《关于行政诉讼证据若干问题的规定》初步创立了行政诉讼以及行政程序中的证据规则。特别是最高人民法院《关于行政诉讼证据若干问题的规定》是我国行政证据规则的主要载体。

一、行政证据的认证规则

“以事实为根据，以法律为准绳”，不仅为《行政处罚法》所规范（见其第三条和第四条），也为我国三大诉讼法所共同确认（《刑事诉讼法》第六条、《民事诉讼法》第七条、《行政诉讼法》第四条），是“实事求是原则”和“处罚法定原则”的体现。德国学者艾伦兹在《法学方法论》中，将案件事实分为

"事实上发生的案件事实"(即客观事实)、"作为陈述的案件事实"(即主观事实)和"法律上的事实"。"事实上发生的案件事实"具有不可回复性;"作为陈述的案件事实",则具有多变性,不同的人、不同的时间、不同的地点对同一事实的陈述就可能不一样。唯有"法律上的事实"是通过法定程序最终认定的事实,具有"可接受性"。依照完善的证据立法和科学的证据规则就可以实现法律事实与客观事实在一定程度上的重合。行政执法机关的任务就是通过证据去查明和认定法律中规定的"案件事实",认定"案件事实"的过程就是认证。

在行政执法程序中,认定行政证据的方法主要有三种:一是个别审查,确认单个证据是否具备证据所要求的关联性、合法性和真实性;二是比较印证,去伪存真;三是综合分析,通过对全部证据进行系统审查对案件事实进行认定。

行政证据的认定主要遵循以下规则。

1. 非法证据排除规则

非法证据,指以违反法律禁止性规定或者侵犯他人合法权益的方法取得的证据,即:

(1)证人根据其经历所作的判断、证人的推测或者评论(传闻证据排除规则)。

(2)严重违反法定程序收集的证据材料。

(3)以偷拍、偷录、窃听等手段获取侵害他人合法权益的证据材料。

(4)以引诱、欺诈、胁迫、暴力等不正当手段获取的证据材料。

(5)当事人无正当事由超出法定期限提供的证据材料。

(6)未办理法定证明手续的域外证据材料。

(7)案件调查人、当事人无正当理由拒不提供原件、原物,又无其他证据印证,且对方不予认可的无法印证的复制件或者复制品。

(8)被案件调查人、当事人或者他人进行技术处理而无法辨明真伪的证据材料。

(9)不能正确表达意志的证人提供的证言。

(10)行政执法机关在作出具体行政行为后自行收集的证据。

(11)行政执法机关在行政程序中非法剥夺公民、法人或者其他组织依法享有的陈述、申辩或者听证权利所采用的证据(自白排除规则)。

(12)案件调查人、当事人在行政程序中提供的品格证据和过去行为证据。

(13)行政执法机关在行政行为作出之后或者复议机关在复议程序中收集和补充的证据,或者作出原具体行政行为的行政执法机关在复议程序中未向复议机关提交的证据(案卷外证据排除规则)。

(14)鉴定人不具备鉴定资格;鉴定程序严重违法;鉴定结论错误、不明确或者内容不完整的鉴定结论。

(15)不具备合法性和真实性的其他证据材料。

2. 补强证据规则

所谓补强证据是指某一证据不能单独作为认定案件事实的根据,只有在其他证据予以佐证补强的情况下,才能作为定案证据。补强证据规则是对案件调查人、听证主持人自由裁量权的限制。在国外,补强规则通常适用于言词证据,而我国不仅适用于言词证据,还适用于视听资料、书证、物证等。补强证据应当具备两个条件:第一,必须具备证据资格;第二,与被补强的证据材料相结合才能证明案件事实。

我国的《民事诉讼法》第六十九条及其司法解释最先规定了补强规则。补强证据主要有以下几类:

(1)未成年人所作的与其年龄和智力状况不相适应的证言。

(2)与一方当事人有亲属关系或者其他密切关系的证人所作的对该当事人有利的证言,或者与一方当事人有不利关系的证人所作的对该当事人不利的证言。

(3)难以识别是否经过修改的视听资料。

(4)无法与原件、原物核对的复制件或者复制品。

(5)经一方当事人或者他人改动,对方当事人不予以认可的证据材料。

(6)其他不能单独作为定案依据的证据材料。

3. 最佳证据规则

所谓最佳证据规则,是指数个证据对某一特定的与案件有关的事实都有证明力,只能采用可能得到的最令人信服和最有说明力的证据予以证明的制度。在英美法系国家,最佳证据规则的适用范围限于书证,即对书证内容真实性的最佳证据方式是出示原件,副本、抄件、复印件都是第二手或第二手以下的材料。

行政程序中适用最佳证据规则的主要内容有:

(1)国家机关以及其他职能部门依职权制作的公文文书优于其他书证。

(2)鉴定结论、现场笔录、勘验笔录、档案材料以及经过公证或者登记的书证优于其他书证、视听资料和证人证言。

(3)原件、原物优于复制件、复制品。

(4)法定鉴定部门的鉴定结论优于其他鉴定部门的鉴定结论。

(5)法庭主持勘验所制作的勘验笔录优于其他部门主持勘验所制作的勘验笔录。

(6)原始证据优于传来证据。

(7)其他证人证言优于与当事人有亲属关系或者其他密切关系的证人提供的对该当事人有利的证言。

(8)出席听证作证的证人证言优于未出席听证作证的证人证言。

(9)数个种类不同、内容一致的证据优于一个孤立的证据。

(10)以有形载体固定或者显示的电子数据交换、电子邮件以及其他数据资料,其制作情况和真实性经对方当事人确认,或者以公证等其他有效方式予以证明的,与原件具有同等的证明效力。

4. 自认证据规则

自认仅指一方当事人对对方当事人所主张的不利于己的案件事实承认其真实的意思表示。即:

(1)在行政程序中案件调查人、当事人或者其代理人在代理权限范围内对陈述的案件事实对方明确表示认可的,行政执法机关可以对该事实予以认定。但有相反证据足以推翻的除外(意见规则)。

(2)复议机关在调解行政赔偿请求时,当事人为达成调解协议而对案件事实的认可,不得在其后的诉讼中作为对其不利的证据(特权规则)。

(3)在不受外力影响的情况下,案件调查人、当事人提供的证据,对方明确表示认可的,行政执法机关可以认定该证据的证明效力;对方当事人予以否认,但不能提供充分的 证据进行反驳的,可以综合全案情况审查认定该证据的证明效力。

适用上述规则时还必须注意以下问题:

(1)行政执法机关的行政行为生效前,当事人对不利于或有利于自己事实的陈述都可以构成行政程序中的自认。

(2)在行政程序中,必须审查当事人所举出的证据中,有无足以推翻自认的证据,只有经审查不存在足以推翻自认的证据,才可以将其作为定案的根据。适用排除合理怀疑证明标准的案件,还应在审查排除对自认事实的合理怀疑后,才能作为定案的依据。如有关身份的行政案件必须采取绝对的客观真实主义。

(3)涉及其他当事人利益的行政案件,其他当事人对自认提出异议的,不能适用自认规则。

(4)行政执法机关发现自认是在受胁迫或者重大误解情况下作出,且与事实不符的,该自认不具有证明效力。

(5)在听证程序中,当事人不在场的情况下,委托代理人作出自认后,听证主持人应审查委托代理人是否具有此项权限,对不具有此项权限的,不能直接作为定案的依据。当事人在场的情况下,委托代理人作出自认后,听证主持人要询问当事人,并就此问题作出明确的回答。当事人不回答的可视为自认。

5. 行政认知与推定规则

所谓行政认知,是指行政执法机关或复议机关在行政程序中以宣告的形式直接认定某一个事实的真实性,以消除案件调查人、当事人无谓的争议,确保行政程序顺利进行的一种证明方式。如交通事故认定书就是交通安全管理部门根据交通肇事现场的各种痕迹物证等证据得出的一种认知。

推定作为法律概念,有多种表述方式,其一般意义为:推定是一种法律规则,根据制定法或者判例,根据已知的事实可以认定推定事实存在,除非有相反的证据推翻这种推论。其中前一事实称为基础事实,后一事实称为推定事实。需要注意的是,推定是一种证据规则,而非证据,分为事实推定和法律推定。法律推定指根据法律的规定,当某一事实条件存在时,必然推定另一事实的存在。如交通肇事逃逸导致事故无法查清的负交通事故的全部责任即是推定。事实推定是指法庭依据日常生活经验法则就某一已知事实推论出未知事实的证明规则。如聋哑人听不见声音等。

该规则主要包括以下内容:

(1)众所周知的事实;自然规律及定理;按照法律规定推定的事实;已经依法证明的事实;根据日常生活经验法则推定的事实等可以直接认定。但除自然规律及定理外,其他情况在有相反证据足以推翻的时候不适用。

(2)行政执法机关确有证据证明案件调查人持有的证据对当事人有利,可以推定当事人的主张成立。

(3)生效的人民法院裁判文书或者仲裁机构裁决文书确认的事实,可以作为行政执法机关定案依据。

二、行政证据的审查

我国《行政诉讼法》第五十四条第(一)项规定,"具体行政行为证据确凿、适用法律法规正确的,应予以维持;同条第(二)项规定主要证据不足的,可判决撤销、部分撤销或重新做出具体行政行为。"由此可见,行政证据审查标准就是"证据确实、充分"。所谓"证据确实、充分",是指定案证据已经查证属实并在量上达到足以得出确定结论的程度。具体而言,是指据以定案的每个证据经过查证,真实可靠;定案的每个证据同案件事实间存在着客观联系;证据之间、证据与案件事实之间的矛盾得到合理排除;得出的结论是唯一的,排除其他可能性。但由于当前缺乏统一的行政程序法典,也导致对于证据形式、证据能力与证明力、取证、采证、证据审查标准等不统一,实践中行政证据的审查处于绝对的“自由裁量”状态①。如最高人民法院、公安部于1992年12月1日发布的《关于处理道路交通事故案件有关问题的通知》第九条规定，交通肇事案件的审理只要求做到“两个基本”，即案件的基本事实清楚，基本证据确实充分。

最高人民法院《关于行政诉讼证据若干问题的规定》对证据的合法性和真实性审查作出了具体的规定。根据案件的具体情况，应该从以下方面审查证据的合法性：

(1)证据是否符合法定形式。

(2)证据的取得是否符合法律、法规、司法解释和规章的要求。

(3)是否有影响证据效力的其他违法情形。

根据案件的具体情况，应当从以下方面审查证据的真实性：

(1)证据形成的原因。

(2)发现证据时的客观环境。

(3)证据是否为原件、原物，复制件、复制品与原件、原物是否相符。

(4)提供证据的人或者证人与当事人是否具有利害关系。

(5)影响证据真实性的其他因素。

三、行政证据的补证

行政执法程序中的补证，是指通过当事人陈述、申辩或者听证后，案件调查人或者当事人认为已有证据尚不足以证明案件待证事实，依法主动或应行执法政机关的要求补充证据，从而证明待证事实的活动。从广义上讲，补证应属举证范畴，但两者又是两个相对独立的行为。

1. 补证目的

补证的目的和价值不仅仅在于证明拟作出行政执法行为的合法性，而是当事人所举证据存在缺陷，尚不足以判断拟作出行政行为的合法性的情况下，便于行政执法机关全面准确判断认定已有证据和待证事实，排除非法

① 参见赵德关．行政诉讼证据审查标准新论，北大法律信息网。

证据,强化质证和准确认证。

2. 补证适用的范围

(1)案件调查人、当事人提供的证据不足以充分证明其提出的主张。例如,提供了主要证据,没有提供次要证据;或只提供了次要证据而没有提供主要证据。

(2)案件调查人、当事人虽然掌握了证据,但出于种种原因未向行政执法机关提供或未全部提供。

(3)案件调查人、当事人提供的证据形式上有瑕疵,如证言含混不清,物证不够完整,视听音像资料不够清晰等。

(4)某项事实的成立,要有其他证据佐证,而案件调查人、当事人并未提供这类证据。

(5)对案件调查人、当事人无争议,但涉及国家、公共利益或他人合法权益的事实,行政执法机关可以责令其补充有关证据。

3. 补证期间

案件调查人、当事人补证应在当事人陈述申辩或听证之后,行政执法机关作出行政行为之前。

附　录

重庆高速公路
执法规范与执法质量考核

附录摘要

高速公路具有大通道和网络化的特点，高速公路执法管理制度也应适应这一需要。要达到“人要精神，物要整洁，说话要和气，办事要公道”的执法要求（这是2003年时任公安部长的周永康同志对公安系统提出的明确要求，值得所有行政执法人员学习），必须从公路巡查、着装、行为举止、执法用语、执法文书和执法窗口等方面规范执法人员的行为。执法质量考核又是评价行政执法工作情况，检验行政执法部门和行政执法人员是否正确行使执法职权和全面履行法定义务的重要机制。其中，量化考核是其重点。

附录一

重庆高速公路执法勤务制度

“勤务”一词根据《现代汉语词典》的解释，就是指公家分派的公共事务。本节所说的执法勤务制度是指为了提高执法工作的质量和效率，在执法机构内部设置、人员职责、执法工作安排等方面所建立的一系列的工作制度的总和。执法勤务制度的建立，是一个行政执法主体组织开展执法工作的最基本的需要，虽然它主要体现为内部的一种组织管理行为，但执法勤务制度是否科学、合理，也对行政执法工作开展有非常重大的作用，往往也会直接影响着执法工作的成效。

一、重庆高速公路执法勤务的特点

从 1994 年重庆市第一条高速公路建成通车以来，重庆市高速公路的发展逐年加快，截至 2007 年已经达到了 1 000km，到 2010 年将会达到 2 000km。高速公路里程的迅速延伸和“二环八射”高速公路路网的逐渐成形，给高速公路执法工作开展带来了新的情况。

1. 高速公路的管理模式由“路段管理”转变为“路网管理”

1994 年，重庆市唯一的一条高速公路——成渝高速公路开通；2000 年全程长 118km 的渝涪高速公路建成通车。此时，全市的高速公路仍呈现出桑家坡—上桥—涪陵的单一线形结构，管理模式以路段管理为主。进入 2001 年以来，上界高速、渝合高速、长万、渝邻、綦万等高速公路相继建成通车,截至2005年,通车里程达到714km,形成了一条环线高速和五条射线高速公路的规模,高速公路的长度和密度大幅增长,在一些区域高速公路已经形成了块(网)状结构。同时,随着交通建设事业的快速推进,重庆市"八小时重庆"建设已经完成,多条跨省高速公路建成通车,全市范围内及与周边省市的人员、物资流动急剧增加,高速公路车流量也逐年大幅度增长。从1994年的日均5 558辆至1998年的19 441辆,到2000年增长为21 581辆,到2005年已经达到了160 000辆(分别是1994年的28.8倍和2000年的7.4倍),如附表1所示。目前,全市现有高速公路已经形成了一个具备开放性、大流量、节点众多等特点的复杂路网结构,高速公路的管理模式也从单一的路段管理转变为较为复杂的路网管理。

1994~2007年高速公路日均车流量增长情况 **附表1**

	1994年	1998	2000年	2005年	2007年
车流量(辆)	5 558	19 441	21 581	160 000	256 710
增长率(%)	—	250	11	741	60

2. 在管理体制上,由"一路一公司一大队"转变为"总队一支队一大队"

在"一路一公司"的高速公路经营管理体制下,高速公路的机构设置包括执法方式都受到公司经营管理体制的影响。2003年,重庆市高速公路行政执法机构独立设置,行政执法机构和高速公路经营企业完全政企分开,形成"总队—支队—大队"模式。

3. 在执法理念上,由侧重"执法为路"到"执法为民"转变

在"一路一公司"的高速公路经营管理体制下,高速公路公司提供执法经费与后勤保障,从而导致公司的经营行为在一定程度上影响到执法行为。2003年,高速公路行政执法总队的组建打破了这一固有的模式,经过这几年的发展,高速公路执法队伍已日趋成熟完善,依法行政、服务社会的理念得到了牢固树立和切实体现。

4. 高速公路的迅猛发展,使得执法手段由粗放式向增加执法科技含量转变

管理里程的大幅度延伸,队伍的迅速扩大,使得高速公路管理受到人

力、车辆不足、信息传递慢、效率不高等众多因素的制约。在这种情况下，向科技要效率，向科技要人力、物力是必然趋势。目前高速公路已逐步形成了IC卡测速系统、计重收费治超系统、办公自动化OA系统和执法信息管理系统，还购置了电子警察、电子称重仪等执法高科技装备。

二、重庆高速公路执法勤务机构的设置

高速公路具有大通道和网络化的特点，通常的“一路段一大队”的机构设置原则和“支队→大队→中队”的管理建制已不能与之相适应，并逐渐显现出弊端。

1. 管理层级多，信息传递慢

有关命令和任务从发出到执行，要经过这样一个传递过程。因为信息传递的层次多，其效力到达执行者时在逐渐减弱。

2. 管理成本偏高

以往根据“一路段一大队”设置的执法单位，在路网条件下无法完成跨路段的监管工作，导致管理资源利用不充分、管理精细化不够。参见射线大队勤务改革前的模式，如附图1所示。

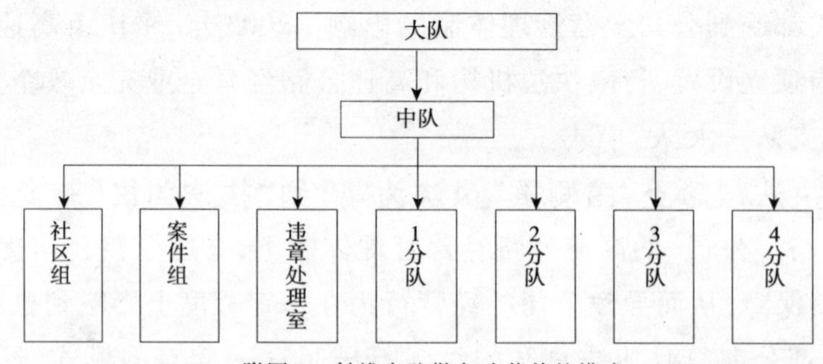

附图1　射线大队勤务改革前的模式

基于对高速公路大通道和网络化特点的认识，重庆高速公路执法机构自2004年以来就开展了“片区式”管理探索，以“减少管理层级，提高管理效率，突出管理重点”为原则，将环线和射线相交以及射线和射线相交形成的块状区域内的执法队重新组建，建立了“大队直管、组长帮助、搭档执行”的二级管理体制。

为规范片区执法大队的内部机构设置，体现精简、统一和效能原则，大队内部办公室、勤务组、社区及案件调查组。另可根据情况设立若干个执法站。参见片区制执法勤务模式图示，如附图2所示。

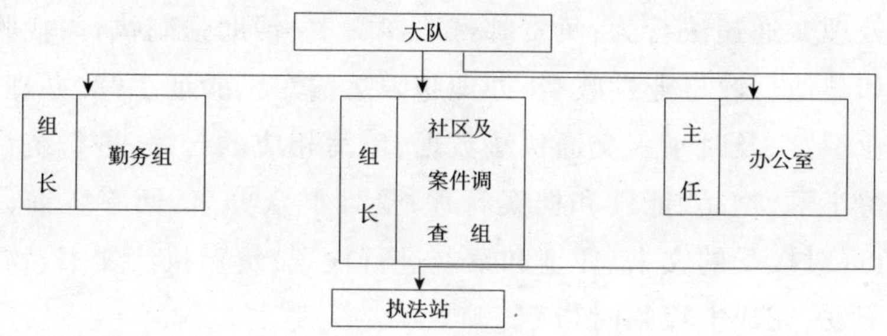

附图2　片区制执法勤务模式图示

片区制执法勤务模式下，各个内部机构的工作职责如下：

(1)大队职责

负责辖区路段交通安全、公路运政、公路路政和交通征稽日常管理；依法查处违反交通安全管理、公路运政、公路路政和交通征稽的违法行为；依权限处理交通事故；组织对故障车辆和交通事故车辆进行清障和救援；监督高速公路养护作业安全；负责本队的队伍建设。

(2)办公室职责

负责本大队财务、车辆、装备、档案及办公品管理，提供后勤保障；负责大队公文办理、政务信息、计划总结等工作；负责全队人员的培训考核；负责全队的对外宣传和精神文明建设工作；帮助开展党、工、团工作；办理信访投诉案件。

(3)勤务组职责

负责高速公路出入口控制和执行路面巡逻，查处违法行为；负责排查路况，提出排查报告；负责适用简易程序案件的当场处理工作；负责提供路面勤务信息；参与专项勤务工作和其他任务。

(4)社区与案件调查组职责

负责涉及高速公路运输的企业、站场等重点社区的源头管控；负责公告和黑名单发布工作；负责对案件等业务信息的统计分析，确定事故黑点，提出勤务和社区工作对策；负责社区安全教育和执法公共关系；负责一般以上交通事故的处理工作。

(5)执法站职责

负责处理交通违法行为；负责邮寄法律文书，帮助强制执行；代收罚款，收取费用和其他行政事业性收费；办理超限运输车辆验证手续，办理高速公路施工作业事宜；及时录入交通执法数据，填写相应的台账，进行统计分析；负责暂扣留车辆、物品、证件和档案管理；受理群众办事，回答咨询，指引群众办事；负责对接受的文书、凭证和案卷进行检查；负责执法文书、物品和票据的管理配发；完成上级临时指令。

三、重庆高速公路执法勤务模式的探索

2008年，为了推动执法勤务模式的创新，适应高速公路综合执法工作的需要，结合实际情况，高速公路执法机构积极开展了新执法勤务模式的探索和试点。参见新执法勤务模式图示，如附图3所示。

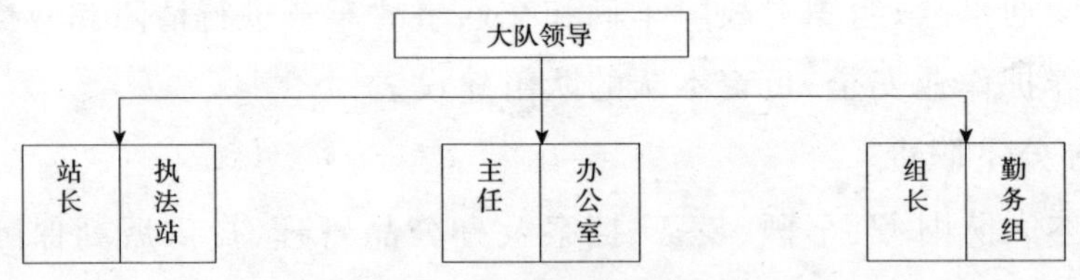

附图3　新执法勤务模式图示

这次执法勤务模式的调整，主要有以下三个方面的特点。

1. 执法勤务机构予以调整

撤销社案组，对大队内设的勤务组、执法站、办公室职能予以重组。其工作职责也分别做了调整：

(1)勤务组职责。勤务组负责高速公路出入口控制和执行路面巡逻任务，查处交通违法行为；负责交通事故现场处置和调查工作；负责提供收集路况信息和排查路况；执行专项整治工作及其他特殊勤务。除此之外，勤务组还要执行执法站提出的勤务对策并对勤务对策作出评价，同时通过现场执法情况对社区工作的效果作出评价。

(2)执法站职责。执法站负责交通违法行为非现场处理处罚工作;负责违法行为通知书和处罚决定书的邮寄送达;负责案件登记、案件审核、档案保管工作;负责受理施工申请和超限运输验证工作;负责事故统计分析、报表及法律文书和印章管理等职责。执法站实行首问负责制。除此之外,执法站通过对事故及违法行为的统计分析,为勤务工作提供信息和对策;同时通过数据统计分析和立案、出具法律文书、案件归档等环节履行执法质量监督职能。

(3)大队办公室职责。大队办公室负责本大队人事、财务、信息宣传、文档票据、后勤装备、信访投诉、社区工作、业务管理等。帮助开展党工团工作。除此之外,办公室通过社区工作对执法站的处罚执行和勤务组的路面执法效果作出评价。

2. 执法勤务方式实行调整

实行了24小时勤务和全员勤务制,打破“四班两运转”模式,实行每周五天工作制。星期六、星期日和夜间实行特殊勤务值班备勤制。为达到人员使用率最大化,在实际运行中,可以搭档为勤务单元实行“细致勤务”、“分级勤务”。

所谓“细致勤务”,即根据不同季节、气候、环境、时段和事故原因,制订出与之相适应的勤务方案,并采取缩小勤务时段划分和错时勤务时段进行勤务安排的方式,实现有针对性的勤务管理。

所谓“分级勤务”,即根据天气状况、交通流量、路面条件、安全形势、重大节日、重大交通安全保卫等不同安全状况需求,确定勤务等级,以确定勤务人员的使用,尽量减少无效勤务。

3. 推行主办制度和值班长制度

主办制度也称勤务搭档制度,其主要内容是指在执法过程中,由一名主办队员和一名辅办队员组成相对固定的工作搭档,共同承担执法任务,履行工作职责。主办具有安排工作、指挥辅办的权力,同时对执法办案承担责任;辅办帮助主办开展工作,对工作有建议权。主办和辅办队员同考核、同奖惩。

主办需具备较强的业务能力、执法经验和组织协调能力,可经过民主推荐和组织决定等方式选聘。主办确定后,再进行双向选择,根据执法队员的性格特点、工作能力、年龄、知识结构等确定每组搭档人选。主办任期为1年,期满后经考核合格方可续任。

主办制和搭档制克服了以队为执法单元的执法勤务模式,进一步完善了执法责任制度,使执法力量配置更趋于科学、合理,降低了执法成本,提高了工作效率;同时激发了每一位执法队员的活力,有利于提高队伍的业务素质。

值班长制是对主办制度的补充和完善。当若干搭档组执行任务时,由指定的主办担任值班长,依职责调度当班期间的执法力量,协调各搭档组对紧急情况作出应急处理。当班期间,各搭档组必须服从值班长的指挥。

附录二

重庆高速公路执法工作规范

规范执法是行政执法的基本要求。所谓规范,在词源上就是指标准、法式、模范,用在执法上就是指行政执法行为应按照明文规定的方式、顺序、步骤、时限来实施,不得有随意性。高速公路执法工作规范主要由公路巡查车辆规范、公路巡查执法规范、路面检查执法规范、执法窗口规范、执法文书规范、执法用语规范、执法监督规范和交通执法禁令等8部分组成。

一、公路巡查车辆规范

公路巡查车辆是指按规定安装示警灯和警报器、喷涂执法标识并专门用于执法活动的交通工具，仅限于执法人员在进行执法活动时使用。参见重庆高速公路执法巡逻车图片，如附图4所示。

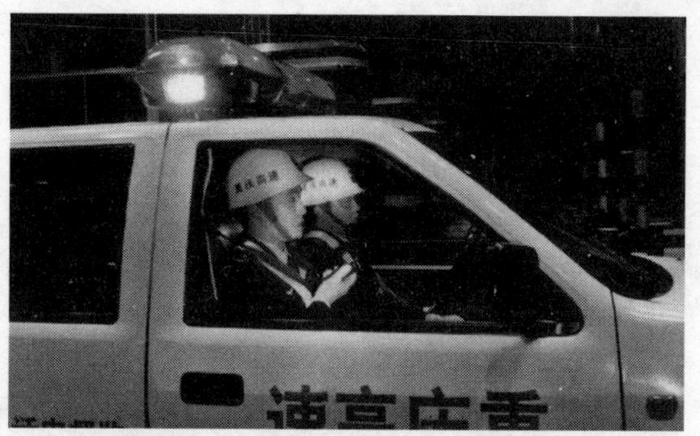
附图4　重庆高速公路执法巡逻车

对公路巡查车辆的一般规定包括：

(1)非因工作需要，禁止搭乘其他人员或在辖区范围以外使用。非特殊工作需要，也禁止使用无专门执法标识的车辆从事执法活动。

(2)执法人员在驾驶执法车辆时必须按规定着装。

(3)公路巡查车辆应按规定装载通信设备，勘查器材、消防器材、安全标志等。

(4)执法人员应严格按规定使用车载示警灯和警报器。一般情况下，只使用示警灯，警告其他车辆让行时，可以断续使用警报器。两车以上列队行驶时，前车使用警报器，后车不得再使用警报器。非因紧急情况，夜间不得使用警报器。

(5)公路巡查车辆在临时停靠或者行驶中，遇遭受意外受伤、患病或者遇险群众的求助应及时提供帮助或服务。

二、公路巡查执法规范

使用巡逻车辆流动巡查，通过巡查主动发现、查处违法行为，主动排查安全隐患的勤务方法，是一种主要的执法工作方法。在高速公路运营早期，由于整个社会的通信手段有限，信息的获取和传递能力有限，流动巡逻能够第一时间发现安全隐患，发现违法行为，有力地保障了高速公路的安全畅通。因此，执法人员在进行高速公路巡查工作时一般按照下列规定执行：

(1)巡查人员不得少于两人。在巡查中应注意观察路面车流动态、路产完好情况和沿线建筑控制区内的情况。高速公路巡查的范围原则上是以隔离网为界,建筑控制区是指从高速公路边沟(坡脚护坡道、坡顶截水沟)外缘起,高速公路不少于30m,高速公路立交匝道不少于50m、高速公路桥梁和渡口周围200m、公路隧道上方和洞口外100m范围内。

(2)公路巡查车辆前应保证车容整洁,配备齐全有效。保持巡查车速,非紧急情况以不超过80km/h较好。可开启示警灯,沿右侧行车道行驶。

(3)巡查中发现车辆明显的违法(违章)行为,可以通过鸣报警器、用扩音器喊话等方式,责令机动车驾驶员在平直路段的紧急停车带内停靠。遇现场不具备安全停车受检的条件时,应通知并监护违法(违章)车辆到前方的安全地段停车接受检查。如违章驾驶员拒绝停车,应当通知前方巡查人员在收费站处进行拦截。巡查人员接近违法车辆时,应要求驾驶员打开车窗,关闭发动机,并开启危险报警闪光灯。

(4)在巡查中发现有路面障碍或隐患,可以当即清除的,应在安全地带靠边停车,开启车辆示警灯和危险报警闪光灯,由一人在车辆后方面对来车方向注意观察,并指挥交通,另一人迅速将路面障碍或隐患进行消除。对不能当即消除的路面障碍或隐患,应在障碍或隐患后方适当距离内摆放警示标志,并及时通知相关部门予以消除。

(5)接到事故报警和求助时,在规定时间内赶到现场,及时处置或提供尽可能的帮助。巡逻车行驶中应主动停车接受报警或求助。如果发生了重、特大事故或涉外事故,就须立即报告。

(6)巡查完毕,巡查人员应按要求认真填写勤务日志,按规定将所扣留(暂扣、收缴)的证件、物品以及文书、票款等按规定及时上交,并履行交接手续。

在公路巡查中,发现下列情形之一的,应当指挥驾驶员在不影响安全和不妨碍其他车辆通行的地点停车接受检查。检查的主要内容包括:

(1)车辆有无号牌、年检合格标记及养路费缴(免)讫标志。

(2)车辆号牌模糊不清,有伪造、挪用嫌疑,或者安装不符合规定的。

(3)车辆违反交通信号、标志、标线指示的;客车违法超员,货车违法载客、载货超重、超长、超宽、超高的。

(4)在高速公路上上下乘客的。

(5)车辆超速行驶,逆行,违法超车、会车、转弯、掉头、变更车道,占道行驶,不按规定避让警车及其护卫车队和其他特种车的。

(6)禁止上高速公路行驶的农用车、拖拉机、非机动车、铁轮车、履带车和其他可能损坏公路路面的机具在高速公路违法行驶。

(7)不按规定悬挂运输装置标志的;车辆行驶中有曲线、急停等非正常现象,机动车驾驶员可能无证驾驶、酒后驾驶、疲劳驾驶。

(8)交通肇事或车载物品不当污染损坏公路及其附属设施的。

(9)擅自施工作业或施工路段不按规定设置明显的施工标志和安全标志的。

(10)擅自在建筑控制区内修建建筑物、地面构筑物或擅自埋设管线。

(11)无证从事危险运输的。

(12)擅自占用、挖掘公路,违法在公路用地范围内堆放物品、摆设摊点、设置障碍线或设置其他标志的。

(13)挖沙、采石、取土、爆破、倾倒废弃物等危及公路安全作业等违反高速公路管理的行为。

三、路面检查执法规范

执法人员在执行路面检查的活动时,一般根据辖区具体情况,主要是在高速公路出入口、服务区等不妨碍安全畅通的地方设置相对固定的检查岗。路面检查能够有效地弥补流动巡查方法的不足,把安全隐患排除在高速公路之外。路面检查按以下规定进行:

(1)在规定的地点进行,并在检查点前方(普通公路不少于200m、高速公路不少于2km处)连续摆放发光或者反光的警告标志、警示灯、减速提示标牌、反光锥筒等表明正在进行执法检查的警示标志,并确定专人负责安全警戒。在雾天、雨天等能见度低和道路通行条件恶劣的条件下,设置检查点的距离根据实际情况延长。在检查活动结束或不进行检查活动时,应撤除相应的警示标志。

(2)检查人员必须按规定着装,戴手套,在黄昏、夜间、雾天、雨天、雪天等能见度低的条件下执勤时着反光背带,戴头盔。

(3)检查人员应面向来车,使用标准指挥手势或反光停车示意牌(灯),连续发出停车检查信号,指挥车辆到达指定的停靠位置;夜间使用反光停车示意牌(灯)进行。被检查车辆停稳后,检查人员应先向驾驶员敬礼,出示执法证件,明确表达检查项目。

(4)经检查,未发现违法情况的,应交还有关证件,立即放行,并同时做好检查登记。

(5)对有违法(违章)行为的车辆,应依法进行处理。对遇有运输危重病人或其他特殊紧急事件的违法(违章)车辆应在快速固定、收集证据的基础上,先予放行,再进行处理。

(6)遇有交通违法行为人拒绝停车接受处理的,不得站在交通违法车辆前面强行拦截,或者脚踏车辆踏板,将头伸进车辆驾驶室,强行扒登车辆责令驾驶人停车。应对该车的牌照进行登记,尽可能进行摄像(照相),然后通知有条件的下一收费(检查)站配合堵截。如无堵截的可能,根据已获取的有关证据,通知车辆所有人或管理人接受处理。严禁进行追缉。

(7)检查人员不得随意拦截正常行驶的车辆。对需进行检查的车辆,要拦截一辆,检查一辆,不得一次性拦截过多车辆,造成车辆等候检查的情况。

(8)依法扣留车辆时,应当采取措施,保证被扣留车辆的安全,提醒当事人妥善保管贵重物品,妥善处理随车易变质货物。

(9)依法处理违法行为时,要区别不同情况:对有轻微违法行为并当场改正的,应当以教育为主,可不予处罚;对当事人适用简易程序的,由执法人员当场作出处罚决定;对当事人适用一般程序的,交由执法站处罚。

四、执法窗口规范

执法窗口是指设置有执法标识的对外办公场所、办事大厅的窗口。执法窗口一般应当设立在交通便利、方便群众办事的地点。同时,执法窗口应设置方便群众识别的统一标识,包括单位名称、徽标和联系方式等特色标识,设施配置达到以下要求:

(1)执法窗口应保证办公场地宽敞,环境整洁,办公用具摆放整齐。执法窗口工作人员必须按规定着装,并佩戴执法证件,在执法窗口摆设工作座牌(内含工作人员照片、执法证号码,工作职责)。

(2)有供办事群众休息的座椅。

(3)公示各类业务办理的法律法规、办理程序和收费标准。

(4)设置执法人员监督橱窗,公开执法人员的照片、姓名、执法证号码、职务等,公布投诉举报电话,设置举报箱。

(5)提供宣传资料及办事指南等供群众取阅,提供各类办事表格的填写式样。

(6)根据工作需要,配置电脑、打印机、保险柜、办公电话等办公设备;有条件的可设置电脑触摸屏、电子显示屏。

执法窗口实行首问负责制,对前来办事、报案、求助、咨询的单位和群众,首问责任人应主动问好并致意,耐心解答询问,并严格按照规定作如下处理:

(1)凡属于本人职责范围符合办理条件内的,在规定期限内尽快予以办理,不得拖延办理时间。

(2)当场不具备办理条件的,要一次性告知有关办理的事项、需要补充或携带的材料以及如何办理等,并耐心解答管理相对人的询问。

(3)凡不属于本人职责范围,但属于本单位职责范围的,首问负责人应负责引导和帮助联系,直至找到具体的经办人员。有关人员不在时,首问责任人应当做好记录进行转达或者代为转交材料。

(4)凡不属于本单位职责范围内的,首问负责人也要热情接待,并给予必要的帮助。

五、执法文书规范

制作和使用行政执法文书是行政执法工作的一项主要工作内容,也是一项非常重要的内容。行政执法文书往往作为行政复议和行政诉讼的重要证据,因此,在行政执法工作中正确、规范地制作和使用执法文书,已经成为行政执法人员必须具备的一项基本工作技能。这里从文书的制作、使用、装卷和归档三个方面做具体介绍①。

(一)文书制作的基本要求

(1)行政执法文书应当内容合法,格式统一,表述清楚,用语规范、简练、严谨、平实。

(2)执法机关应当依据法律、法规和规章规定,结合实际,制订本系统统一适用的行政执法文书式样,明确行政执法文书的适用情形和具体填写要求。

(3)行政执法文书种类和记载事项的设置应当完整,并能全面客观地反映行政执法行为。

(4)应当依据法定的行政执法行为和程序选用行政执法文书。

(5)制作的文书应当完整、准确、规范,符合相应的要求。在执法过程中,要按执法文书间的逻辑关系依次制作文书。

(6)定文号的,应在文书标注的"文号"位置编写相应的文号,文号的形式为:地区简称+高+执法类别+执法性质+[年份]+序号。文书本身设定编号的,应在文书标注的"编号后印制编号,编号形式为年份+序号,如2002—001。

(7)行政执法文书载明的内容应当符合行政执法行为的真实情况。行政执法文书设定的栏目,应当逐项填写,不得遗漏;无需填写的,应当用斜线划去。

---

① 参见重庆市于2008年7月制定的《重庆市行政执法基本规范(试行)》。

（8）需要阐述行政执法行为理由的，应当在行政执法文书中说明理由，并对行政相对人提出的主要申辩事由以及自由裁量权的行使作出答复和说明。

（二）文书使用的基本要求

（1）行政执法文书中引用法律依据应当填写完整，确需引用到具体内容的，应当引用到条、款、项、目及具体文字表述。

（2）写执法文书应当使用蓝黑色、黑色钢笔或者签字笔，要求字迹清楚，文字规范，用词准确，标点正确。两联以上的文书应当使用无碳复写纸印制，第一联留存归档。

（3）行政执法文书不得出现错别字。行政执法文书书写错误需要对文书进行修改的，应当在改动处加盖校对章；按规定须由行政相对人确认的，应当由行政相对人签名、盖章或者按指印。行政执法文书修改较多或者需要更改实质性内容的，应当重新制作。

（4）行政执法文书设定的栏目，应当逐项填写，不得遗漏和随意修改。无需填写的，应当用斜线划去。

（5）一式多页的行政执法文书，应当加盖骑缝章。

（6）行政执法文书应当使用公文用纸，按照规定格式印制并按要求填写。有条件的，应当打印制作。

（7）应当正确使用标点符号，避免产生歧义，文书中除编号、数量等必须使用阿拉伯数字的外，应当使用汉字。

（8）行政执法文书应当加盖行政执法机关印章，印章应当清晰、端正。

（9）在空白的行政执法文书上加盖印章的，实行申请、登记、限量制度。行政执法机关应当加强对盖章后的空白执法文书使用情况的跟踪监督。文书作废应当在文书上注明作废理由。

（三）文书装卷、归档的基本要求

（1）执法案卷应当制作封面、卷内目录和备考表。

（2）封面题名应当由当事人和违法行为定性两部分组成。

（3）卷内目录应当包括序号、题名、页号和备注等内容，按卷内文书材料排列顺序逐件填写。

(4)不能随文书装订立卷的录音、录像等证据材料应当放入证据袋中,并注明录制内容、数量、时间、地点、制作人等,随卷归档。

(5)卷内文件材料应当用阿拉伯数字从“1”开始依次用铅笔编写页号;页号编写在有字迹页面正面的右上角和背面的左上角;大张材料折叠后应当在有字迹页面的右上角编写页号;A4横印材料应当字头朝装订线摆放好再编写页号。

(6)执法案卷装订前要做好文书材料的检查。文书材料上的订书钉等金属物应当去掉。对破损的文书材料应当进行修补或复制。小页纸应当用A4纸托底粘贴。纸张大于卷面的材料,应当按卷宗大小先对折再向外折叠。对字迹难以辨认的材料,应当附上抄件。

(7)执法案卷应当整齐美观固定,不松散、不压字迹、不掉页、便于翻阅。

(8)执法案卷中的文书材料应当齐全完整,无重份或者多余材料,并做到整洁、固定,便于翻阅。

(9)执法案件所形成的案卷材料应按一案一卷形式进行装订,每卷顺序按有关材料形成的时间先后顺序排列。不能随文书装订立卷的录音、录像、摄影、拍照等实物证据,应当放入证据袋中,随卷归档,并在卷内列表注明录制内容、数量、时间、地点、制作人等。

(10)执法案卷文书应坚持集中管理、分别立卷的原则,任何人不得私存案卷。结案前,案卷可由承办人保管;结案后,承办人应在规定的时间内将案卷整理完备,移交专人保管。归档时,保管人要逐卷认真检查,严格验收,进行交接,不得接受制作不符合规定的案卷。保管人员要定期检查档案,对保管期限已满的案卷应及时鉴定,造册登记,报请批准后再行销毁。

目前,为了适应综合行政执法工作的需要,重庆高速公路行政执法机构按照执法文书的基本规范,设计了供高速公路行政执法人员现场使用的执法文书——《违法行为通知书》(兼强制措施凭证),这一文书从内容上就展现了重庆高速公路综合行政执法的特色,附后页。

行政强制措施凭证
（交通违法行为处理通知书）

NO：

当事人：________联系电话：________
住址：________
驾驶证号：________档案编号：________
车辆牌号：________牌号种类：________
车辆类型：________保险凭证号：________
车属单位：________
单位地址：________
养路费缴（讫）凭证号：______车辆营运证号：______
客运车辆线路牌号：________

当事人于___年___月___日___时___分，在___高速公路___方向___KM + ___M 处（______）实施了________________的违法行为。

□决定采取如下行政强制措施（依据见右侧打√处）：

□扣留：□机动车　□非机动车　□驾驶证　□行驶证
□客运车辆线路牌　□车辆营运证
□拖移机动车到________
□当事人须在十五日内持本凭证到重庆市高速公路______执法站处接受处理。无正当理由逾期未接受处理的，将依法作出处罚决定。被扣留驾驶证的，吊销驾驶证。逾期不缴纳罚款的，每日按罚款数额的百分之三加处罚款，并申请人民法院强制执行。

当事人对行政强制措施不服的，可以在六十日内向重庆市交通委员会申请行政复议；或者在三个月内向人民法院提起行政诉讼。

执法车______（□巡　□驻）执法人员________
当事人对上述内容有无异议________（背面告知事项已阅知）
当事人签字________备注________
执法站联系电话：________
年　月　日

有下列情形之一的可以扣留驾驶证：

□01099 机动车行驶超过规定时速百分之五十（规定时速____km/h，实际时速____km/h）
□01099 将机动车交由（□未取得机动车驾驶证　□机动车驾驶证被吊销或暂扣）的人驾驶
□01091 □饮酒或醉酒后驾驶机动车（血液中酒精浓度____）
□08032 事故发生后认为应当对当事人给予暂扣或吊销机动车驾驶证处罚的

有下列情形之一的可以扣留机动车：

□02106 公路客运汽车载客超过核定的载客人数（核载____人，实载____人）
□02106 机动车载物超过机动车行驶证上核定的载质量（核载____吨，实载____吨）
□01095 上道路行驶的机动车　□未悬挂机动车号牌　□未放置机动车检验合格标志
□未放置保险凭证　□未随车携带行驶证
□04035 □擅自超限运输的（□____轴，车货总质量____吨　□长____米□宽____米□高____米）□超限运输车辆运载的物品与签发的《通行证》所要求的规格不一致
□损坏公路及其附属设施；泄漏、抛洒物品污染公路，不能当场处理
□06022 □无有效公路养路费缴（免）讫标志　□拖欠公路养路费
□03063 没有车辆营运证又无法当场提供其他有效证明的车辆

有下列情形之一的可以收缴机动车并扣留驾驶证：

□01100 驾驶已达到报废标准的机动车上道路行驶

有下列情形之一的可以拖移机动车：

□01093 违反道路交通安全法律、法规关于机动车停放、临时停车的规定，且机动车驾驶人不在现场或虽在现场但拒绝立即驶离，妨碍其他车辆通行的
□02104 □驾驶的机动车与驾驶证载明的准驾车型不符　□不能出示本人有效驾驶证　□过渡疲劳仍继续驾驶　□饮酒或醉酒后驾驶机动车，又无其他机动车驾驶人即时替代驾驶的

有下列情形之一的可以扣留事故车辆及行驶证：

□08033 发生交通事故后，因收集证据的需要

有下列情形之一的可以扣留行驶证：

□11089 机动车有未处理的道路交通安全违法行为记录的

有下列情形之一的可以扣留客车线路牌和车辆营运证：

□12079 客运班车 □在高速公路封闭路段内上下乘客 □在客运站外揽客 □未按核定线路运行

有下列情形之一的，可以当场处 200 元以下罚款：

□01038 车辆未按照交通信号通行
□01051 机动车行驶时，驾驶人未按规定使用安全带
□01068 机动车在高速公路上发生故障，不按规定停车
□01089 □行人 □乘车人 □非机动车驾驶人 违反道路交通安全法律、法规
□01021 □驾驶安全设施不全（备注：________）具有安全隐患的机动车
□驾驶机件不符合技术标准（备注：________）具有安全隐患的机动车
□01038 遇有执法人员现场指挥时，未按照执法人员的指挥通行
□01048 上道路行驶的机动车遗洒、飘散载运物
□01049 机动车载人超过行驶证上核定的人数（核载____人，实载____人）
□02045 机动车超速行驶但未超过规定时速 50%（规定时速____km/h，实际时速____km/h）
□02083 在高速公路上行驶的载货汽车车厢载人（车厢载____人）
□02082 在高速公路上　□车道内停车　□倒车　□逆行　□穿越中央分隔带掉头
□02054 机动车载物　□长度超出货箱____米　□宽度超出货箱____米　□高度从地面起____米
□其他违法行为________________

告 知 事 项

一、代码所表示的内容。

(一)第一、二位数字表示适用的某法律、法规、规章、条例。

01 表示《中华人民共和国道路交通安全法》

02 表示《中华人民共和国道路交通安全法实施条例》

03 表示《中华人民共和国道路运输条例》

04 表示《重庆市公路路政管理条例》

05 表示《中华人民共和国公路法》

06 表示《重庆市公路养路费征收管理条例》

08 表示《交通事故处理程序规定》

11 表示《重庆市道路交通安全条例》

12 表示《重庆市道路运输管理条例》

(二)第三、四、五位数字表示适用法律、法规、规章、条例中的某条。

如:015 表示第十五条

二、当事人享有以下权利及注意事项。

1. 当事人享有陈述权、申辩权、申请回避权等权利。

2. 对非经营活动中的违法行为处以 1 000 元以上,对经营活动中的违法行为处以 20 000 元以上罚款的或者被吊销驾驶证的,可以申请听证。

3. 按照一般程序处理时,行政强制措施凭证兼作交通违法行为处理通知书。

4. 按照一般程序处理时,对违法行为事实无异议的,行政强制措施凭证(交通违法行为处理通知书)作为调查笔录。

5. 按照简易程序处理时,本文书仅作交通违法行为处理通知书。

6. 对扣留的车辆,当事人逾期三个月不来接受处理的,交通行政执法机构将对扣留的车辆依法处理,由此造成的损失由当事人自行承担。

六、执法用语规范

语言是人们沟通的手段与工具。规范的执法语言可以减少违法当事人的抵触情绪,减少执法过程中的执法阻力,从而提高执勤执法效率,树立执法队伍文明执法的形象。在执勤执法中应当使用统一规定的规范用语,对非本地当事人必须使用普通话,要求做到准确恰当,态度和蔼,吐字清晰。

执法规范用语的模式一般是:“称呼 + 请 + 说明理由 + 要求 + 礼貌用

语（谢谢、再见等）”，根据这一模式，执勤执法规范用语大致分为以下几类。

1. 表明身份

（1）您好！我们是（执法单位名称）执法人员，现依法执行公务，请给予配合。

（2）您好！我们是（执法单位名称）执法人员，想向您了解一些情况，请给予配合。

2. 实施检查

（1）你（单位）的×××行为，（讲明危害），违反了×××的规定，请你（单位）立即停止违法行为，接受调查处理，请给予配合。

（2）我们将对××依法进行检查，请给予配合。

（3）请你出示证件（证件或者相关证明材料名称），配合我们的检查。

（4）请你帮助我们于××时间携带××（证件或者相关证明材料名称）到××处接受调查，请给予配合。

（5）××是本案的证据，我们将依法对你的××（物品）实施暂扣（登记保存），请给予配合。

（6）请您收好证件，谢谢合作。

3. 出具法律文书

（1）你（单位）的××行为违反了（×法律、法规、规章名称）第×条、第×款或第×项的规定，现根据（×法律、法规、规章名称）第×条、第×款或第×项的规定，决定对你进行如下处罚：（处罚内容），对上述作出的处罚，你（单位）有权陈述、申辩（如属听证案件的，还须告知有依法要求听证的权利）。如果对我们的处理决定不服，可在收到处罚决定书之日起60日内向×（单位）申请行政复议，或者在收到处罚决定书之日起三个月内直接向×人民法院起诉。请您谈谈对上述处罚的意见”。

（2）这是违法行为通知书（行政强制措施凭证、现场笔录、调查笔录或者处罚决定书等），请你仔细核对，确认无误后，请签署意见，签名或押印。拒绝签字的，我们将在法律文书上注明，视为送达。

4. 当事人当场表示要投诉的

我们愿意接受你的监督，我们的投诉电话是××××××××。

5. 接听电话

(1)您好,我是×××(部门),有事请讲××××(电话交谈时,应做到礼貌待人,语气和蔼)。

(2)当所找的人不在的时候,如知道找寻人的去向,要明确告知;如不知道,应当礼貌地请打电话者留下联系方式,告知找寻的人与他联系。

最近,交通运输部还出台了《交通行政执法忌语》。《交通行政执法忌语》共分为12类,对交通行政执法人员执法的用语做了下列禁止性的要求:

(1)上路检查时,不得使用轻蔑、粗俗类的招呼词语。

(2)发现有违法行为,不得使用讥讽性、歧视性类语言。

(3)纠正违法行为,对方没反应或对方动作慢时,不得使用侮辱性、训斥性语言。

(4)当对方要求解释执法依据时,不得使用拒绝性、羞辱性语言。

(5)纠正违法行为,对方辩解时,不得使用拒绝性、训斥性、威胁性语言。

(6)现场实施罚款、收费,对方不服时,不得使用粗暴性、威胁性语言。

(7)暂扣违法车船,对方不服时,不得使用训斥性、挑衅性语言。

(8)要求对方在有关文书上签字时,不得使用拒绝性、欺骗性语言。

(9)群众说自己执法态度不好时,不得使用挑衅性语言。

(10)告诫违法当事人时,不得使用训斥性、威胁性语言。

(11)对方违法拒不改正发生争吵时,不得使用威胁性、挑衅性语言。

(12)向对方说服教育时,不得使用推卸责任、拨弄是非类的语言。

七、执法着装规范

执法人员着装是指履行执法职责的人员按照规定穿着统一制式服装。执法人员工作时间应当着制式服装,按规定佩戴帽徽、肩章、臂章、编码、胸徽和执法证件,保持着装规范,仪容整洁。着装应遵守以下规定:

(1)制服以及帽徽、臂章、肩章、编码、胸徽、执法证件、反光背心、头盔、白色外腰带等专用标志应保持统一,不得混装。

(2)制服和便装不得混穿。

(3)不得在制服、腰带上系挂、佩戴、斜挎与执法活动无关的物品。

(4)不得进入餐饮、娱乐等服务行业场所。

(5)不得将制服赠送、转卖或者借给非执法人员。

(6)因涉嫌违法违纪被暂停或取消执法资格的不得着装。

(7)非工作时间不执行公务时不得着装。

八、行为举止规范

交通行政执法人员在执行公务时,首先应当做到举止端庄,谈吐文明、姿态良好。另外,还有以下要求:

(1)头发保持整洁,不得染彩发,男性不得留长发、大鬓角、卷发(自然卷除外)、剃光头或者蓄胡须;女性发辫不得过肩。

(2)不准文身,不得染指甲、留长指甲,不得化浓妆。

(3)不准佩戴项链、戒指、玉镯等饰物。

(4)在窗口工作或接待群众时,不得吃东西、吸烟;不得背手、袖手、插兜、搭肩、挽臂、揽腰;不得嬉笑打闹、高声喧哗;不得斜靠、倒卧、跷腿、聊天及从事其他与工作无关的活动。

《重庆市行政执法基本规范(试行)》对行政执法礼仪和行为举止也做了规定,要求行政执法人员应当做到举止端庄,语言文明,态度和蔼,礼貌待人,在执法过程中不得有饮酒、嬉闹、赌博等行为。

九、执法监督规范

执法监督工作的主要内容是监督、检查交通行政执法人员依法履行职责、行使职权和遵守纪律的情况,对被检查单位的执法纪律、风纪礼仪、执法作风、执法原则、工作效能及内务管理实行监督、检查。执法督查根据工作的需要,可以采取不定期的明查和暗访的形式进行,并将督查的情况通过《督查通知》的形式予以通报。关于执法监督规范的一般规定包括:

(1)交通行政执法机构应当设置投诉意见箱,公布投诉电话,有条件的在互联网上开设网页,方便群众的投诉。也可以聘请执法监督员,定期听取、征集意见和建议。

(2)交通行政执法机构应当设置专门的内部执法监督机构。

(3)执法监督可以采取现场督查和暗访等方式,对新闻媒体曝光及群众投诉、举报、控告等进行调查和处理。一般情况下,应在规定期限内办结,并及时通过书面或口头形式答复投诉、举报和控告人。如案情复杂,不能在规定时限内办结的,必须在期限内向主管领导或上级批办机关报告查处的进展情况,同时向投诉、举报和控告人说明案件未能按时办结的理由。

(4)行政执法监督人员处理违纪违规行为,应当填写《督查记录》,由被督查人签字后,将督查文书交付被督查人。《督查记录》记入执法人员档案,作为执法人员考核、奖惩的重要依据。

(5)在实施现场检查时,必须有两名以上督查人员在场,出示执法证件,填写《督查记录》(一式三联),写明督查情况并由被督查人员签字,一联交被督查人员及所属单位,一联留存。督查人员对在现场检查中发现的问题,可以采取下列措施,当场处置:

①对不履行或不严格履行法定职责,上级指令的,可以责令其履行;

②对作出的违法或不当行为,可以决定撤销、变更或限期改正;

③对违法违纪情节严重以及拒绝督查人员现场检查的,可以先暂停其执法资格。

(6)执法监督人员在执行督查任务时,可以对被监督事项进行调查,调阅行政执法案卷和其他有关材料;可以询问行政执法机构有关人员,可以询问行政管理相对人和知情人;可以委托鉴定、评估、检测、勘验,组织有关机构、专家论证和咨询,组织公开听证等。被调查的交通行政执法机构及其执法人员应当予以配合。

(7)对违反执法勤务规定的执法人员,一经查实,应责令限期纠正;逾期不纠正的,给予通报批评,由颁发执法证件的机关视其情节轻重暂停执法资格或者吊销行政执法证件,并根据情节轻重,将依据《中华人民共和国公

务员法》(以下简称《公务员法》)和《行政机关公务员处分条例》给予相应的行政处分。

(8)执法人员在依法正常履行职责、行使职权时遇到公民、法人或其他组织错告、诬告的,应及时通过调查予以澄清,并追究诬告者的责任。

十、交通执法禁令

原交通部颁布的《交通行政执法禁令》规定:严禁交通行政执法人员无行政执法证件执法、越权执法;违法设置站卡、收费、罚款;违法扣留车船和证件;利用职务之便吃、拿、卡、要;在工作时间饮酒和酒后执法;非公务需要穿执法制服出入酒店、娱乐场所;违规使用执法车船、示警装置。对交通行政执法人员违反执法禁令者,一律调离交通行政执法岗位、注销交通行政执法证件。

针对高速公路综合行政执法的特点,重庆高速公路执法机构制定了《重庆市高速公路行政执法督查办法》和《高速公路执法人员十不准》①等规章制度。从执法行为到过错追究等方面建立了完善的执法监督体系。对各类违纪违规行为一查到底,严肃处理,不搞下不为例。2003 年至今,共处理违纪人员 21 人,清理出执法队伍 11 名,保证了执法队伍的纯洁性,提高了队伍的战斗力。

① 高速公路行政执法人员"十不准"包括:一、不准参与或变相参与高速公路运输、修理、救援等与执法权力相关的经营活动;二、不准利用职权为亲友从事相关经营活动提供便利条件;三、不准接受可能影响公正执法的宴请;四、不准收受管理相对人的礼金、礼品或有价证券;五、不准在执法中包庇、袒护和放纵违法行为,为违法当事人说情;六、不准擅自减免、改变处罚幅度;七、不准私自使用或允许、默许他人使用暂扣的车辆、物品、证件;八、不准利用职权向管理相对人索要钱物、报销费用;九、不准对管理相对人态度蛮横、言语粗暴、挟私报复;十、不准酒后上岗或在工作期间从事与工作无关的活动。

附录三

重庆高速公路执法质量考核

执法质量考核是对执法工作过程、结果的考核，它既包括对执法单位的考核，又包括对执法人员的考核。可以说，“行政执法评议考核是评价行政执法工作情况、检验行政执法部门和行政执法人员是否正确行使执法职权和全面履行法定义务的重要机制，是推行行政执法责任制的重要环节。”① 其中，量化考核又是推行行政执法责任制的重点。将行政执法责任换算为量化指标，以量化考评促进执法质量提高，这有利于“变个案监督为科学性的数据分析，降低了行政体系的纠错成本”②，因此，一个执法单位建立了一套科学、合理的执法质量考核制度，将有利于建立完善推行行政执法责任制的长效机制，克服行政执法责任制“流于形式”的弊端。

一、对单位的考核

对单位的考核主要是指上级执法机关对其所属下级执法机关执法工作情况进行的考核。考核一般按照管理结果与管理过程相结合的原则进行。那么，要建立起一套科学、合理、行之有效的内部执法考核体系，应注意以下4个方面内容。

---

① 参见《国务院办公厅关于推行行政执法责任制的若干意见》（国办发[2005]37号）。

② 在国务院法制办举办的第五次行政执法责任重点联系单位座谈会上，国务院法制办对税务总局和海关总署等将信息化技术与本系统的行政执法责任制考评结合，形成量化考核指标的举措给予了好评。

(一)明确执法考核的主要内容

从重庆高速公路执法机构实施执法考核的主要内容来看,就包括:

(1)交通安全管理目标实现情况。

(2)处理各类交通案件的情况。

(3)处理交通违法行为(含执法窗口及公路巡逻)的执法情况。

(4)履行行政执法监管(许可)职责的执法情况。

(5)内部各项管理台账及记录的情况。

(6)执法风纪、行为规范的情况等。

(二)明确执法考核所应达到的基本要求

从重庆高速公路执法机构所确立的执法考核的基本要求来看,就包括:

(1)各类案件和交通违法行为事实清楚,证据确实充分;适用法律、法规、规章准确;自由裁量适当;调查取证及时、合法、客观、全面;定性准确;各项程序合法,法律手续完备;执法文书填写正确、规范、整洁;案卷装订完备、规范。

(2)工作日志和台账记录真实、准确、规范、全面;各项统计报表及时、准确、规范。

(3)监督(许可)管理依法监管(许可)、规范实施。

(4)社区管理到位、有效。

(5)履行行政执法职责合法、合理等。

(三)确立执法考核的具体考核指标

从重庆高速公路执法机构所确立的执法考核的标准来看,就一般包括:

(1)事故死亡率:是指每季度中,总的事故死亡人数与总的百万车公里数的比率。

(2)营运客车事故死亡率:是指每季度中,营运客车事故死亡人数与总的百万车公里数的比率。

(3)夜间事故死亡率:是指每季度中,在21: 00时到次日7: 00时这一时间段发生的事故死亡人数(不含行人)与总的百万车公里数的比率。

(4)雨(雾)天气事故死亡率:是指每季度中,雨(雾)天的事故死亡人数(不含行人)与总的百万车公里数的比率。

(5)行人事故死亡率:是指每季度中,被考核单位辖区死亡的行人人数与管辖里程的比率。

(6)非意外事件导致交通堵塞造成中断的时间:除意外事件而导致的交通堵塞造成中断的时间。

(7)重点违法行为纠违率:是指每季度中,纠正的超速、超载、超限的交通违法占交通违法行为总数的比率。

(8)交通违法处罚执行率:是指每季度中,当事人已经履行行政处罚和已申请法院强制执行的交通违法行为占交通违法行为总数的比率。

(9)案件处理差错率:是指每季度中,随机抽取已立案的7件交通事故、3件路政案卷(路产损害赔偿案件、违法建筑(构筑物)物案件、违法占用(利用)公路案件各1件,如无违法建筑(构筑物)物案件、违法占用(利用)公路案件,抽取相应数量的路产损害赔偿案件),从程序是否合法;调查取证是否及时、客观、全面;处罚(处理)是否合理、合法;各项文书填写是否正确、规范、整洁;案卷是否完备、规范等5方面进行挑错,累计错误所占的比率。

(10)交通违法行为处理差错率:是指每季度中,随机抽取20起交通违法行为处理文书(通知书或处罚决定书),从采取强制措施是否正确;处罚依据和裁量是否合法和合理;法律文书的各项内容填写是否完备和正确;交通违法行为定性是否准确;各项文书的填写和送达是否符合要求等5方面进行挑错,累计错误所占的比率。

(11)工作文书(台账)记录差错率:随机抽取该季度公路巡逻岗专用及其他岗组专用的《勤务日志》各1本;该季度的交通事故的登记台账、交通违法行为的台账(含运政、稽征及路政的案件以及其他交通违法行为的登记、录入等情况)、日常督导情况的记录(含督查工作记录、部署和贯彻落实相关文件或工作的记录,以及其他督导工作的记录)等5种工作文书(台账)。从文书(台账、记录)是否及时、准确、规范、全面进行挑错,累计错误所占的比率。

(12)有效投诉率:每季度中,以受理并且查实的投诉次数与管辖路段的车流量的比率。

(13)巡逻车管事率:每季度中,所有纠正的交通违法数与管辖路段巡逻车巡逻里程的比率。

(14)纠违率:每季度中,所有纠正的交通违法数与管辖路段的车流量的比率等。

(四)对主要的评价指标,必须制定量化的评价标准

重庆高速公路执法机构根据全年的安全管理目标,确定了安全控制目标完成率、纠违指数、巡逻车管事率、重点违法率和执行率这5个指标。各项指标评定等级档次分为优、达标和差三级。

1. 安全控制目标完成率

(1)被考核单位全年驾乘人员安全控制目标参照上一年的水平进行分解。

(2)驾乘人员目标总数执行全国"高速公路每百公里死亡人数"的总体要求,对各队按里程进行了限定。

(3)行人安全控制目标的分解,参考辖区内百万车公里数和管辖里程,其权重分别为0.7和0.3。

参见安全控制目标评价标准,如附表2所示。

安全控制目标评价标准表 附表2

安全控制目标完成率 X	$X<80$	$100>X\geqslant 80$	$X\geqslant 100$
评定档次	优	达标	差

2. 纠违指数

(1)纠违指数[①]由人均每月纠违得分和万车纠违率得分组成。其中,人均纠违占75分,万车纠违率为25分。

① 我国的《道路交通安全法》等法律法规是明令禁止给执法人员下达罚款指标的,但作为一种执法质量量化考核指标,纠违指数等有其必要性,也有其局限性。据武汉市公安交通管理局郎平《美国道路交通管理考察纪实》一文介绍,美国警察是没有规定纠违指标的,但每个警察每天最少都开具5~10张罚单,他们普遍认为这是工作职责和职业道德所要求的最起码的行为准则。

(2)人均纠违得分的计算:人均纠违得分 = 3 × 人均每月纠违数。

(3)万车纠违率评分计算标准:万车纠违得分 = 1 × 每万车纠违数。

(4)纠违指数得分 = 人均纠违得分达标分 + 万车纠违达标得分。

参见纠违指数得分评价标准,如附表 3 所示。

纠违指数得分评价标准 **附表 3**

纠违指数得分 X	$X \geq 75$	$75 > X \geq 70$	$X < 70$
评定档次	优	达标	差

3. 执法车管事率

(1)管事率——各队纠违数/各队执法车总里程 × 100。

(2)纳入统计的执法车包括用于路面巡逻和事故勘查等执法车辆。

参见执法车管事率评定标准,如附表 4 所示。

执法车管事率评定标准 **附表 4**

管事率 X(件/百公里)	$X \geq 6$	$6 > X \geq 5$	$X < 5$
管事率等次	优	达标	差

4. 重点违法率

重点违法包括超速、客车超员、货车超限超载、不按规定车道行驶、处罚站场源头及运输单位负责人以及执法专项整治行动期间确定的交通违法行为。

参见重点违法率评定标准,如附表 5 所示。

重点违法率评定标准 **附表 5**

重点违法率 X	$X \geq 50\%$	$50\% > X \geq 40\%$	$X < 40\%$
等次	优	达标	差

5. 执行率

(1)执行率 = $\dfrac{\text{查获违法行为数} - \text{未执行数}}{\text{查获违法行为数}} \times 100\%$。

(2)查获违法行为数统计周期从 × 年 × 月 25 日起至 × 年 × 月 25 日止。

(3)未执行数:至 × 年 × 月 25 日前查获的违法行为中,在 × 年 × 月 25 日前所有未执行的违法行为总数。

参见执行率评定标准,如附表 6 所示。

执行率评定标准　　附表 6

执行率	$X \geqslant 99\%$	$99\% > X \geqslant 97\%$	$X < 97\%$
档次	优	达标	差

二、对个人的考核

执法人员一般具有公务员或参公管理人员的身份，因此，对行政执法人员的考核也主要依据我国《公务员法》、《公务员考核规定（试行）》、《行政机关公务员处分条例》的有关规定进行①。对行政执法人员的考核按照平时考核与年度考核相结合、定性考核与定量考核相结合的原则进行。对年度考核的结果分为优秀、称职、基本称职和不称职 4 个等次。年度考核结果作为调整职务、级别、工资以及奖励、培训、待岗、辞退的依据。对执法人员的考核主要有以下几个方面的内容。

（一）考核内容

考核以岗位职责为基础，全面考核人员的德、能、勤、绩、廉，重点考核工作实绩。

德主要指政治、思想、道德品质和履行公务员义务、遵纪守法、遵守职业道德和社会公德的情况。

能主要指适应本职的业务知识、工作能力和经验。

勤主要指事业心、责任心、工作态度和工作作风。

绩主要指工作实绩，即完成工作任务的数量、质量、效益和贡献情况。

廉主要指廉洁自律情况。

（二）平时考核

平时考核由被考核单位考核工作小组负责实施。采取阶段性考核方式，具体考核周期由被考核单位根据工作实际自行确定，但每一考核周期不

① 2000 年 9 月 29 日，重庆市第一届人大常委会第二十七次会议通过了《重庆市行政执法责任制条例》。该条例就规定了："行政执法主体应当建立行政执法考核制度。对行政执法人员的执法情况考核，应作为年度考核主要内容。考核结果应当作为任用和奖惩行政执法人员的依据。"这也为建立对执法人员的考核提供了一个重要依据。

得超过三个月。平时考核重点考核勤和绩。

平时考核按以下程序进行：

(1)所在岗组负责人对被考核人在该考核时段各项工作任务的完成情况进行评述，并给出评价建议。

(2)考核人或考核工作小组对被考核人在该考核时段完成工作任务情况进行评价计分。

(3)考核人或考核工作小组与被考核人面谈，反馈考核情况，指出其优缺点。

(4)如被考核人对考核人或考核工作小组的评价有异议，可向考核委员会提请审核。

(5)考核人或考核工作小组应根据平时考核情况督促、指导被考核人改进工作作风，提高工作水平。

(三)年度考核

年度考核时，考核人或考核工作小组对被考核人的“德”、“能”、“勤”、“绩”进行评分。

对被考核人的“廉”不进行评分，其“廉”的表现直接作为评定考核等次的依据。

被考核单位及部门应对人员年度内奖惩情况、遵纪守法、廉洁自律方面的表现以及其他影响年度考核等次确定的特殊事项予以记载，供考核使用。

年度考核结果为不称职的，如对年度考核结果有异议，可按《公务员法》的有关规定申请复核或申诉。

(四)考核结果运用

(1)年度考核被确定为称职以上等次的，按照以下规定办理：

①累计两年被确定为称职以上等次的，在所任级别对应的工资标准内晋升一个工资档次。

②累计五年被确定为称职以上等次的，在所任职务对应级别范围内晋升一个级别。

③按照有关规定享受年终奖金。

④连续两年被确定为优秀等次或连续3年被确定为称职以上等次的，具有晋升职务的资格。

(2)年度考核被确定为基本称职等次的，按照以下规定办理：

①对其诫勉谈话，限期改进。

②本考核年度不计算为按年度考核结果晋升级别和级别工资档次的考核年限。

③一年内不得晋升职务。

④三个月不发工作性津贴。

⑤不享受年终奖金。

(3)年度考核被确定为不称职等次的，按照以下规定办理：

①降低一个职务层次任职，任办事员的降低一个工资档次。

②考核年度不计算为按年度考核结果晋升级别和级别工资档次的考核年限。

③十二个月不发工作性津贴。

④不享受年终奖金。

⑤连续两年年度考核被确定为不称职等次的予以辞退。

(4)待岗学习规定。待岗学习是公务员“末位调整制度”的一种方式[①]，是对公务员的一种负激励机制，目前，虽然公务员“末位调整制度”本身存在一些较大争议；但是，为了严格队伍管理，积极探索公务员管理方式，重庆市高速公路执法机构试行了其中相对更让人容易接受，具有一定可行性的“待岗学习”的方式，来作为激励执法人员的一种重要措施。目前，待岗人员待岗学习的时间为三个月，待岗期间暂停执行职务活动。

实行待岗学习的范围包括：

(1)年度考核被评为基本称职、不称职等次的。

(2)年度考核成绩为所在单位最后一名的。

---

① 参见《公务员管理机制的运行与创新》，上海大学出版社，2005年3月。

(3)违反遵纪守法、廉洁自律方面规定,在考核年度周期内被处以记过以上行政处分或党内警告以上党纪处分的。

(4)经考核委员会认定应当实行待岗学习的其他情形。

Postpace 后记

“综合行政执法”的最大特点就在于“一次行政执法行为行使多项行政职权”。相对单一执法而言,这无疑对行政执法人员提出了更高的要求。就重庆高速公路综合行政执法而言,执法人员不仅要在高速公路上行使公安交通管理部门的交通安全执法权,而且还要行使交通部门的路政管理、运政管理和交通规费稽查职权。集4项职责于一身,必然要求执法人员具有履行4项职责的法律素质和执法技能。

正如高速公路综合行政执法改革试点没有现成的经验可资借鉴一样,高速公路综合行政执法的业务也没有现成的学校和教材可资培训。正是基于这样的考虑,在重庆市交通委员会和重庆市交通行政执法总队的指导下,我们编写了《高速公路综合行政执法实务》一书。

本书立足于重庆市高速公路“综合执法、统一管理”的改革实践,从交通执法的基本理论、基本知识和基本技能出发,分别从高速公路与管理体制、行政执法、道路交通与安全、交通执法实务、交通事故处理、行政证据调查、执法规范与考核等方面进行了比较详细、全面、系统地论述。同时,也加入了大量有趣的新闻报道素材,以此来探讨我们在执法理念、执法方法、执法规范等方面的一些思考和创新。

本书由李望斌主持编写,曹海、方箴清、华超、万新荣、杨行健、张永亮(按姓氏拼音为序)参加了撰稿工作。同时,这本书是重庆高速公路14年综合执法经验的结晶,明萌、李正林、潘震宇、孔祥志、廖祖荣、严光、何智、唐红伟、黄建忠、王科、江晓奎、陈航、李凌飞、周永华等同志也为这本书的付梓作出了他们的贡献。

在编写过程中,在整理和总结内部资料并将其理论化表述的同时,也参考和引用了大量的相关著作和文章。如果没有这些充满真知灼见的文献,这本书恐难以完成。

我们也有幸请一些专家和学者对本书提出了一些很好的意见和建议,他们分别是:国家行政学院王伟,北京交通管理干部学院张柱庭,中国人民公安大学韩孝忠,西南政法大学行政法谭宗泽,交通运输部黄克清,重庆市交通执法总队谭卫和王小宇。还有人民交通出版社的沈鸿雁、岑瑜两位编辑,都为此付出了辛勤的劳动,在此,一并表示感谢。

"交通综合执法是大势所趋"①。我们希望这本书能够抛砖引玉,为综合行政执法改革尽我们的绵薄之力。

编者

二〇〇八年九月

① 引自交通运输部副部长翁孟勇 2003 年 8 月在广东省中山市调研的讲话。

参考文献

[1] 王文武,李华．公路路政管理手册．北京:人民交通出版社,2000.

[2] 何家弘．证据调查实用教程．北京:中国人民大学出版社,2000.

[3] 杨小君．行政处罚研究．北京:法律出版社,2002.

[4]【日】江守一郎著．刘晞柏译．汽车事故工程．北京:人民交通出版社,1987.

[5] 李洪才,葛双平,焦岩编译．汽车事故鉴定方法．长春:吉林科学技术出版社,1997.

[6] 广东省公路管理局．高速公路从业人员培训教程．北京:人民交通出版社,2004.

[7] 重庆市人民政府法制办公室．行政执法教程,2003.

[8] 段里仁,王光德．道路交通事故概论．北京:中国人民公安大学出版社,1997.

[9] 王连昌．行政处罚法概论．重庆:重庆大学出版社,1996.

[10] 关保英．执法与处罚的行政权重构．北京:法律出版社,2003.

[11] 姜明安．行政执法研究．北京:北京大学出版社,2004.

[12] 李国光．最高人民法院《关于行政诉讼证据若干问题的规定》释义与适用．北京:人民法院出版社,2002.

[13] 黄济人．重庆模式．重庆:重庆大学出版社,2004.